注意力危机

你为何失去了专注力？如何重回深度思考？

STOLEN FOCUS WHY YOU CAN'T PAY ATTENTION AND HOW TO THINK DEEPLY AGAIN

[英] 约翰·海利（Johann Hari）◎著

董亚丽　译

新 华 出 版 社

图书在版编目（CIP）数据

注意力危机：你为何失去了专注力？如何重回深度思考？ / （英）约翰·海利著；董亚丽译. -- 北京：新华出版社，2022.9

书名原文：STOLEN FOCUS：Why You Can't Pay Attention And How To Think Deeply Again

ISBN 978-7-5166-6300-4

Ⅰ.①注… Ⅱ.①约…②董… Ⅲ.①注意－能力培养－研究

Ⅳ.①B842.3

中国版本图书馆CIP数据核字（2022）第098462号

著作权合同登记号：01-2022-2278

STOLEN FOCUS：Why You Can't Pay Attention And How To Think Deeply Again

By Johann Hari

Copyright© Johann Hari 2022

First published by Bloomsbury Publishing Plc in 2022

Chinese Simplified translation copyright©Xinhua Publishing House Co. Ltd 2022

All rights reserved

中文简体字专有出版权归新华出版社所有

注意力危机：你为何失去了专注力？如何重回深度思考？

作　　者：（英）约翰·海利		译　者：董亚丽	

出 版 人：匡乐成　　　　　　　　　　责任校对：刘保利

责任编辑：陈君君　　　　　　　　　　封面设计：刘宝龙

出版发行：新华出版社

地　　址：北京石景山区京原路8号　　邮　编：100040

网　　址：http://www.xinhuanet.com/publish

经　　销：新华书店、新华出版社天猫旗舰店、京东旗舰店及各大网店

购书热线：010-63077122　　　中国新闻书店购书热线：010-63072012

照　　排：六合方圆

印　　刷：北京明恒达印务有限公司

成品尺寸：145mm×210mm　1/32

印　　张：11.75　　　　　　　　　　字　数：230千字

版　　次：2022年9月第一版　　　　　印　次：2022年9月第一次印刷

书　　号：ISBN 978-7-5166-6300-4

定　　价：68.00元

版权专有，侵权必究。如有质量问题，请与出版社联系调换：010-63077124

人是生而专注的

曾奇峰

....

如果要在心理学体系中选择一个最基本和最重要的词汇，我会毫不迟疑地选择"注意力"。

"注"者，灌注、集中也；"意"，字面的解释是想法、心愿、情感等，扩展的意思包含一切心理活动，或者一切"意识"。两个字合起来，就表示向某一处灌注全部的精神能量。

"力"是一个物理学词汇。现代物理学努力的方向，就是要统一引力、电磁力、强力和弱力这四种基本力，但到目前为止，这一目标还没有达成。不知道是巧合还是另有深意，心理动力学到现在为止也发现了四种力，即力比多、攻击、关系和自恋。有趣的是，这四种心理驱力是可以统一的，因为它们都可以被理解为指向某个特异靶点的注意力。

英文"attention"，词根 tent 是伸展出去的意思。把"自我"延伸到某一处，即为"注意"。

要集中注意力，需要具备两个必要条件。第一，独立的自我，或者说高度集权的自我，能够乾纲独断地调动内在的全部精神力量。不独立的自我，容易受到外界干扰；就像一个国家，如果没有独立自主的中央政府，就不可能自如地调动所有武装力量一样。第二，指向的对象需要相对单一，散弹似的针对很多对象，并不是一个好的注意力使用状态。集中注意力的"集中"二字，精确地包含了这两个内容。

也许我们可以说，"万病源于注意力不集中"。注意力不集中是"这个意识层面"出现的问题，需要在"另外一个意识层面"才能被理解。下面我们对注意力不集中做六个潜意识层面的解释。为行文方便，均使用第二人称。

1. 赋予注意力以色情的、堕落的意义，你认为注意什么，就是对什么有性的兴趣，或者在展示自己性的诱惑，超我被激活，你的集中注意力的能力就被破坏了。比如，你不敢看某个人的眼睛。如果你的注意力无法集中到某件事情上，那表示你之前已经把这件事情拟人化了。

2. 赋予注意力以刀、枪般的攻击功能，你害怕展示敌意并担心被报复，所以你需要把注意力"肢解"，以避免被自己和他人感受到。

3. 你的自我过于弱小，你担心自我"延伸"（tent）出去之后跟他人融为一体而无法收回，自我因此消失。

4. 你自恋，对他人没有兴趣，注意力折回到自身。极端的情况下，这种过度的自我关注可能导致自杀（恶性自恋的表现）。

5. 你身边的重要人物无法在心理上跟你分离，你专注于某件事情的时候，他们会觉得被你抛弃，你也认同了他们的感受，内疚感被激活，注意力从那件事情上撤回，转而注意他们。一些家长在辅导孩子做作业时就出现了这样的状况，孩子的注意力都在父母的脸色上，而不是针对作业的智力的使用上。

6. 高度专注会导致对时间的感觉扭曲，千年就像一日，这可以直接激活失控感甚至死亡焦虑。

还可以给出很多解释，但我们就此打住。

英国学者李约瑟曾经提出过这样一个问题：尽管中国古代对人类科技发展做出了很多重要贡献，但为什么科学和工业革命没有在近代的中国发生？学术界对这个问题有很多回答，我们现在增加一个：中国人的绝大部分注意力都放在人际关系上，分配给探索大自然奥秘的注意力太少了。在资源和权力有限的情况下，每个人都希望通过"高科技操作"获得个人的最大利益，而且，在封建体制下，创新本身就是对传统和先辈的攻击，是对人际关系的毁灭性破坏，直至生存都成为问题，遑论科技革命。这一流毒至今没有消失，一波一波宫斗剧的热播，就是证据。

下围棋，是极高的智力活动。在中国古代，围棋手的等级称为"棋品"。它共分九品，一品为最高境界，名曰"入神"，所谓"神游局内，妙而不可知"。这说的就是注意力了，全神贯注到与棋局合二为一，如此风范，已不是人在弈棋的凡间气象，而是上帝在创世纪。

代表东方智慧的禅宗，也可以被理解为关于注意力的学问。有人问："如何用功？"禅师说："饥来吃饭、困来即眠。"又问："人总如是，有何不同？"禅师回答："一般人饭时不肯吃饭，百种需索。睡时不肯睡，千般计较。"所以把注意力放在应该放的位置上，没有冲突，就是智者的修行。

大家都在谈论成功和幸福。如果不把注意力放在注意力上，成功和幸福就像太空中的虚无。换句话说，这二者本质上只是注意力高度集中的副产品，如同春风无意，却使冰雪融化、鲜花盛开。在这个意义上，注意力高度集中本身，就表示你正在成功地幸福着，以及幸福地成功着。

大家也在谈论一个人的所谓"气场"。气场强大的人，就是注意力高度集中的人。他对别人有着摄魂夺魄的吸引力，使群体的注意力向他聚集。可以想见，这中间已经包含了很多人梦寐以求的颜如玉、金缕衣和黄金屋。

人的一生，总结起来就是两件事情：注意了什么和被什么注意了。而死亡，不过就是不再身处有注意力交织的网络之中。那些没有"入神"地注意过一个人或者一件事情的人是可悲的，因为他们是真正的"散人"，以散乱的精神，度过了更加散乱的人生。

排除遗传学的缺陷，人是生而专注的。婴儿天生可以像得道禅师一样专注地吃喝、睡觉和排泄，注意力不能集中是

"习得性"的，是被打扰的结果。所以，所有集中注意力的努力，都可以被看成是恢复行使对自我的主权。

如果你问，如何才能注意力集中呢？我的回答是，你需要问你自己。除此之外，我给出的任何答案，都只能使你的注意力变得更加难以集中。你"请教"自己的具体做法是——拿出纸和笔，回答以下问题：满足哪些条件，我的注意力可以变得很集中。

如果还是不行，那就读读《注意力危机》这本书吧。该书洋洋洒洒数十万字，相信作者海利一定是注意力高度灌注在注意力上写出来的，所以可能会滋养你的注意力。毕竟，只有学习才能制造改变，而所有的学习，本质都是模仿。

在进化的道路上，人类的存在只是半成品。而拥有高度集中注意力的人，已经跨越了岁月累积的阶梯，直接成为最接近神的成品。在这个意义上，神只有一个属性，就是专注。

2022 年 3 月 9 日于武汉东湖

目 录
CONTENTS

1

每一天我都试图采访更多的人，吸收、了解更多的信息，谈论更多的话题。我躁狂地在各个主题之间穿插跳跃，我发现自己很难记住任何事情。我仿佛进入一个快车道，处在紧张而失控的境地。我困在信息的茧房里。

2

当你做一件事情让你认识到自己就是一种流动时，你就会体验到心流。有许多力量都会阻碍心流的出现。你是想成为斯金纳的一只鸽子以集中精力跳舞来换取冰冷的回报呢，还是想成为米哈里的画家们，因为发现了真正重要的东西而专心致志！

3

长久以来，我一直跟随着机器的节律生活，日日夜夜，没有尽头。我习惯了疲劳不堪。我睡得越少，世界在我面前变得越来越模糊。注意力的失败只是路途上的杀伤，那只是做生意的成本而已。

在孟菲斯游荡

我的教子在九岁的时候对猫王埃尔维斯·普雷斯利产生了短暂的、让我很难理解的强烈的迷恋。在唱《监狱摇滚》（*Jailhouse Rock*）这首歌时，他完全像猫王一样，声音低沉，同时还摆动着胯骨。他并不知道这种风格早已是一种笑话，仍然在以一个快到青春期的男孩的真诚来表现，还自认为这样很酷，想以此引人瞩目。有一次，在再度开始单曲循环式歌唱的间隙，他要求了解猫王的一切（"一切！一切！"），于是，我滔滔不绝地向他讲述了那个既激励人心又伤感的故事。

我说：猫王出生在密西西比州最贫穷的城镇之一，那是一个很遥远的地方。他是和他的双胞胎兄弟一起来到这个世界的，但后者在几分钟后就夭亡了。随着他一天天长大，母亲告诉他，如果每晚他都对着月亮唱歌，他的兄弟也许就能听到他的声音。所以，他就不断地唱啊唱。他初露头角在公共场合表演之时，也是电视机开始普及的时候。于是，突然之间，他变得比以往任何人都出名。无论走到哪里，人们都会围着他嘶吼、尖叫，直到他的世界变成了一个尖叫室。于是，他退缩到一座为自己打造的茧房中，为弥补失去的自由，在这里，他将光荣显耀在其拥有的物质上。他也为自己的母亲买了一座宫殿，并将其命名为"恩赐之地"（Graceland）。

然后，我略过了其余的部分：他染上了毒瘾，在拉斯维加斯的舞台上流汗、呻吟、摆动胯骨，42岁时，不小心从马桶座上摔下来，不治而亡。当我的教子，我就叫他亚当吧（我在这里也更改了一些关于他的细节以避免有人认出他来），询问故事的结局时，我都会让他与我一起二重唱《蓝月亮》（Blue Moon）。"我看到你独自站立，"他用低沉的声音唱道，"我心中没有希望，也没有梦想。"

有一天，亚当非常认真地看着我，问道："约翰，有一天你会带我去恩赐之地吗？"毫不犹豫地，我就同意了。"你保证吗？你真的答应吗？"他带点怀疑地问。我说："是的。"对此承诺我从来没做过他想，直到后来我才发现，一切都变得不对劲了。

10年后，亚当迷失了自我。他15岁那年就辍学了，将几乎所有醒着的时光都抛掷在家中，机械地在屏幕之间切换：在他的手机上，无数的瓦次普（WhatsAPP）和脸书（Facebook）

的消息在滚动；至于平板电脑（iPad），他仅仅用来观看模糊的优视（YouTube）和色情视频。某些时候，我仍然可以在他的身上看到唱《猜疑之心》（*Suspicious Minds*）的那个快乐小男孩，但又觉得，那个人已经变成了一些小小的、不连贯的碎片。在和我对话时，他努力挣扎着让注意力停留在交流话题上几分钟，尽量不随意切换话题或者将视线跳回屏幕上。使用快拍（Snapchat）软件时，他仿佛也在呼啸而过，在那里，任何安静的或严肃的事情都无法抵达他。那时的他虽聪明、斯文、友善，但似乎没有任何东西可以吸引他的注意力。

在亚当逐渐成长为男人的 10 来年中，这种断裂似乎正在许多人身上发生着。生活在 21 世纪初的人们有着这样一种感觉：我们集中注意力的能力、聚焦的能力，正遭受着打击和破坏。我可以感觉到它在我身上的呈现：我会买来一堆书，却仅仅因为内疚才用眼角匆匆瞥几眼，心里想的却是再看一则推特（Twitter）。我仍然在进行大量阅读，但是，随着一年年过去，我却越来越感觉到，自己像是在沿着一部自动扶梯下行着。我刚进入 40 岁，无论我们这一代人在哪里聚会，大家都会为失去的专注力而感叹，就好像一位忽然在海上消失了的朋友，从此再无法碰面。

有一天晚上，当我和亚当躺在一张大沙发上，各自盯着面前不断播放的屏幕时，我看着他，心里升起一丝恐惧。我们不能再这样生活了，我对自己说。

"亚当，"我轻声说，"我们去恩赐之地吧。"

"你说什么？"

我提醒他多年前我对他的那个承诺。然而，他已经不记得那些我们一起唱《蓝月亮》的日子了，也不记得我对他做过的承诺，但是，我可以看到，这个打破日常麻木套路的主意点燃了他内心的某些东西。他抬头看着我，问我是否是认真的。我说，是的，我会为我们4000英里的行程支付所有费用，我们将前往孟菲斯（Memphis）和新奥尔良（New Orleans），我们还将走遍美国南部，你想去其中的任何地方都可以。但是，有一个条件：如果我们到了那里，而你所做的还是像现在这样只盯着自己的手机看，那我就取消行程。你必须保证：到了晚上才能打开手机。我们必须回到现实。我们必须重新连接那些对我们重要的事物。他发誓说自己会做到的。

几周后，我们从伦敦希思罗机场出发，奔向那片创作出三角洲蓝调[1]音乐的土地。

当我们到达"恩赐之地"的大门时，已经没有导游了，取而代之的是发给游客的一台平板电脑，以及一套小耳塞。平板电脑会告诉参观者下面该做什么：向左转，向右转，向前走。在每个房间里，平板电脑都会以某个被遗忘的演员的

---

[1] 三角洲蓝调：Delta Blues，又称街头蓝调，最早的蓝调音乐形式之一，起源于美国密西西比河的三角洲平原。

声音告诉你现在身在何处，同时，会在屏幕上显示出该房间的照片。于是，我和亚当就各自在"恩赐之地"周围游逛，眼睛盯着平板电脑。我们被加拿大人、韩国人以及如整个联合国那么多国家的面无表情的人包围着，每个人都盯着自己手里的屏幕，不再去观看周围的事物。除了手里的屏幕外，没有人会长时间地盯住任何实物。当我和亚当经过这些人身边时，我看着他们，感觉越来越紧张。偶尔，有人会把视线从平板电脑上移开，我感到有一线希望了，可以尝试与他们进行眼神交流了。于是，我耸耸肩，说道："嘿，我们是仅有的在环顾四周的两个人了吧！我们可是旅行了数千英里过来的，就想实地看看我们面前的东西。"但是，每次发生这种情况时，我都意识到他们暂时停止看平板电脑只是为了拿出手机自拍。

当我们到达丛林房间（Jungle Room，整个大厦中猫王最喜欢的地方）时，一个平板电脑在我面前晃开去，那是一个中年男子，正转向他的妻子。就在我们面前，视线里充斥着猫王购买的大型假盆栽植物，用这种方式，他将这个房间变成了自己的人造丛林。现在，它们仍然竖立在那里，树枝下垂。这时，这个男人说："亲爱的，这真是太神奇了。你看看。" 他指着平板电脑并在上面移动手指，说："如果你向左滑动，就可以看到丛林室的左侧。如果向右滑动，就能看到它的右侧。" 他的妻子边盯着看边微笑着，也开始滑动自己的平板电脑。

看着他们边来回滑动屏幕，边瞅着房间的不同方位，我往前探身。"不过，先生，"我说，"你还有一种老式的观赏方式可以采用，那就是转动你的头。因为此刻，我们就在这里，就在这个丛林房间里。你不必在屏幕上看它，你可以不借助媒体就看到它的。就在这里，你看。"我挥了挥手，丛林那些假的绿色叶子发出沙沙声。

这个男人和他的妻子离开我，向后退了几步。"看！"我说，声音大得我自己都吃惊，"你没看到吗？我们就在你指的那个地方呢。我们现在就在那里。你不需要屏幕，我们现在就在丛林房间里。"但是，他们匆匆走出房间，用"那个傻瓜是谁"般的摇头不解向我回看了一眼，我感觉心跳加速。我转向亚当，准备笑着与他分享这个荒唐场面以释放我的愤怒，但此时的他躲在角落里，将手机握在夹克下，正翻阅着快拍。

**

在这次旅行的每个阶段，亚当都违背了诺言。两周前，当飞机首次降落在新奥尔良，我们还在座位上时，他就立即拿出了手机。"你答应过不使用它的。"我说。他的回答是："我的意思是我不会打电话的。当然了，我不能不使用快拍和短信。"在说这些的时候，他带着一脸困惑的真诚，好像我要求他屏住呼吸十天一样。后来，我看到他安静地在丛林房间里翻阅着手机，那些茫然地经过他身边的人们也都在凝视着各自的屏幕。我感到孤独，如同置身在爱荷华州一个空旷的玉米田里，最近的一个人离我也有几英里之远。于是，我大步走向亚当，一把夺下他手中的手机。"我们不能这样生活！"我说，"你不知道如何活在当下！你正在错过你的生活！你担心的是丢失自己，这就是你一直在查看屏幕的原因吗？这样做，正是在确保你会丢失自己！你正在失去属于自己仅有一次的生命！你看不到就在眼前的事物，而这些是你从小就一直渴望看到的！这些人也都看不到！看看他们吧！"

我当时说话声音很大，但是周围的人大多数隔离在他们的平板电脑里，以至都没有注意到这些。亚当从我手上夺回了手机，告诉我（也并非毫无道理）我像个怪胎，然后跺着脚走了，穿过猫王的墓地，身影消失在孟菲斯的早晨。

我花了几个小时，游荡在猫王的博物馆附近，游荡在劳斯莱斯汽车之间，无精打采地游荡着。夜幕降临时，在马路对面我们住的"伤心旅馆"（Heartbreak Hotel），我看到了亚当。他正坐在形状像一把大吉他的游泳池旁边，猫王的歌声在上空一刻不停地循环着。亚当看上去很伤心。当我和他坐在一起时，我意识到，就像所有最猛烈的怒火一样，我对他的愤怒在整个旅途中也不断冒出来，其实这都是朝向我自己的愤怒。他无法集中注意力，一直心不在焉，还有那些专门旅行过来参观"恩赐之地"的人们，并没有去认真地观看这个地方，这一切都让我感到我的内在有什么东西在涌现。我在碎裂，就像他们正在碎裂一样，我也正在失去专心致志的能力。我讨厌这个。

"我知道，一定出了什么问题，"亚当轻声说，紧握着手机，"但是，我不知道如何解决它。"接着，他继续发短信。

**

我带亚当离开家，就是远离我们无法集中注意力这件事，然而，我却发现我们已无处可逃，因为，这个问题已无处不在。我环游世界为这本书做研究，几乎没有喘息的机会。即使我从研究的空档抽出一些时间去拜访世界上一些最著名的清冷和宁静之地，我发现，这个问题也在那里等着我。

一个下午，我坐在冰岛的蓝色潟湖（Blue Lagoon）中。这是一个广阔无垠的平静的大湖，地热水不断往外冒泡，水温堪比浴缸里的热水，而四周还在飘雪。就在我看着那些飘落的雪花缓缓融入上升的蒸汽时，我发现自己已被挥舞自拍杆的人们包围了。他们将手机放入防水外壳中，然后疯狂地摆姿势、发推文。其中有几个人正在将实时视频传输到照片墙（Instagram）上。我想，我们这个时代的写照是否应该是：我想好好生活，却一再被干扰。这个想法被一个德国肌肉男打断了，他看起来像是一个在社交媒体上有影响力的人，此时，他正低头看着他的摄影手机说："现在，我就在这里，在蓝色潟湖，过着我最好的生活！"

还有一次，我去巴黎欣赏《蒙娜丽莎》，却发现她总是躲藏在来自世界各地的人们后面，每个人都在争先恐后地向前挤，只为了能马上背向她拍摄一张自拍照，然后再奋力挤出人群。那天，我在那里，待在画像的一侧，花了一个多小时瞧着人群。没有人，没有任何一个人看蒙娜丽莎的时间超过几秒钟。她的微笑不再是一个谜。似乎，她正在从18世纪的意大利居所里看着我们，问道：你们为何不像以前那样盯着我看了呢？

**

所有这些，似乎与一种在我内心沉淀了多年的强烈感觉吻合了，它所指向的远非人们不良的旅游习惯。那个感觉就是，我们的文明已经被隔靴搔痒的粉末所覆盖，我们花时间去刺激、抽打、扭曲我们的心灵，却无法将注意力放在重要的事情上。多年以来，那些需要我们用很长时间集中精力去做的事情（如读书），一直都处于自由落体状态。与亚当的旅行结束后，我去采访了一位研究注意力方面的世界领先的科学家，就职于澳大利亚昆士兰大学的罗伊·鲍迈斯特（Roy Baunmeister）教授。他研究关于意志力和自律的课题已有30多年，也是社会科学领域一些著名实验的负责人。我在这位66岁的教授对面坐下，向他解释说，我正在考虑写一本书，关于我们的注意力面临的危机及其原因，以及如何找回注意力。然后，我满怀希望地看着他。

他很好奇我向他提出这个话题。他说："我感觉自己对注意力的控制比以往有所减弱了。"曾经，他可以一坐几个小时阅读和写作，但现在"好像我的思维越来越跳跃了"。他解释说，最近，他才意识到"每当我感到难过，我就会不由自主地在手机上玩电子游戏，还会感到很有趣"。我想象着他放弃自己巨大的科学成就，转而去玩《糖果消消乐》（Candy Crush）的情景。他说："我知道自己已经做不到像以前那样保持专注了。我有点屈服于此，也开始为此感到难过。"

罗伊·鲍迈斯特是《意志力》（Willpower）一书的作者，他是现今对这个课题所做的研究最多的人。如果连他都失去了专注的能力，还有谁能幸免呢？

＊＊

很长一段时间以来，我都在自我安慰：这场危机其实只是一种幻觉。前几代人也曾有过注意力和专注力变得越来越差的感受。你可以读到，约一千年前中世纪的僧侣们也曾抱怨自己遭受注意力问题的困扰。随着年龄的增长，人们的注意力就会减弱，于是他们就会深信这是世界和下一代要解决的问题，而无须靠自己日趋衰减的思维去应对。

当然，应对这一问题的最好的方法应该是：科学家们从数年前就着手做一些简单的研究。比如，他们本可以随机对公众进行注意力测试，并在以后数年和数十年的时间里继续进行同样的测试，以跟踪所发生的任何变化。但是没有人这样做过，长期连续的信息从未被收集过。不过我认为，还有一种不同的方式可以让我们对此得出合理的结论。事实证明，有各种因素会降低人们的注意力，也有充分的证据表明，在过去的几十年中，其中许多因素起的作用越来越大，有些变化甚至是戏剧性的。与此相对，我发现只有一种趋势可能会提高我们的注意力。这也是为何我对此研究得越多，越相信这是一个真正的危机，而且是很紧迫的危机。

至于这些趋势将把我们带往何处去，证据是很明显的。例如，一项小型研究调查了美国大学生分心的频率。科学家将跟踪软件设在大学生的计算机里，以此监控他们在一天中都做了什么。科学家发现，学生们每65秒就会切换一次任务，他们专注于任何一件事情的平均时长仅为19秒。我采访过的加州大学尔湾分校信息学教授格洛丽亚·马克（Gloria Mark）进行了另一项研究，观察在办公室中工作的成年人停留在一项任务上的平均时长，其结果是三分钟。

因此，我进行了三万英里的旅行，来了解我们如何重新聚焦和找回注意力。在丹麦，我采访的第一位科学家和他的团队一起证明了我们集中注意力的综合能力确实在迅速下降。然后，我面对面地采访了全世界范围内相关科学家。从迈阿密到莫斯科，从蒙特利尔到墨尔本，我一共采访了250多位专家。对有关答案的追寻将我带到了一系列疯狂的地方：

在里约热内卢的贫民窟，注意力正以灾难性的方式瓦解，在新西兰某个偏远小镇的办公室里，人们却找到了恢复注意力的方法。

基于这些采访，我开始相信，对于注意力我们有很深的误解。多年以来，每当我无法集中精力时，我都会自责。我会说：你很懒惰，没有纪律性，你需要振作起来。或者，我会责怪我的手机，对它发怒，并希望它从未被发明出来。我认识的大多数人也有相同的反应。但是，我了解到，事实上，正在发生的一切远比个人的失败或一项新发明要来得深远。

当我采访俄勒冈州波特兰市乔尔·尼格（Joel Nigg）教授时，我才看到这一点。乔尔·尼格教授是世界上有关儿童注意力问题的顶尖专家之一。他说，如果将人们注意力问题的增多与肥胖症患者的增加相比较，会有助于我了解正在发生的事情。50年前，肥胖的情况还很少，但在今天的西方世界，它却成了普遍的现象。这并不是因为我们突然变得贪吃或自我放纵了。他说："肥胖症不是医学意义上的流行病，而是社会性的流行病。例如，我们吃的食物很糟糕，就导致了人们发胖。"我们的生活方式已发生了翻天覆地的变化，如食物供应方面的变化，我们还建造了难以步行或骑自行车出行的城市，所有这些生活环境中的变化都导致了身体的改变。他说，类似的情况也正发生在我们的注意力和聚焦能力上。

他告诉我说，在对该主题研究了数十年之后，他认为，我们需要了解我们是否发展出了一种"注意力致病文化"，也就是这样一种环境：身处其中的所有人都很难持续深入地集中精力，唯有逆流而行才能拥有它。已有的科学证据表明注意力缺乏源于多种因素。对于某些人来说，部分原因来自遗传。但他也告诉我，我们可能还需要弄清楚："社会经常将人们驱赶到遗传论上，是否因为，我们面对的这一流行病其实源于社会上某些特定事物的功能失调？"

我问他："如果把你放到掌管世界的位置上，而你想破坏人们的注意力，你会做什么呢？"他想了一会儿，然后说："那可能就是当下社会正在发生的事情。"

一些有力的证据表明，注意力的崩溃不是我、你或你的孩子个人的失败，这其实是所有人的失败，这是由非常强大的力量促成的。这些力量包括大科技公司，但我说的这个力量比它们更大。这是一个系统性的问题。事实是，你的生活系统每天都在侵蚀你的注意力，然后，你被告知要怪罪自己，要纠正你自己的习惯。在了解到这些后，我意识到，在我阅读过的关于如何提高注意力的书籍中，还存在着一个巨大的漏洞。基本上，它们都避而不谈造成注意力危机的真正原因，而这些原因恰恰就来自那些更大的力量：有十二种深层力量在损害着我们的注意力。我相信，只有了解了这些力量是什么，我们才能长久地解决这个问题，然后，我们才可以共同制止它们，避免它们继续对我们施加影响。

作为个人，你可以采取一些实际的步骤减轻自己的注意力问题，在本书中，你可以学习到如何采取这些步骤。我强烈支持你以这种方式承担个人责任。但是，我也必须对你诚实，可能这种诚实是之前有关该主题的书籍不会提供的，那就是：仅做一些个人层面的改变是无法让你走得太远的，它们只会解决一部分问题。

它们确实很有价值，我自己也是这么做的。但是，除非你非常幸运，否则它们不会使你摆脱注意力危机。系统性问题需要系统性的解决方案。确实，我们必须对这个问题承担起个人责任，但同时，我们也必须共同承担应对更深层次的因素的集体责任。实际上，存在着一个真正的解决方案，它能够启动带来疗愈的注意力，并实现疗愈。它要求我们重新定位问题，然后采取行动。

**

我认为，有三个至关重要的理由值得你与我一起踏上这一旅程。

第一，就个人来说，那种时时分心的生活情景会减少。当你无法保持关注时，你也不可能实现预定的目标。你本来想读一本书，却被社交媒体持续不断的叮当声所吸引。你本来想和孩子一起度过不被打扰的几个小时，但你却一直在焦急地检查电子邮件，看看是否有老板发来的消息。你本来想做事情，但生活被解体为一系列模糊的脸书帖子，而且，它们让你嫉妒和焦虑。尽管这不是你的过错，但你却不得安宁。当时，你需要一个安静而有序的空间，它对你停下来思考是很必要的。俄勒冈大学的迈克尔·波斯纳（Michael Posner）教授做的一项研究发现，如果你在专注于某件事时被打扰，你平均需要23分钟才能回到和前面相同的专注状态。对美国上班族的另一项研究发现，他们中的大多数人在一天中从不曾有过持续工作一小时而不被打扰的经历。如果这种情况持续数月，甚至数年，它就会影响你认识自己、了解自己需求的能力。你就会迷失于自己的生活中。

当我去莫斯科采访当今世界上最重要的专注力方面的哲学家詹姆斯·威廉姆斯（James Willams）博士时，他正在与牛津大学数字化伦理实验室合作。他告诉我说："如果我们想在任何领域都从事重要的事情，我指的是生活中的各个层面，我们都必须有向正确的事情投注注意力的能力……如果我们做不到这点，那么做任何事情都会很困难。"他说，如果用图像描绘我们目前所处的情况，对了解它会有所帮助。比如，想象一下你正在开车，却有人往挡风玻璃上泼了一大桶泥。在那一刻，你将面临很多问题：你可能会碰掉后视镜，可能会迷路，或者到目的地时迟到了。但是，在为这些问题担心之前，你需要做的第一件事就是清洁挡风玻璃。如果不这样做，你甚至都不可能知道自己身处何地。同样地，在尝试实现任何其他的既定目标之前，我们都需要先处理注意力问题。

第二，注意力的分散不仅给个人带来了问题，而且还在引发整个社会的危机。作为一个物种，我们面临着前所未有的绊索和陷阱，例如气候危机。与前几代人不同，我们大多数时候并没有行动起来解决那些挑战。为什么呢？我认为其部分原因是：当人的注意力下降时，解决问题的能力就会随之下降。解决重大问题需要许多人多年的持续关注，这样才能发现真正的问题，并将其与幻想区分开来，然后提出解决方案，促使领导者对未能兑现的问题负起责任。如果做不到这一点，我们就会失去建立一个运行良好的社会的能力。不能集中精力的人会更倾向于选择简单的威权主义解决方案，在失败时又不能对此有清醒的认识。一个充斥着匮乏的注意力、人们不断在推特和快拍之间转换的世界，将是一个危机不断的世界。

第三，针对注意力进行深入思考是最有希望的。如果我们能了解正在发生的事情，就可以着手进行改变。在我个人看来，作家詹姆斯·鲍德温（James Baldwin）是20世纪最伟大的作家。他曾说："并不是我们所面对的一切都可以被改变，但是，如果我们不去直面它们，一切都无法改变。"这场危机是人为制造的，也能被我们解除。

**

我想从一开始就告诉你，我是如何收集本书中所提供的证据的，以及我为什么选择这些证据。在调研中，我阅读了大量的文献，采访了我认为收集了最重要的证据的科学家们。有几个不同领域的科学家已经对注意力和聚焦能力进行了研究，有神经系统科学家和社会科学家。在我看来，针对变化的根源做了最多研究工作的人是社会学家，他们分析了我们生活方式的变化对个人和群体所产生的影响。我曾在剑桥大学学习社会和政治科学，在那里接受了如下的严格培训：一方面是关于如何阅读这些科学家发表的研究成果，另一方面是如何评估他们提出的证据，以及如何提出相关的探索性问题。

科学家们之间往往在事情的现象和原因上产生分歧。这并非因为科学本身是摇摆不定的，而是因为人类异常复杂。什么因素影响我们集中注意力的能力这样复杂的研究很艰难。当我写这本书时，这一点显然给我带来了挑战。如果我们想等待完美的证据，那我们将永远等待下去。因此，我必须往前走，以现有的信息为基础，尽我最大的努力。但是，我同时也意识到，这门科学易错且脆弱，所以需要谨慎行事。

因此，在本书的每个部分，我都会告诉你我提供的证据存在很多争议。在某些话题上，其主题经过了数百名科学家的研究，他们达成的普遍共识是：我在本书中提出的那些观点是正确的。这显然是理想的情况，所以只要可能，我就寻找这些在各自领域有代表性共识的科学家，并将我的结论建立在他们的知识基础之上。但是在其他一些领域，只有少数科学家研究了我想了解的问题，我可以借鉴的证据比较薄弱。也有少部分话题，科学家之间的分歧很大。在这种情况下，我将提前告诉你并列出对这个问题的各种看法。因此，在每个部分，我都试图根据我所能找到的最有力的证据来得出结论。

我一直在谦卑地经历这个过程。我并非专家，我只是以一名记者的身份，尽我所能地解读专家的知识。如果你想要了解更多细节，我在本书的网站上列出了400多个尾注，对证据做了更深入的探寻，并就我在本书中引用的250多项科学研究进行了讨论。有时，我还利用个人的经验来辅助解释我所学到的东西。我个人的生活轶事显然不是科学依据。它们告诉你的是更为简单的道理：为何我如此迫切地想知道关于这个问题的答案。

**　**

当我和亚当从孟菲斯旅行回来，我对自己深感震惊。有一天，我花了三个小时阅读同一本小说的前几页，但每次都迷失在分散的思维中，这感觉就像我被石头砸中了一样。我想：我不能再这样下去了。读小说一直是我最大的乐趣，失去它就像失去了我的胳膊或腿一般。于是，我向我的朋友们宣布我将做点大事。

我想，这些事在我身上发生，不仅是因为我的约束力不够，而是因为我已经被手机接管了。因此，我认为解决方案显而易见：加倍约束自己，禁用手机。我上了网，给自己订了一个在普罗温斯敦海边的科德角尽头的小房间。我要在那里待三个月。我如同胜利者一般向所有人宣布：我不会带智能手机去的，也不带可以上网的计算机。搞定，我订上了房间！20年来，我将第一次脱离网络。我和朋友谈论了"wired"一词的双重含义。这既意味着一个人处于狂躁、亢奋的怪异精神状态，也指处于在线状态。在我看来，这两个含义是紧密相连的。我厌倦了怪异，迫切需要清醒一下头脑。然后我做到了。我断了网，并且设置了电子邮件提示器，宣布在接下来的3个月中将没有人能联系到我。我远离了身处其中已达20年的嗡嗡振动声。

我试图不带任何幻想地进到这种极端的数码排毒之境。我知道，对我来说，放弃整个互联网并不是一个长期的解决方案：我不会加入阿米什人[1]的行列，永远放弃这项技术。更进一步说，我也明白，对于绝大多数人来说，这种方法甚至还算不上是一个短期的解决方案。我来自一个工薪阶层家庭，抚养我的祖母打扫过厕所，我的父亲是一名公交车司机。如果你告诉他们，解决他们注意力问题的方法是辞掉工作，去海边的小屋里生活，这将会是一种恶意的侮辱，因为他们根本做不到。

我之所以这样做，是因为我觉得，如果现在不这样做，我可能会错失深入思考的能力中某些关键的东西。我是带着绝望去做的。这样做的另一个原因是：我觉得，如果我能在

---

[1] 阿米什人：Amish，美国和加拿大安大略省的一群基督新教再洗礼派门诺会信徒，以拒绝汽车及电力等现代设施，过着简朴的生活而闻名。

某天将所有丢失的东西都找回来，我就可能瞥见一些适用于所有人的改变方式，而且是一种更具可持续性的方式。这次极端的数码排毒教会了我很多重要的事情，也包括你将看到的它的局限性。

这个行动开始于一个五月的早晨。我出发前往普罗温斯敦，带着"恩赐之地"屏幕的眩光带给我的困扰。此时我想，问题出在我自己易分散注意力的特质上，出在我们的技术上，所以我打算放弃智能设备很长一段时间：自由，哦，自由！我期待你很久很久了！

原因之一

生活加速

"我不明白你想要什么样的。"在波士顿的塔吉特百货商场里，一名男售货员一直在这样问我。"这些是我们店里最便宜的手机了。它们的上网速度超慢。这就是你想要的，对吗？""不，"我回答，"我想要一部根本无法上网的电话。"他研究了下盒子的背面，面露困惑。"这个真的会很慢的。你用它有可能会收到电子邮件，但更大可能你是不会收到的。"电子邮件依然是网络，我告诉他，我要离开三个月，必须得确定它能使我完全离线。

我的朋友伊姆提亚兹将他那台老旧停工的、几年前就失去了上网功能的笔记本电脑给了我。它看起来像《星际迷航》（*Star Trek*）第一部电影的场景：一个为未来版本而设计但又终被弃用的废品。我就要使用它，我想通了，我最终要用它写出我计划了多年的小说。现在，我还需一部电话，以便在紧急情况下，有六位得到我号码的人能联系到我。我需要电话就是不想给自己留有上网的选择，这样的话，如果我凌晨三点醒来，想推翻原来的想法并试图上网，那么无论我多么努力，我都做不到的。

当我向人们解释我的这些计划时，我得到的答复无外乎以下三种。第一个就像塔吉特店中售货员的反应一样：他们似乎无法理解我所说的话。他们以为我是要减少互联网使用量。在他们看来，完全断网的想法非常奇怪，以至于我不得不一次又一次地解释。"那么，你想要一部根本无法上网的电话吗？"他说，"你为什么会有这个需求呢？"

这个人接下来的反应是基于替我着想的一种低水平的恐慌。"如果发生了紧急情况你怎么办？"他问，"这似乎不靠谱啊。"我问："紧急情况下我需要上网吗？会发生什么事情呢？我又不是美国总统，如果俄罗斯入侵乌克兰，不必由我下达命令吧。""任何事情，"他说，"任何事情都可能发生的呢！"我一直在向这个与我同龄的人解释（此时我39岁），在我们过去的人生中有一半的时间并没有手机，所以想象一下我们再去过那种没有手机的生活应该不难吧。但似乎没有人觉得这对他们具有说服力。

我遇到的第三个反应是羡慕。这些人开始幻想：如果能突然腾出以前花在手机上的时间，自己将会做什么呢？他们开始罗列苹果手机视频计时的统计：我每天上网的小时数有多长。对于美国人来说，这个时长平均是3小时15分钟。

我们每 24 小时触摸手机 2617 次。有时，他们会满怀渴望地提及自己喜欢但遗弃了的东西，比如说弹钢琴，然后，就将目光投向远方。

塔吉特里没有我需要的东西。具有讽刺意味的是，我不得不上网订购在美国仅存的无法上网的手机。这款手机被称作"臭虫"（Jitter bug）。它是为年龄很大的老年人设计的，可以兼作医疗急救设备。我打开盒子，对着它巨大的按钮笑了笑，告诉自己它有一个额外的好处：如果我摔倒了，它会自动帮我联系到最近的医院。

**

我把要随身携带的东西都摊放在旅馆的床上。我已经查看了通常使用手机时要做的所有日常事项，并购买了能替换它们的物品。于是，我购买了十几岁之后的第一块手表。我也买了一个闹钟。我翻出旧的便携式多媒体播放器（iPod），安装好有声读物和播客，随后，我用手指滑过它的屏幕，想着我 12 年前买这个上网小工具时的那种未来感。现在，它看起来像是被诺亚带到方舟上的东西。我还有一台伊姆提亚兹给的破损的笔记本电脑，目前它被有效地改造成了具有 20 世纪 90 年代风格的文字处理器。在它旁边，还有一摞好久以来我一直想读的经典小说，《战争与和平》就在最上面。

我叫了一辆优步（Uber），以便可以将我的苹果手机和苹果笔记本电脑交给住在波士顿的一个朋友。在把这些放在她家的桌子上之前，我犹豫了一下。但很快，我就按下了苹果手机上的一个按钮，召唤一辆汽车将我带到轮渡码头，随后，我关闭手机，迅速走开，就像它可能会追赶我一样。我感到了一阵恐慌。我想，我还没准备好。然而，在脑海深处，我立即想起了西班牙作家何塞·奥尔特加·伊·加塞特（José Ortega y Gasset）所说的话："不能等一切准备就绪了我们才去活……生活在向我们点射。"我告诉自己：如果你现在不做此事，你以后就永远不会再做了，最后，在濒死时，你就只能躺在床上回看自己在照片墙（Instagram）上曾拥有过多少个点赞而已。于是，我上了车，拒绝回头。

几年前，我从社会学家那里获悉，要打破任何一种破坏性的习惯，我们能用的最有效工具之一就是"预先承诺"。这种情景就发生在荷马（Homer）撰写的《奥德赛》（The Odyssey）中，那是人类史上最古老的故事之一。他是这样描述的：在一片海域，航海的水手们总是因同一个很奇怪的原因死去。在海洋中生活着两个塞壬女妖，她们是女人和鱼的混合体。这些女妖会唱具有魔力的歌，以此诱惑水手们跳入海中。然后，当水手们急不可待地像鱼一样游过去时，女妖就会把他们溺毙。然而，有一天，故事的主人公尤利西斯找到了击败这些女妖的办法。在航船驶入女妖唱歌的海域之前，他让船员将自己牢牢地绑在桅杆上，从头绑到脚，无法动弹。因此，即使尤利西斯听到塞壬的歌声，无论他多么渴望跳入海中，他都无法做到。

　　之前，我减肥时曾使用过这种方法。通常，我会采购很多碳水化合物食品，然后告诉自己说：我内心足够强大，可以做到缓慢又适量地食用它们。但情况往往与此相反，我会在凌晨两点大吃大嚼一通。后来我就不再购买这些食物了。而且，我也不会再在凌晨两点跑去商店买品客薯片。只有这样做，你才会活在当下，把握现在这一刻，然后想要去追求更深远的目标，想要成为一个更好的人。但是，你知道自己容易犯错，并且很容易在诱惑面前失控。于是，你预设下自己将来的版本。你缩小选择的范围，你把自己绑在桅杆上。

　　人们曾经进行过少量的科学实验来检验它的有效性，事实证明，这至少在短期内可行。例如，2013 年，我在耶鲁大学采访过的心理学教授莫莉·克罗克特（Molly Crocket）曾将一群人带到实验室，将他们分成两组。他们被告知，如果愿意，可以马上给他们看一张略微性感的照片，如果他们能够等待一会儿，他们将会看到一张非常性感火辣的照片。第一组的人被告知：发挥你的意志力吧，在此刻靠自我约束等着就行了。但是，第二组的人们在进入实验室之前被给予了一个机会，即对他们做了一项"预先承诺"，那就是：他们被很明确地告知说，如果他们可以停下来等待一会儿，后面就可以看到更热辣性感的图片。科学家们想借此了解，那些被给出预先承诺的男人们会不会比没有被如此承诺的男人们能够等待得更长久？事实证明，预先承诺带来的成功是惊人的，它不但让人更坚定了要做的事，而且也保证了他们会坚持下去，这就使得这些人能坚持得更久。这一结论在其他的一系列实验中得到了验证。

我到普罗温斯敦的旅行就是一种极端的预先承诺，就像尤利西斯的胜利一样，也是从船上开始的。当开往普罗温斯敦的渡轮驶出时，我回头看了看波士顿港口，五月的阳光正反射在水面上。我站在船的后方，旁边是一面被海水浸湿仍在随风拍打的星条旗。我看着大海的泡沫在我们身后一路喷涌。大约 40 分钟后，当我看到露出的朝圣者纪念碑（Pilgrim Monument）的细小尖端时，普罗温斯敦慢慢地出现在了地平线上。

普罗温斯敦是一个郁郁葱葱的狭长海滩，美国就在那儿伸向大西洋。这是美洲的最后一站，道路的尽头。作家亨利·大卫·梭罗（Henry David Thoreau）说，你站在那里，会感觉整个美国都在你的背后。当海滩从泡沫中显露出来，我感到了眩晕的轻快感。我开始大笑，尽管我不知道自己因何而笑。筋疲力尽的感觉袭来，我几乎要晕倒了。我现在 39 岁，从 21 岁起，我就在不停地工作，几乎没有休过假。我在每个醒着的时刻都会用信息充填自己，以使自己成为一个更多产的作家。我开始认识到，我的生活方式仿佛是一段程序，像是在工业化的农场里，一只草鹅被强行塞进食物，只是为了使它的肝脏变成肉酱。在这之前的五年中，我旅行了 8 万多英里，做研究、写作、与人聊我的那两本书。每一天，我都试图采访更多的人，吸收更多的信息，了解更多的信息，谈论更多的信息。我躁狂地在各个主题之间穿插跳跃，就像一条由于使用过度而被划破的录音带一般。我发现自己很难记住任何事情。许久以来我都感到了自己的疲惫，然而，除了跨过它，我不知道自己还能做些什么。

就在人们陆续开始下船时，我听到渡轮上的某处传来短信的声音，我本能地将手伸进口袋，猛然间感到一丝恐慌：我的手机在哪里呢？等想起来是怎么回事时，我笑得无法自已。

那一刻，我回忆起自己第一次看到手机时的情景。那时我十四五岁，大概在1993年或1994年。当时，我在放学回家的路上，坐在伦敦340路公共汽车的最上层。一个穿着西装的男人大声对着一个物体在说话，在我的记忆中，那物体的尺寸近乎一头小母牛。汽车顶层的所有人都转过身，看着他。那人似乎很享受大家关注的目光，说话声音更大了。这种情况持续了一会儿，直到另一位乘客对他说："伙计？""嗯？""你是个混蛋。"拿着"小母牛"的人违反了伦敦公共交通的第一条规定。我和这个抗议的人相视而笑。我记得，在手机诞生之初，这些小小的抗议在伦敦各地都在发生。彼时，我们将这种行为看作是一种荒谬的入侵。

大约五年后，在上大学时，我发送了我的第一封电子邮件。我当时19岁，我写了几句话，单击"发送"，然后等待某些感觉的出现。当时并没感到多么激动。我还很奇怪，为何人们会对这种新的电子邮件大惊小怪呢？如果那时你就告诉我，在 20 年之内，这两种技术组合的产品会成为我一生的主宰，以至于我不得不乘船逃离，我会觉得你胡说八道。

我把行李从船上拖出来，拿出从互联网上打印出来的地图。多年以来，我出行一直用谷歌地图导航，但幸运的是，普罗温斯敦仅有一条漫长的街道，你只有两个方向可走：向左，或向右。我必须向右走，到我的房地产经纪人那里去，我在他那儿租了某幢海边小屋的一个套间。商业街穿过普罗温斯敦的中心，我走过那些整洁的新英格兰店铺，它们出售龙虾和性玩具（显然，它们不是同一家商店，这是哪怕身为普罗温斯敦本地人也会回避的市场）。我记得，我之所以选择这个地方有那么几个理由。一年以前，我从波士顿过来待了一天，拜访我的朋友安德鲁，他每年夏天都住在那儿。普罗温斯敦就像一个十字架，位于具有古老的新英格兰风格的科德角村和一个性爱地下城之间。长期以来，这是一个属于工人阶层的渔民小镇，镇上居住着葡萄牙移民及其子女。后来，艺术家们开始迁入，并使之成为一块波希米亚飞地（Bohemian enclave）。如今，它成了这样一个地方：在古老的渔民木屋中住着一些男人，他们的全职工作是扮成《小美人鱼》（*The Little Mermaid*）中的恶棍厄休拉（Ursula），并向夏天占领了该镇的游客们唱黄色低俗的歌曲。

普罗温斯敦既非常迷人，又不复杂。这么说可能有些傲慢，但在逗留的最初 24 小时内，我确实就已经弄清了它的基本动态。我下决心要去的地方必须是一个不会引起我太多新闻式好奇的地方。如果选择巴厘岛，我知道自己很快就会弄清巴厘岛社会的运作方式，然后采访当地人，随后不久，我将再度回到对信息狂躁的吸收中去。我想要一个漂亮的涤罪所，在那里，我可以释放压力，仅此而已。

房地产经纪人帕特开车带我到海边的房子。它靠近大海，距离普罗温斯敦市中心步行只需要40分钟，紧邻特鲁罗镇了。帕特帮我找的是普通的木房子，被分隔成了四套的公寓，我的那套在左下角。我要求帕特卸下路由器，并切断电视上的所有电缆套装。但为以防万一，在有点抓狂的状态下，我去买了一个与互联网连接的设备。我的公寓有两个房间。在房子的外面，有一条不长的砾石路，道路的尽头，等着我的是一片海洋，辽阔、开放，而且温暖。帕特祝我好运，然后离开了，留下我一个人。

我打开邮件包装，取出书籍，开始翻阅。拿起的那本书对我没有任何吸引力，我把它放在一边，走向大海。现在还是普罗温斯敦旅游旺季，往任何方向望去，在我能看到的绵延数英里的范围内，大概也只有六个人。随后，我突然有了一种确定感，这种感觉在一生中也只出现过几次，它表明我做了绝对正确的事情。很长一段时间以来，我一直将目光集中在那些非常快速和短暂的事情上，例如一则推特。要知道，当你将视线集中在速度太快的事情上时，如果你不移动、挥手、大喊大叫，你就会感到沉沦，感到疲惫不堪，容易被它拖走。现在，我发现自己盯着很古老、很远久的东西。我想，这片海洋早在你我之前就存在了，而在我们的那些琐碎的烦恼被遗忘之后，它还将在这儿存在很久。推特让人感到整个世界都被你和你的小我所占据：它爱你，恨你，也正在谈论你。海洋会让你感觉到世界正在用柔和的、温润的、热情的态度迎接你。无论你对它多么大声地喊叫，它永远都不会谈论你。

我在那里站了很久，那种静止不动使我感到震惊：没有滚动，只有静止。我试图回想我上次拥有同样的感觉是在什么时候。我将牛仔裤腿卷起，朝着普罗温斯敦的方向走去。海水温暖，我的脚微陷进沙中。不时有小鱼游过，绕过我湿漉漉的双腿。我看着螃蟹钻进我面前的沙子里。大约15分钟后，我看到了一个奇怪的东西。我一直盯着它看，注视得越久，我越感到困惑。在海中，有一个人站在水上。他不是在船上，也不在任何漂浮的东西上。但是，他就在海上很远的地方，又高大又稳定。我想，也许是因为我产生幻觉了吧。我向他招手，他以挥手回应我。然后他转过身，站在那里，伸出手掌，面向大海。他在那里站了很久，我也站在那儿一直看着他。然后，他开始向我走来，似乎是走在海面上。

他看到了我困惑的表情，向我解释说，当潮汐进入普罗温斯敦时，海滩会被覆盖，但是，你看不到的是，水下的沙地并不平坦。在水面下有沙洲和凸起的沙岛。如果你沿着这些地方行走，就会让人感觉是在水上行走。在那之后的数周和数月中，我经常看到这个人，他在大西洋上站着，手掌朝外，静止不动数小时。我告诉自己，这是与待在脸书上完全相反的情景：完全静止不动，望向大海，手掌张开。

后来，我去了安德鲁的家。他的一只狗跑过来和我打招呼。我和安德鲁一起散步，去吃晚饭。前一年，安德鲁进行了长时间的静默休养：不接电话，也不闲聊。他告诉我，要享受这种幸福感，因为这种感觉不会持续很长时间的。他说，只有当你放下分心之事时，你才能看到让自己分散注意力的源头。我对他说：哦，安德鲁，你真是个戏剧皇后。然后我们都笑了。

与安德鲁告别后，我往商业街走去，经过图书馆、市政厅、艾滋病纪念碑、纸杯蛋糕商店，当晚的扮装皇后正为表演派发宣传单，最后我听到有人在唱歌。在一家名为"皇冠和猫"的酒吧里，人们正聚集在一架钢琴周围，唱着演示曲。我走了进去。和这些陌生人一起，我唱了百老汇歌剧《艾薇塔》（*Evita*）和《吉屋出租》（*Rent*）中的大部分配乐。我再次被不同的感觉击中，与一群陌生人面对面一起唱歌，是与一群陌生人通过屏幕聊天完全不同的感受。第一个方式消泯了你的自我意识；第二个方式则戳动着它。那个晚上，我们演唱的最后一首歌是《一个崭新的世界》。

凌晨两点，我独自一人回到海滨住所。我想着这样两种光线的区别：一种是我曾在一生中很长的时间里凝视过的蓝色光线，它使人时刻保持警觉；另一种是在我周围逐渐消失的自然光线，它告诉我说：一天结束了，现在休息去吧。海边的房子是空的。没有短信、语音消息或电子邮件在等我。即使有的话，我在三个月内对此都会一无所知。我爬上床，跌入我能记起的最深的梦乡，直到 15 个小时后才醒来。

**

我在解压状态下度过了一个星期，带着一种疲倦和安宁混杂的感觉。我曾坐在咖啡馆里，和陌生人聊天。我曾溜达在普罗温斯敦的图书馆及其三个书店里，挑选了更多我要读的书。我也吃了足够多的龙虾，如果该物种能进化出意识，我将以暴君的形象留在它们的记忆里，那是一个以工业化的方式将它们毁灭的人。我一路走到 400 年前的朝圣者第一次到达美国的地方。那时他们四处游荡，找不到什么东西，然后继续航行，直到在普利茅斯岩（Plymouth Rock）登陆。

这时，奇怪的事情开始浮现在我的意识中。我的脑海里听到 20 世纪八九十年代的歌曲，当时我还是个孩子，而这些歌我已经多年未曾想起过：四兄弟合唱团的《鸽子群中的猫》（*Cat Among the Pigeons*），或海天一色乐队的《我赶上火车的那一天》（*The Day We Caught the Train*）。没有声田（Spotify）软件，我无法完整听到所有的歌曲，于是我在沙滩上散步时唱给自己听。每隔几个小时，就会有一种陌生的感觉在我体内咕噜噜冒出来，我会问自己：那是什么呢？噢，没错，是安宁。但是，你早已尽力将这两个沉甸甸的金属声忘在脑后了。为何现在这种感觉如此不同？仿佛我过去的好几年里都在抱着两个尖叫的、摇摇欲坠的婴儿，现在这些婴儿被交给了保姆，从此，他们的尖叫声和呕吐物就从视线中消失了。

所有的一切都为我减速了。以往，我每隔一个小时左右就会追踪一次新闻，不断地获取一些引起焦虑的事实，然后将它们混合在一起，形成某种感觉。在普罗温斯敦，我无法再这么做。因此，每天早晨，我会买三份报纸，坐下来阅读，也就是说，直到第二天我才能从新闻报道中知道前面所发生的事情。在我清醒时的生活中不再有不间断的信息爆炸，而是得到了一份有深度的、经过精心报道的事件指南，这样，我就可以将注意力再度转移到其他事情上。在我到达此地后不久，有一天，一个枪手进入了马里兰州一家报社的办公室，枪杀了五名记者。作为记者同行，这显然让我非常不安。以往，这种事一发生我就会从朋友那里收到短信，随后我就会在社交媒体上一连追踪数小时，吸收各种乱码似的账户上的信息，逐渐拼凑出一幅图片。在马里兰州大屠杀事件发生后的第二天，我在 10 分钟之内，就从普罗温斯敦一棵枯死的树上了解到了我所需要知道的、有关屠杀的所有清晰而又悲惨的细节。突然，纸质报纸——这个枪手瞄准的目标——在我看来就像是一种非同寻常的现代发明，它才是我们所有人都需要的。我通常的新闻消费方式引发的是恐慌，而报纸这种新的风格才能扩展视野。

我感觉到，在普罗温斯敦的第一周里发生的某些事情，正在慢慢打开我的接收器：接收更多的关注、建立更多的连接。但那具体都是些什么呢？直到我去哥本哈根之后，我才开始对我在普罗温斯敦前两周的经历以及为什么会有这些感觉有所理解。

**

苏涅·雷曼（Sune Lehmann）的儿子们跳上了他的床，直觉告诉他，有什么不对劲了。每天早晨，他的两个男孩都会跃过他和他的妻子，兴奋地尖叫着，很高兴地迎接醒来后的新的一天。这种场景正是一个人想象自己成为父母时很渴望的，而苏涅也喜欢他的儿子们。他知道自己应该为儿子们的醒来和充满活力感到高兴。但是，每天早晨，只要他们出现在眼前，他都会本能地伸出手，不是为了触碰他们，而是为了一个更冰冷的东西。他告诉我："我会伸手拿起手机来检查我的电子邮件，即使这些神奇的、曼妙的、可爱的天使们正在我的床上爬来爬去。"

每当想起此事，他都会感到羞愧。他开始自我探究。苏涅是一名物理学家，也是丹麦技术大学的应用数学和计算机科学系的教授。他告诉我："我一直被自己正在失去聚焦能力所困扰着。""我意识到，我有些无法控制自己对互联网的使用。"他发现自己在不知不觉地跟踪着事件的细微细节，例如关于美国总统选举的事情，他会在社交媒体上一小时又一小时地待着，而且毫无目的。这不仅对他身为父母有影响，对他自己身为科学家也带来了影响。他说："我意识到，我的工作是去思考与众不同的事物，但是，我却处在一个和其他人获得相同信息的环境中，而且，我所做的思考也和其他人并无二致。"

他感觉到，自己所经历的专注力恶化的情况也正发生在周围的许多人身上。但他也知晓，在历史上的许多时候，当人们认为自己正在经历某种灾难性的社会衰退时，事实上是他们自己正在衰老。我们总是倾向于将个人的衰老与人类的衰退相混淆。时值30岁后半段的苏涅问自己："究竟是我成了一个脾气暴躁的老人，还是世界真的在改变呢？"因此，他与欧洲各地的科学家一起，发起了迄今为止最大规模的科学研究，以尝试回答一个关键性的问题：我们集体注意力的持续时间真的正在缩短吗？

第一步，他们草拟了一份可供他们分析的信息来源清单。第一个来源，也是最明显的一个，是推特。该网站于2006年启动，而苏涅于2014年开始这项工作，因此有8年的数据可供借鉴。在推特上，可以跟踪人们在谈论什么主题以及他们就此讨论了多长时间。于是，团队开始对数据进行大量的分析：人们在推特上就一个话题能谈论多长时间？他们共同专注于任何一件事情的时间长短是否有所改变？与不久前相比，现在人们谈论他们关心的话题，即热门话题，所用的时间是增加了还是缩短了？他们发现，在2013年，从位列前 50 名的被讨论最多的主题中，人们的关注力能停留 17.5 小时。到 2016 年，这一时长已降至 11.9 小时。这可以表明，我们关注任何一件事情的时间在变短。

这个结果确实很令人震惊，但这也许只是推特所独有的异象呢。于是，他们开始研究其他数据。比如，他们研究人们在谷歌上所搜索的内容的点击率是多少；他们还分析在一部电影大热之后，人们会等多长时间去电影院看这部电影；他们研究了红迪（Reddit）网站，某个主题会在那里持续多长时间。所有的数据都表明，随着时间的流逝，人们花费越来越短的时间聚焦于任何一个单独的主题上。但有趣的是，维基百科（Wikipedia）是一个例外：在那里，话题的关注度一直保持着稳定。在他们查看的几乎所有的数据集合中，该模式都是相同的。苏涅说："我们研究了许多不同的系统，我们发现，在每个系统中，都存在着一个加速的趋势。" 这种趋势是：更快速地达到人气顶端，然后"再度更快速地降落下来"。

他们想知道这种情况已持续了多长时间，也就是在那时候，他们才发现了真正令人瞠目结舌的东西。他们转向谷歌图书（Google Books），该平台已扫描了数百万本图书的全文。苏涅和他的团队决定使用一种数学技术来分析 1880 年以来出版的书籍。这个技术"检测 n 元语法"（Detecting N-grams），可以找出新的短语和话题在文本中的出现和消失，它等同于过去的标签查询。计算机检选新出现的短语，比如说"哈林文艺复兴"或"无协议脱欧"。研究人员可以看到它们被讨论了多长时间，以及多久会从讨论中消失。用这种方式可以得到以下信息：在我们之前，人们谈论这个新话题多久了，他们会在多久之后厌倦它，然后接着讨论下一个话题。当苏涅他们查看这些数据时，发现该图式与推特的极为相似。在过去 130 多年的时间里，每过去 10 来年，一个主题出现和消失所用的时间也越来越短。

苏涅告诉我，当他看到这个结果时，想的是："该死，这竟然是真的……事情正在发生着变化。事情并不是一成不变的。"这是在世界上收集到的第一个证据，表明我们集体注意力的长度正在缩短。至关重要的是，这出现在我的整个一生中，甚至我父母和祖父母的生活中。互联网的出现加速了这一趋势。但更严重的是，苏涅发现，这并不是唯一的原因。

为研究推动这一变化的原因，苏涅和他的同事们建立了一个复杂的数学模型。这个模型有点像气候学家预测天气变化的系统。（如果你对他们的做法以及全部技术细节感兴趣的话，可以在他们发表的研究文章中找到。）其目的是：用来了解人们对数据做了什么导致其以越来越快的速度出现和消失，并最终导致了我们注意力的减弱。他们发现，只有一种机制可以使这种情况一次次地发生：你只需要向系统填塞更多的信息即可。泵入的信息越多，人们专注于其中任何一部分的时间就越少。

苏涅告诉我："这对加速现象做出了令人惊奇的解释。"如今，"系统中包含了更多的信息。试想在一百年前，新闻的传播自然会花费一些时间。如果挪威峡湾发生了某种巨大的灾难，消息将不得不从峡湾先传到奥斯陆，还得有人把它写下来"，然后，消息才能慢慢地遍及全球。对照 2019 年发生在新西兰的大屠杀，当时就有人在做"现场直播"了，任何人在任何地方都可以立即看到。

他说，这就像在"从消防水带中喝水一样，一下给我们的东西太多了"。我们被浸泡在了信息中。关于这点的原始数据已由不同的科学家团队进行了分析，其中包括南加州大学的马丁·希尔伯特（Martin Hilbert）博士和加泰罗尼亚开放大学的普里西拉·洛佩兹（Priscilla Lopez）博士。想象一下你在阅读一份长达 85 页的报纸吧。在 1986 年，如果将所有轰炸给一个普通人的信息加在一起，包括电视、广播、阅读，它相当于每天 40 份报纸的信息量。到 2007 年，信息的总量已经增加到每天 174 张报纸。信息量的增加是使我们感到世界运转在加速的原因。

这种变化是如何影响我们的呢？当我问苏涅这个问题时，他笑了。"速度这事的确会让人感觉很棒……我们之所以对此着迷，部分原因就在于此，对吧？你会觉得自己与整个世界都息息相关，并且觉得该话题中发生的任何事情，你都可以找到有关的信息并了解它。"另一方面，我们又告诉自己说，我们是可以免费获取大量信息的，而且可以快速地获得。但这仅是一个幻觉而已，苏涅说："这会让人变得筋疲力尽的。"更重要的是，"我们所为此付出的代价是在各个维度上对此的深入了解……而深入了解需要时间，也需要反思。要想赶上所有事情的进度就需要向你一直发送有关的电子邮件，这样一来，你就没有时间进行深入的探究了。深入与你的工作相关的关系中也需要时间。它需要能量，需要持续很长的时间，它也需要承诺和关注。所有这些需要深入的东西都在遭受着困扰。它在拉扯着我们，使我们越来越频繁地浮到表面上来"。

苏涅的科研论文中有一句话概括了他的发现，这句话一直在我脑海中震动着。他写道，我们正在集体经历着"更加迅速地消耗注意力资源"的事情。当我读到这篇文章时，我才意识到自己在普罗温斯敦经历了什么。对于我，那是人生中的第一次，我生活在自己的注意力资源限度内。我吸收的是我能处理的、能思考的，也能沉思的，而不是更多的。防火水龙头已关闭，信息的洪流被切断了。而且，我是在用自己选择的速度喝水。

苏涅是一个面带微笑的、和蔼可亲的丹麦人。但是，当我问他这些趋势未来将如何发展时，他的身体僵硬了，微笑也挤成了一团皱纹。他说："我们一直在加速着，而且可以肯定的是，我们正越来越接近我们所能到达的极限。"他说，这种加速不可能无限期地持续下去。事物移动的速度有一定的物理极限。它必须在某个点上停止。但我现在还看不到任何放缓的迹象。

在我与他会面之前不久，苏涅看到了一张脸书创始人马克·扎克伯格（Mark Zuckerberg）的照片：他站在一个房间里，面前是一群戴着虚拟现实头盔的人。他是唯一站在现实世界中的人，他看着那些人，微笑着，自豪地走来走去。当苏涅看到这张照片时说："我当时就喊：'天哪，这就是关于未来的隐喻呀！'"他担心，如果我们不改变方向，我们会走向这样一个世界，在那里"将会存在一个上层阶级，这些人非常清楚"他们的注意力面临的风险，并能找到应对生活的方法，社会上其他的人将不得不以"更少的资源来抵抗这种操纵。他们将越来越多地生活在自己的计算机里面，并受到越来越多的控制"。

洞悉了这些，苏涅从此改变了自己的生活。他停止使用除推特以外的所有社交媒体，且仅在每周日查看一次推文。他不再看电视，也不再从社交媒体上获取新闻，而是订阅了一份报纸。相反，他读了很多书。他说："你知道的，需要自律的事情不容易做到的。""我认为首先要意识到这是一场持续的抗争。"不过，他也告诉我，这也有助于引发他在生活方式上的哲学性转变。"总的来说，我们希望有一个简单的出路，但是，其实能让我们感到高兴的是去做有点难度的事情。至于手机，它就是那么一件物品，我们一直放在随身的口袋里，只提供给我们容易的而不是重要的事情。"他看着我，笑了，"我想给自己一个选择更有难度的事情的机会。"

＊＊

苏涅的研究是开创性的，即便如此，它也仅为我们提供了一小部分证据。我了解到，还有两个相关的科学研究领域能帮助我更深入地了解这一点。第一个是有关快速阅读的研究。几支科学家团队花了多年的时间想弄清楚：人类真的能快速地阅读吗？事实证明你可以，但这是要付出代价的。这些团队招集到一些普通人，训练他们，让他们以比平时快得多的速度阅读，结果是，他们可以将视线迅速扫过词汇，并能记住所看到的一些内容。但是，对他们读到的内容进行测试，结果是：你让他们阅读得越快，他们所能理解的内容就越少。更快的阅读速度意味着更少的理解。然后，科学家们研究了专业的速读者。他们发现，速读者显然比普通读者在速度上做得好，但同样的内容测试结果也发生在他们身上。这表明：人类在快速地吸收信息方面有一个极限值，而试图突破这一限制则会破坏大脑的理解能力。

科学家还发现，如果让人们快速地阅读，他们就不太可能去处理复杂或具有挑战性的材料，这点我深有体会：如果我浏览脸书的推送内容，我会跳过那些通常只适合在印刷报纸上阅读的复杂故事。我们似乎正在不断地速读着生活，从一件事匆匆掠到另一件事，但是吸收的却越来越少。

在我断网的那个夏天的某一天，我慢慢地读书，从容地吃一顿饭，在城镇中四处游逛，我怀疑，我在日常生活中是否正在经历某种精神上的时差颠倒。当你飞到一个遥远的时区时，你会感觉自己移动得太快了，而现在，你与周围的世界不再同步，就像你实际上落后了一样。英国作家罗伯特·科尔维尔（Robert Colvile）说，我们正在经历"大加速"，这也正像苏涅说的，不只是我们的技术在加速，而是几乎一切都在加速着。有证据表明，我们生活中的许多重要方面的确在加速：如今人们说话的速度比20世纪50年代要快得多，而在过去短短的20年中，人们在城市中的行走速度也提高了10%。

通常，这种提速是以一种值得庆祝的说辞而售卖给我们的。最初的黑莓手机广告是："所有值得做的事都值得快速地去做。"在谷歌公司内部，员工们非正式的座右铭是："谁慢谁倒霉。"

另外，科学家还可以通过第二种方式来了解这种加速对社会的猛烈冲击是如何影响我们的注意力的。他们的研究主题是：当我们降低速度时，我们的聚焦能力会如何。英国温彻斯特大学学习科学系教授盖伊·可莱克斯顿（Guy Claxton）是该主题的专家，我曾在英国的苏塞克斯采访过他。他的分析内容是，如果人们故意做一些缓慢的运动，例如瑜伽、太极拳或冥想，注意力会如何变化。他的分析结果告诉我们，这些活动都可以极大地提高我们关注事情的能力。我问他为什么会这样，他说："因为那时我们必须将世界缩小到可以适应我们认知带宽的范围。"如果你走得太快，你就在超载你的能力，从而导致它下降。当你以与自己的天性相适应的速度运动，并将其融入日常生活时，就是在训练自己的注意力。"这就是坚持这些原则能使你变得更聪明的原因。这不是随便哼哼几句或穿着禅修的橙色袍子就能做到的。"他解释说，慢速可以培养注意力，而加速却会破坏它。

在某种程度上，在普罗温斯敦时，我已感觉到这确实是真的。因此，我决定尝试这些慢速运动。在第一次去拜访我的瑜伽老师斯特凡·皮斯切利（Stefan Piscitelli）时，我说："你教我瑜伽时可能会感觉像是在教史蒂芬·霍金一样，而且还是在他去世后。"我解释道："我就像一团木讷的肉块，被设计成只能阅读、书写和偶尔走走路。"他笑着说："那我们就看看到底能做些什么吧。"此后，每天一个小时，在他的指导下，我以前所未有的方式缓慢地移动自己的身体。一开始我发现这特别无聊，于是我试图吸引斯特凡和我讨论政治或哲学。而他总是轻柔地引导我回到那种我从未尝试过的、把自己搞成怪异椒盐卷饼形状的运动中去。到夏天结束时，我已经能够保持沉默一个小时，还能倒立。在斯特凡的指导下，我有时可以冥想20分钟，这种练习我曾在生活中的各个阶段尝试过，却总是做不到。我感到一种缓慢的感觉在我的身体中延展开来。我的心跳变缓了，以往总是耸着的肩膀，现在也柔和地放松下来了。

但是，即使我从这种缓慢中感到了身体上的放松，心里却老是有着一种按捺不下的愧疚感。我想：我该如何向那些匆匆忙忙、压力重重的朋友们解释这件事情呢？如何才能让所有人改变自己的生活，就像我现在这样？在这个加速发展的世界中，我们该如何放慢脚步呢？

**

我问自己：如果世界加速了，我们被信息搞得不知所措，以至于我们对任何一种信息都只能越来越少地关注到，那为什么阻止它的力度这么小呢？为什么我们不尝试将事情的节律放慢到可以清晰思考的速度？当我计划采访厄尔·米勒（Earl Miller）教授时，我找到了针对该问题的第一部分答案，而且这也只是第一部分。厄尔曾获得过世界神经科学领域的一些最高奖项。当我去麻省理工学院的办公室拜访他时，他正在进行最前沿的大脑研究工作。他直言不讳地告诉我，我们不但不了解自己的局限性并尝试生活在其中，相反，我们所有人都沉浸在了一个巨大的幻觉之中。

他说，有一个关键的事实是每个人都需要理解。"人的大脑一次只能在意识中产生一个或两个想法。"仅此而已。"我们的思考是非常非常单一的。"我们的"认知能力非常有限"。这基于"大脑的基本结构"，而这个结构是不会改变的。然而，厄尔告诉我，我们不但没有承认这一点，相反却发明了一个神话。这个神话是：我们实际上可以同时考虑3件、5件，甚至10件事。为了维持假象，我们采用了一个绝不应该适用于人类的术语。在20世纪60年代，计算机科学家发明了具有多个处理器的机器，而它们也确实可以同时做两件事（或更多）。他们称这种机器为"多任务型"。然后，我们将该术语应用于自己。但问题是：我们不是机器，我们其实做不到这些。

**

当我第一次听到厄尔所声称的我们能够同时思考几件事的能力是一种幻觉时，我很震惊。我想，他不可能是对的，因为我自己就可以同时处理好几件事情。况且，我经常这样做。以下是我想到的第一个例子：我在思考我的下一个书稿的同时也在查收我的电子邮件，并计划了当日晚些时候要进行的采访。我还都是坐在同一个马桶座上做到这些的呢（对于将这幅图景送入你的大脑我深表歉意）。这哪是我的幻觉？！

某些科学家也认为，人们有可能一次完成多项复杂的任务。因此，他们招人进行实验，让他们同时去做很多事情，然后监控进展情况。他们发现，当人们认为他们同时在做几件事时，正如厄尔所解释的那样，他们其实是"在玩杂耍"。他们没有注意到自己在事情之间来回切换，因为他们的大脑将其蒙蔽了，从而得到了无缝衔接的意识体验。实际上，他们是在边做切换边重新配置他们的大脑，使得它能从一个时段移动到另一个时段，从一个任务到另一个任务。然而，这是有代价的。

**

厄尔解释说，这种频繁的切换会通过三种方式降低你的专注能力。第一个我们称之为"转换成本效应"。对此已存在广泛的科学证据。想象你正在处理纳税申报的事，你收到了一条短信，然后你看了一下，只是瞄一眼，花了五秒钟，继而又回到了纳税申报单上。在那一刻，"当你从一项任务转到另一项任务时，你的大脑就重新配置了"。他说。那就是，你必须记住之前所做的事情，并且必须记住你当时对它的思考，"这就需要一些时间。"研究表明，当这种情况发生时，你的表现下降了。你的处理速度比以前慢了。所有这些都是切换的结果。

因此，如果你在工作时经常检查手机信息，你不仅浪费了一些时间在查看信息上，而且也浪费了一些时间在后来的重新聚焦上，后者需要的时间可能会更长。厄尔说："如果你并没有花费大量时间在认真思考上，而是浪费在了切换上，这就是在浪费大脑用于处理事情的时间。"这意味着，如果屏幕时间显示的是你每天使用手机4个小时，它其实是在表明你因无法聚焦而浪费的时间比这还要多。

当厄尔这样说时，我想：是的，但这一定只是很小的影响，只是对注意力造成了很小的拖累罢了。但是，当我去阅读相关研究时，我了解到：有一些科学研究结果表明，这种影响可能会大得出乎意料。例如，受惠普公司委托进行的一项小型研究，分别在两种情况下测试了某些员工的智商。首先，测试了这些人不被分心或不被打扰时的智商。然后测试了他们接收电子邮件和电话时的智商。研究发现，"技术上的分心"，比如仅仅是收发电子邮件和打电话，就会导致员工的智商平均下降10分。为让你了解这10分大致是多少，我们打个比喻：这是一个人在短期内抽大麻所导致的智商下降的两倍。因此，这个研究结果给出的建议是，如果你想顺利完成工作，最好专心，不要花很多时间检查接收信息。

频繁切换会伤害你注意力的第二种方式我们可以称之为"搞砸效应"（Screw-up Effect）。当你在任务之间切换时，原本不会发生的错误就开始溜进来，就像厄尔所解释的"你的大脑很容易出错。当你从一个任务切换到另一个任务时，你的大脑必须做一些回溯，然后找到停止的地方"，而这很难完美地做到。这时问题就出现了。"你并没有花很多时间在真正深入的思考上，你的思考变得肤浅了，因为你将大量时间花费在了纠正错误和回溯内容上。"

多任务切换伤害注意力的第三种方式，我们称其为"创造力枯竭"，即你的创造力可能会大大降低。为什么呢？厄尔发问："新思想和创新来自何处？"它基于你的大脑根据你所看到、听到和学到的知识而塑造出的新的联系。如果没将时间浪费在分散精力上，你的大脑将自动思考过去所吸收的所有内容，并开始以新的方式在它们之间建立联系。所有这一切都发生在你的意识层面之下，这个过程就是："新想法不断涌现出来，而你原以为没有关系的两个想法突然之间就产生了联系。"于是，新的想法诞生了。但是，如果你"将大脑的运作时间花在了大量的切换和纠错中"，厄尔说，大脑将只有很少的机会"去跟随你的关联思考到达一些新的地方，从而使它拥有真正的原创性和创造性思维"。

后来，我根据少量证据了解到还有第四种后果。我们可以称其为"记忆力减退效应"。加州大学洛杉矶分校的一个研究团队曾尝试让人们一次完成两项任务，并跟踪他们以了解效果。后来发现，实验对象不像一次只做一件事的人那样能记得自己都做了些什么。这似乎是因为，大脑需要花时间和精力来将经历转化为记忆，而一个人在将精力都花在快速转换上时，他能记住并学到的东西会更少。

这些证据表明，如果你花费大量时间进行切换，那么你的思考速度就会变慢，你会犯更多错误，你的创造力会降低，对所做的事情记住的更少了。下一步我想了解的是：我们大多数人是以什么频率进行这种转换的呢？我采访过的格洛丽亚·马克教授发现，普通的美国工人大约每3分钟就分心一次。其他几项研究表明，很大一部分美国人几乎也在不断地被打扰着，并且在多项任务之间做着切换。这也就意味着，他们正在为注意力和聚焦支付着以上谈到的所有成本。事实上，人们能拥有的不被打扰的时间越来越短了。一项研究发现，在一天中，大多数在办公室工作的人不可能有整整一个小时不被分心的时间。在真正采纳这个数字之前，我不得不再多瞧它一眼：大多数办公室工作人员都不可能有一个小时不被打扰的时间。这种情况发生在企业的各个层面上，例如，一家《财富》500强公司的CEO每天只有28分钟不被打扰的持续工作时间。

　　每当媒体谈论这个问题时，它都被描述为"多任务处理"，但是，我认为使用这个术语是一个错误。当我想到多任务处理时，我想象的画面是一个20世纪90年代的单身母亲，一边喂养婴儿，一边接电话，还要防止她烹饪的食物着火（我在20世纪90年代观看了很多这类情景喜剧）。这个画面不是某个人边接电话边查看电子邮件。现在，使用手机已成了我们的一个习惯，我不认为大家会将边处理事情边查看手机认为是在进行多任务处理，认为这其实与边打工作电话边挠屁股是一样的。然而，这就是多任务处理。在你想工作时，就算只是开着手机，然后每隔10分钟接收一次短信，这本身就是一种切换方式，而以上这些成本也将开始在你身上起作用。卡内基·梅隆大学人机交互实验室的一项研究招募了136名学生，让他们参加一项考试。有些学生被要求关闭自己的手机，而另一些学生则可以开着手机并不时收到短信。那些允许用手机收信息的学生的测试成绩平均要比另一组差20%。在类似情景下的其他研究发现，这个结果甚至到了30%。在我看来，几乎所有使用智能手机的人的成绩都降了20%到30%。对于一个物种来说，这是一个很大的脑力损失。

厄尔告诉我，如果你想了解它带来的损害有多严重，就看看世界上增长最快的死亡原因之一：分心驾驶。犹他大学的认知神经科学家戴维斯·特雷耶（Davis Treyer）博士进行过一项详细的研究：他让人们使用驾驶模拟器，然后跟踪他们在被新技术应用的某些简单的形式所分心时，比如在手机接收短信的情况下，他们行车的安全性如何。事实证明，他们注意力的受损程度与他们酒后驾驶"非常相似"。值得对此进一步探究的是：持续的分心对你在路上的注意力造成的影响，就像酒驾一样。因此，在我们周围，使我们分散注意力的事情不仅烦人，也是致命的。现在，五分之一的车祸要归因于驾驶员的分心。

厄尔告诉我，证据已经很明确了，如果你想把事情做好，就没有别的选择，只能一次只专注于做一件事情。了解到以上这些后，我意识到，我渴望吸收海量信息而又不会失去专注力的渴望，就像我希望每天在麦当劳吃东西又能保持健康一样，都是不可能实现的梦想。厄尔解释说，在过去的四万年中，我们大脑的大小和容积并没发生显著的变化，而且也不会很快地升级。然而，我们还是会幻想能发生这样的事。加利福尼亚州立大学心理学教授拉里·罗森（Larry Rosen）博士发现，青少年都确信自己可以同时使用6~7种媒体。但我们不是机器。我们不能依靠机器的逻辑生活。我们是人类，我们的工作方式与机器很不同。

基于对以上这些内容的了解，我意识到了另一个让我在普罗温斯敦感觉很好，并且在精神上也得到了恢复的原因。很长时间以来，我第一次允许自己长时间地专注于一件事情。我感觉我的智力有了极大的提高，因为我尊重自己有思维局限这个事实。我问厄尔，考虑到我们目前对大脑的了解，是否可以得出这样的结论：今天的注意力问题确实比过去的某些时候更加严重了。他回答说："绝对如此。"他相信，我们在文化中创造了"一场因注意力分散导致认知退化的完美风暴"。

这很难让人接受。预感到会发生危机是一回事，听到世界上领先的神经科学家之一告诉你，我们正生活在一场降低思考能力的"完美风暴"中，这又是一回事。厄尔告诉我："我们现在能做的就是想方设法摆脱干扰。"在我们谈话的某一时刻，他听起来很乐观：如果我们从今天起就开始这样做，我们所有人都是可以在这方面取得进展的。他说："大脑就像一块肌肉。你使用某些部分的次数越多，得到的连接就越牢固，事情进展得就越顺利。"如果你为集中精力所困扰，他建议，你只需尝试一次做一项任务 10 分钟，然后让自己分心 1 分钟即可。然后再专注 10 分钟，再分心 1 分钟。如此不断重复。"当你这样做时，你的大脑会对此越来越熟悉，也会越来越擅长它，因为它在加强与该行为有关的神经链接。很快，你就可以坚持到 15 分钟、20 分钟、半小时了。尽管去做，去练习，慢慢地开始，但要练习下去，然后你就会到达那个程度。"

为了实现这一目标，你必须将自己与分散注意力的源头分开，而且要花越来越长的时间坚持下去。他说："仅仅尝试用意志力来执行任务是一个错误，因为你很难抵挡住信息敲击你的肩膀。"当我问他，作为一个社会整体，我们如何能才找到一种方法来解决这个问题时，他告诉我，他不是社会学家，因此我必须在其他地方寻求答案。

**

现在，我们的大脑不仅因频繁切换而过度负载，它还超载着很多其他的事情。当我在旧金山的一家咖啡店与另一位著名的神经科学家亚当·贾扎烈（Adam Gazzalley）教授坐下喝咖啡时，他解释说，你应该把自己的大脑想象成一家夜总会，当你站在它前面，你会看到有个保镖。他的工作是过滤掉不知何时可能会冲击到你的绝大部分刺激源，比如交通带来的噪音、夫妻在街对面的吵架声、对面的咖啡店某部手机响起的声音，这样，你就可以一次只思考一件事。保镖是必不可少的：这是一种能力，它可以让你筛选出无关的信息，关注到有关的信息，而这两者对你实现目标是同等重要的。你脑袋中的那个保镖必须既强大又肌肉结实，他可以打败两个、四个甚至六个试图闯入你大脑的人，他可以做很多事。你的大脑中具备此功能的部分被称为"前额叶皮层"。

但是，亚当认为，今天，这个保镖遭到了前所未有的围困。除了要以前所未有的方式切换任务之外，我们的大脑还被迫以前所未有的方式过滤。考虑一下像噪音这样简单的事情吧。有广泛的科学证据表明，如果你坐在一个嘈杂的房间里，你的注意力就会下降，工作也会变得更糟。例如，处在嘈杂教室中的孩子要比待在安静教室中的孩子注意力更差。不断出现的噪声污染只是其中一个例子。我们生活在尖叫的喧闹声中，这些尖叫声都在呼唤着我们对它的专注，对他人的关注。亚当说，结果呢，保镖必须"加倍努力工作"来屏蔽干扰。他会变得筋疲力尽。因此，就会有更多的事情越过他，直接进入你的脑海，它们不断地扰乱你的思考。

很多时候，在我们现在所处的超负荷环境中，保镖压力过重，夜总会里到处都是吵闹的混蛋，打乱了正常的舞蹈表演。"我们具有根本的局限性，"亚当补充道，"我们可以忽略它们，并假装有能力满足我们的一切愿望。也许，我们也可以承认它们，从此过上更好的生活。"

**

在普罗温斯敦的前两个星期，我感到自己终于摆脱了疯狂。我去那里就是为了生活在一个单任务的世界中，这个世界不会强加给我要进行切换和过滤的精神压力。我对自己说：我终于能以让我感到舒服的速度生活了，我也终于可以一次只专注于一件事情了。我想，我的这个夏天会一直都是这个样子的：一个平静的绿洲，一个过与众不同的生活的例证。我吃着纸杯蛋糕，和陌生人一起大笑。在这里，我感受到的是轻松和自由。

　　然而，我意想不到的事情发生了。第十四天，我一觉醒来，立即伸手到床架上去抓我的苹果手机，就像我到达后每天早晨做的一样。我拿到的只是我的那部哑巴手机，上面并没有短信，只有选项告诉我，如果晕倒了，离我最近的医院会是哪个。我能听见远处的海洋在窃窃私语。我转过身，看到自己一直渴望阅读的那一摞书，它们在等着我。这时，我有了一个很强烈的感觉，一个我无处安放的感觉。就在那一刻，这几年来我最糟糕的一周开始了。

原因之二

心流受阻

就在我彻底放松心神的第一天，我漫步到海滩，看到了自孟菲斯那次经历后一直在抓挠着我的东西。人们似乎只是将普罗温斯敦用作自拍的背景，很少抬头望向大海或彼此。唯有这次，我感觉到自己不至于再闹心到想大喊大叫：你是在浪费生命呢，快放下那该死的电话！我想喊叫的是：给我那个手机！我的手机！

每次，当我打开 iPod 收听有声读物或音乐时，我还必须打开消除噪音的耳机，那噪音一遍遍地说着："正在搜索约翰的苹果手机。正在搜索约翰的手机。"这是上面的蓝牙在试图连接手机，但又做不到，于是它悲哀地叹息："无法建立连接。" 我体会到的就是那种感觉。法国哲学家西蒙娜·德·波伏娃（Simone de Beauvoir）曾表示，当她成为无神论者时，世界仿佛陷入了沉寂。而当我的手机被拿走时，我感到世界的很大一部分已经消失了。第一周结束时，手机的缺席使我充满了恼怒的恐慌。我想要我的电话，我的电子邮件。我想立刻得到它们。每次离开海滨的房子时，我都会本能地拍拍口袋以确保手机在那儿。当我发现手机不见了时，总是感到一丝迷惘。那感觉就像我已经失去了自己身体的一部分。于是，我转向那一堆书，懒洋洋地回想起自己十几岁到二十多岁的那段时间。那时，我会花好几天时间躺在床上，什么也不做，只是狼吞虎咽地读书。但是，直到我来到普罗温斯敦之前，我都一直在以快速、亢进的方式阅读着，我用那种为了获取重要信息而扫描博客的方式扫描查尔斯·狄更斯的书。我的阅读方式是狂躁的，也是提取式的。好吧，我明白了，他（书中的主人公）是一个孤儿。但是作者你到底想说什么呢？我明白这样做很愚蠢，但我无法停止。我无法像做瑜伽时放慢我的身体动作那样放慢我的大脑思维。

当我不知所措时，我就拿出那部可笑的大型医疗设备电话，按动它那些巨大的按钮。我无助地盯着它，脑海中浮现出一幅图像，它来自我小时候看过的野生动物纪录片：一只企鹅的小宝宝死了，她不停地用喙啄它几个小时，希望它能活过来。但是，无论我怎么戳，这部笨拙的臭虫手机都无法访问网络。

在第四周，我看到的一些现象提示我，为何我在此地要将手机搁置不用。某天，我坐在普罗温斯敦西端一个叫作"天堂咖啡馆"的可爱的小地方，享用一份火腿鸡蛋松饼。旁边有两个人，我猜年龄都在20多岁。我一边假装在读《大卫·科波菲尔》，一边不带惭愧地偷听着他们的谈话。很明显，他们是在网上认识的，而且，这是他们的第一次私下会面。他们谈论的有些内容让我感觉很奇怪，以致我一开始就没弄明白。后来我意识到，他们根本不是在交谈。实际情况是：第一个人，那个金发的小伙子，用了10分钟左右的时间谈论自己。然后，第二个人，一头乌发的那个，也谈论了自己10来分钟。随后，他们就交替着以这种方式相互打断对方。我在他们旁边坐了两个小时，不曾听到任何一个人去问对方一个问题。有一次，那个黑发男子提到他的兄弟一个月前去世了。金发男子甚至没有简单地回应一句："我很抱歉听到这个消息。"他所做的仅仅是再度谈论自己。我觉得，如果他们聚在一起，只是为了轮流向对方读出自己脸书状态的更新，那么，今天这种碰面和在脸书上相遇又有什么区别呢。

**

我感觉到自己处处被那些人包围着，他们只负责广播而不接收信息。在我看来，自恋即意味着注意力的朽坏。在这里，你的注意力仅集中在自身和那个自我上。我这样说并不带有任何优越感。我是在很尴尬地描述那一周里让我意识到的东西，即我最想念网络的是什么。在我的日常生活中，每天，有时是一天中好几次，我都会查看推特和照片墙，看看自己有多少位追随者。我并不查看那些推送、新闻、八卦的内容，我只查看我自己的状态。如果追随的人数上升了，我会感到很高兴。这就像一个痴迷金钱的吝啬鬼，他去查看个人股票状态，是想去看看今天是否比昨天富裕了些。我也在对自己说："看见了吗？有更多人在关注你了。你很重要哦。"其实，我并不理会那些人具体说了什么。我只在乎纯粹的数字，以及从中不断累积的感觉。

我也发现，自己开始对非理性的事情感到了恐慌。我一直在想，当我离开普罗温斯敦乘船回到波士顿时，我该如何去朋友家取回手机和笔记本电脑。万一码头没有出租车怎么办？我会被困住吗？我会永远拿不到手机吗？我一生中曾有很多次对某事上瘾，所以我知道自己的感受：上瘾的人通过渴望某件东西来麻痹自己的空洞感。

**

有一天，我躺在沙滩上，脑袋下垫着蓬松干燥的海藻。我试图阅读，但是，我马上就开始生气地责骂自己不放松、不专心，没有动手写我很久以来计划写的小说。我不断地告诉自己：你现在就在这里，待在一个天堂一样的地方，为此你还弃用了手机；现在，你要专注起来。你必须专注，该死的。在对格洛亚·马克（Gloria Mark）教授的采访过去了一年之后，我还想到那个时刻。马克教授曾花了很多年研究有关干扰的科学。她当时向我解释说，如果你在日常生活中曾足够长期地被干扰到，即使你后来摆脱了它们，你也会开始干扰自己的。所以我才会不断地留意不同的事物，想象着如何在推文中描述它们，然后想象，人们对此会如何回应。

我意识到，20多年来我一直在大规模的人群中全天候地发送和接收着信号。短信、脸书消息、电话，它们都是这个世界借以诉说的小小渠道：我看到你了，我听到你了，我们需要你，请发回信号，请发出更多的信号。现在，这些信号消失了，那感觉就像是这个世界在说：你不重要了。这些持续的信号的缺失，似乎在暗示着生存意义的缺失。我想开始与人们进行对话，在海滩上、书店里、咖啡馆中。他们通常都很友好，但是与我失去的网络对话相比，这些对话的社交温度似乎比较低。没有一个陌生人会全心全意地告诉你，你很棒。多年以来，我从网络上那些浅薄而持久的信号中汲取了大部分的人生意义。现在，它们消失了，我可以看到它们多么微不足道，也缺乏实质性的内容，但我依然想念它们。

我现在面临着一个选择。我告诉自己：将原来的世界抛在脑后，你就创建了一个真空。如果你想远离它，现在就需要用一些东西来填补这个真空。在第三周，就在经历了七天的痛苦之后，我才开始去寻找这样做的方式。通过回归到一位杰出人士所做的研究中，我找到了脱胎换骨的路。我所说的这位杰出人士曾于20世纪60年代开拓了心理学的一个全新领域，多年来，我也一直在研究他的这项工作。他取得的突破是：他确定了一种人类可以利用自己的聚焦力的方式，这种方式可以使人长时间地集中精力，但又不会感到特别吃力。

要了解它是如何工作的，我认为，先听听他实现这一突破的故事会对你有所帮助。后来，我去加利福尼亚州克莱蒙特市拜访他，从他那里得到了这一故事的很多细节。这故事开始是这样的，一个当时才八岁的男孩，在第二次世界大战的高峰期，为了逃离纳粹轰炸，独自一人去往意大利海滨的一座城市。

**

米哈里（Mihaly）不得不跑开，但他不知道该去哪里。空袭警报器发出嘶哑的尖叫声，警告城镇居民：马上会有纳粹的飞机飞过头顶。这些飞机是从德国飞往非洲的，镇上的每个人，即使是像米哈里这样的孩子都知道：如果因天气恶劣而无法飞往非洲，德国人就会执行 B 计划，将炸弹直接扔到这里，这个小镇的上空。米哈里试图进入最近的防空洞，但人已挤满。他想：那就去隔壁的肉店吧，我可以藏在那儿的。肉店的百叶窗已掉下来。一些大人设法找到了钥匙，他们就都匆匆躲了进去。

在黑暗中，很明显，有什么东西挂在墙上。可能是某种肉类挂在那里吧。但是，他们看到的不是动物，因为形状对不上。在重新聚焦自己的眼睛后，他们才意识到那是两个男人的尸体。他们认出来了，这是肉店里的两位屠夫，挂在了自己店的肉钩上。米哈里再次跑开，进到店铺的更深处，又碰到了吊着的第三具尸体。他们因被怀疑与法西斯分子有合作而遭到杀害。此时，空袭警报器仍在响个不停。米哈里躲在那里，紧靠着第三具尸体。

有时，在这个男孩看来，成人世界早已经失去了理智。米哈里·契克森米哈赖 [1] 于 1934 年出生在菲姆，那是一个靠近南斯拉夫边境的意大利小镇。他的父亲是匈牙利政府的外交官，因此，在米哈里长大的这条街上，人们通常都讲三种至四种语言。在他的家中，互相打交道的一些人都在搞大型的、有时甚至是疯狂的项目：他的一个大哥是有史以来第一个从俄罗斯滑翔到奥地利的人。但是，当米哈里六岁的时候，战争开始了。"世界崩溃了。"他告诉我。他不再被允许到外面的街上玩耍，于是，他在自己的屋子里创造了一个游戏世界：他与玩具士兵持续进行时长几周的精心作战。他计划了这场幻想中的战争的一切行动。很多个夜晚，他都待在寒冷的防空洞里，坐在毯子下面，感到恐惧。他回忆说："你永远不知道外面真实的情况。"在早晨，当所有的警报解除时，人们会礼貌地离开这里去上班。

意大利变得异常危险，于是，家人把他带到了边境对面一个名为奥帕蒂亚的海滨小镇。但是不久，这座小镇就遭到了各方的包围。当纳粹从空中轰炸时，游击队会追捕并杀死镇上任何被怀疑与侵略者合作的人。"现在，没有什么事情

---

[1] 米哈里·契克森米哈赖（Mihaly Csikszentmihalyi，1934—2021），匈牙利裔美国心理学家，创立了心流的正向心理学概念，被称为"心流之父"，曾出版《心流》《发现心流》《自我的进化》等畅销书，对积极心理学的发展产生了重大影响。

是安全的了。"米哈里告诉我，"我从此再也找不到一个我可以生活于其中的安稳世界。"战争结束时，欧洲变成一片废墟，他的家人也失去了所有的东西。他们得知，米哈里的一个兄弟在战斗中被杀害，另外一个兄弟莫里兹则被斯大林带到了西伯利亚的一个集中营。几年后，他回忆道："在我10岁的时候，我就深信大人们并不知道该如何过好日子。"

战后，他和父母进了一个难民营，那里既肮脏又毫无希望。有一天，米哈里被告知，他将加入童子军，于是，他开始与士兵们一起进入旷野。他发现，当自己在做一些困难的事情，例如在陡峭的山坡上探路或在山沟中寻路时，他感觉自己最有活力。他认为这种经历救了他。

在13岁那年，他辍学了，因为他看不出那些人，那些驱使欧洲文明驶下了悬崖的成人的智慧如何能帮助到他。他找到了通往自己的康庄大道，开始在这个被摧毁的半饥饿的城市里担任翻译。他想重回到山上去，因此，为了去瑞士，他用了很长时间积攒钱。15岁那年，他终于能够乘火车去苏黎世了。在等待乘车前往阿尔卑斯山的时候，他看到了一个关于心理学讲座的广告。讲师是一位传奇的瑞士精神分析学家卡尔·荣格（Carl Jung）。虽然米哈里并没有被荣格的思想所吸引，但他对用科学的方法观察人的思维的想法感到异常兴奋。他决定成为一名心理学家，但是，当时的欧洲并无心理学学位可授予。不过，他还是了解到，这门课也存在于他仅在电影中看到过的一个遥远的国度，那就是美国。

**

为此，他在很多年里都节衣缩食，最终，他到了美国，但却遭到了令人不爽的打击。届时，美国心理学由一个宏大的思想所主导，但只由一个著名的科学家所体现。一位名叫B.F.斯金纳（B.F.Skinner）的哈佛大学教授因为一些奇怪的发现成为知识界的明星。你可以找一只貌似注意力不受人为控制的动物，如鸽子、老鼠或者猪，然后，让它关注人们为它选择的任何内容。它的关注点就可以被控制，仿佛它是一个机器人，你创造它，让它来实施你的异想天开。以下就是斯金纳做的示例，读者也可以自己尝试一下：把一只鸽子放在笼子里，然后在笼边放一个喂鸟器，你按下按钮，喂鸟器会将种子送到鸽笼中。鸽子会在笼内到处移动，等鸽子做出你事先为它选择好的随机运动（比如说，将头抬高或伸出左翅膀）时，就在那一刻，喂鸟器会释放出一些种子。然后，等它再次做出与前面相同的随机运动时，喂鸟器就会给它更多的种子。

如果这样连续做几次，鸽子将很快学习到：如果它想得到种子，就要做你为它选择的随机动作，然后它会这样重复很多次。如果你想精确地操控它，它的关注点将由你所选择的能带给它奖励的动作来控制。比如它会强迫性地做出高抬起头，或者伸出左翅的动作。当斯金纳发现这一点时，他想弄清楚：操控者能做到什么程度？运用这些强化，人可以怎样精确地对动物进行编程？事实证明，你可以做到更多：你可以教鸽子打乒乓球；你也可以教兔子拾起硬币，然后将其放入存钱罐里；你还可以教一只猪吸尘。如果你正确地奖励它们，许多动物都可以完成非常复杂的事物，虽然对它们而言，这些事情毫无意义。

斯金纳由此确信，该原理几乎完全可以解释人类的行为。人相信自己是自由的，有选择的能力，具有属于人类的复杂思维，能够选择自己想关注的内容，但所有这些不过是神话而已。你和你的专注感仅仅是你一生中所经历的一切强化的总和。他还认为，人类并没有头脑，这并不是指你是一个没有自由意志的人，无法做出自己的选择。而是说，你完全可以按照聪明的设计师的需要被重新编程。数年后，照片墙的设计师问道："如果我们在用户的自拍上做某些强化，即如果我们给他们以'开心'和'喜欢'的回应的话，他们是否就会开始强迫性地去这么做呢，就像鸽子会强迫性地伸出左翅以获得更多的种子那样？"后来，他们采用了斯金纳的核心技术，并将其应用于十亿用户。

**

米哈里了解到，正是这些想法在支配着美国的心理学，而且在美国社会中也具有极大的影响力。斯金纳成了一个明星，被收录到《时代》杂志封面上。他是如此出名，以至于到 1981 年，在美国受过大学教育的民众中，有 82％ 的人都能认出他是谁。

对米哈里来说，这似乎是一种暗淡无光又颇具局限的人类心理学视野。显然，它是取得了一些结果，但米哈里认为，就人类存在的意义来说，它缺失了最重要的部分。他决定去探索人类心理学中积极、富有营养的方面，希望由此产生一些不再仅仅是空洞的、机械性反应的东西。但在当时，美国心理学界并没有多少人像他这样想。因此，他决定研究在他看来似乎是人类所取得的最大成就中的一项：艺术创作。他见过毁灭，而现在是时候学习创造了。因此，在芝加哥，他说服了一群画家，在几个月里，他自己去见证他们的创作过程，希望借此能找出其中潜在的心理过程，他想应该是这样的心理过程促使这些艺术家选择了一种不寻常的、专注于生活的方式。他看着一个又一个的艺术家将心神聚焦在单幅的图像上，很小心谨慎地创作着。

在所有的事情中，他尤其被其中一件所震撼：对于艺术家来说，当他们处于创作进程中，时间似乎消失了。他们几乎已处于催眠状态，这是一种深度的关注方式，在其他地方很少能见到。

后来，他还注意到其他一些令人费解的事情。在花费所有时间终于完成了绘画创作之后，这些艺术家们并没有带着胜利的凯旋凝视自己的作品，去炫耀、去寻求赞美。几乎所有的艺术家都只是单纯地将画作放在一边，然后开始创作另一幅。如果斯金纳是对的，即人类做某事只是为了获得奖励、免受惩罚，那在这里是说不通的。一般情况下，我们看到的是：你完成了工作，现在，这是给你的奖励，就放在了你面前，你去享受吧。但是，富有创造力的人似乎对奖励并不感兴趣，甚至他们中的大多数人对金钱都不感兴趣。"当他们完成创作后，"米哈里后来对一名采访者说，"完成了什么，完成的结果并不重要。"

于是，他想了解：让他们这样做的推动力是什么？是什么让他们可以这么长时间地专注于一件事？米哈里清楚地知道，"让他们对绘画如此着迷的东西"与"绘画过程本身"有关。但，这到底是什么呢？为了更好地理解这一点，米哈里开始研究从事其他活动的那些成年人：长程游泳者、攀岩者或下象棋者。他首先只观察非专业人员。他们常做的那些事情会让身体感觉不舒服，令他们疲惫不堪，甚至还有危险，也没有明显的回报，但是他们喜欢做这些。米哈里与他们交谈，问他们在做这些需要特别专注的事情时的感受，他自己也注意到：尽管这些人从事的活动很不一样，但是他们描述自己感受的方式，却有着惊人的相似性。其中有一个词不停地出现。他们一直在说："我只是在顺流而下。"

一位攀岩者后来告诉他："攀岩的奥秘就在于攀登；当你爬到岩石的顶端，你会很高兴这事已经结束了，然而，你却希望能持续攀岩下去。攀岩的正当理由就是攀登，就像创作诗歌的正当理由就是写作一样。除了自己内心的东西，你什么都不能征服。写作的冲动产生了诗歌。攀岩也是一样的：

认识到自己就是一种流动。河流的目的是保持流动，是驻留在流动中，而不是寻找峰值或乌托邦。它不是向上移动，而是连续不断地往前流动。即便你是在向上移动，也是为了保持流动。"

**

米哈里开始怀疑，这些人实际上是否在描述一种从未被科学家研究过的、人类所具有的最根本的本能。他称其为"心流状态"。在这种状态下，你会全神贯注于正在做的事情，此时，你失去了所有自我的感觉，时间也似乎消失了，而你正在流向体验本身。这是我们所知的最深入的聚焦和关注形式。当他开始向人们解释什么是心流状态，并询问他们是否曾经有过这种经历时，其中有85%的人意识到并记起了他们曾至少一次有过这种感受，他们也经常说，这些时刻是他们生活中的亮点。无论他们是在做脑外科手术、弹吉他还是烤制百吉饼时所经历的，都没区别，他们都描述这种心流体验是很奇妙的。米哈里发现，自己也想起了在战乱重重的城市里，坐在地板上的那个孩子，他策划着与自己的玩具兵进入身心投入的战斗；然后，他也想起，那个13岁时探索难民营周围的丘陵和山脉的自己。

米哈里发现，如果人类以正确的方式探究下去，我们就能找准自己内心的焦点，那是一种不断涌现的关注力，它能推动我们完成困难的任务，而且这种方式不但不痛苦，事实上还很令人愉悦。所以，这里有个显而易见的问题：我们要在哪里进行钻探才能找到它呢？我们如何才能产生心流状态？最初，大多数人都认为，只要放松就可以。比如，想象自己躺在拉斯维加斯的游泳池旁，品一杯鸡尾酒。但是，当他对此进行研究时却发现，事实上，放松很少会使人进入心流状态，必须通过其他路径到达那里。

**

他的研究确定了有关心流的许多方面，但当我详细阅读这些内容时，我的理解是这样的：如果你想到达那里，你需要了解三个核心内容。第一，选择一个明确的目标，如：我想画这幅画；我想跑上这座小山；我想教我的孩子游泳；等等。你必须下定决心去做这件事，并在执行过程中放弃其他目标。心流只出现在单任务处理时，即当你选择搁置其他所有事情而只做一件事时。米哈里发现，分心和多任务处理会扼杀心流，如果试图同时做两件事或更多的事情，将没人能获得心流的体验。心流需要将所有的脑力部署到一个任务中去。

第二，必须做那些对你有意义的事情。这是有关注意力的基本事实的一部分：我们的进化方向就是有能力去关注对我们有意义的事物。正如昆士兰大学心理学教授罗伊·鲍迈斯特告诉我的那样："青蛙在更多的时候只盯着它能吃的苍蝇，而非它不能吃的石头。"对于青蛙来说，苍蝇是有意义的，而石头没有，因此它很容易注意到苍蝇，极少去注意石头。他说，

"这要回到大脑的设计……它被设计成去关注对你重要的事物。""毕竟,"他继续说,"整日无所事事地盯着石头的青蛙会饿死的。"在任何情况下,注意对你有意义的事情更容易,而注意那些看起来毫无意义的事情会更难。当你试图让自己做一些毫无意义的事情时,你的注意力通常会下降,会开溜。

第三,做力所能及的,而非超出自己能力范围的事情,对心流状态是有助益的。如果你选择的目标太简单,你将进入自动驾驶状态;但是,如果目标太困难,你会开始感到焦虑和心不在焉,也就不会产生心流体验。想象一位中级攀岩者吧。如果其目标只是花园后面的某一段旧砖墙,就不可能进入心流状态,因为这太容易了。如果其被突然告知要爬乞力马扎罗山的一侧,也不会有心流,因为会被吓疯的。理想情况下,需要的是一座小山岭或一座山峰,比上次爬上的那座山要高一点,也要困难一点。

因此,要找到心流的感觉,你需要选择一个目标,确保这个目标对你有意义,尝试将自己的能力发挥到可以达到的地方。一旦具有了以上这些条件,就能达到心流状态,你也就可以识别它了,因为它是一种独特的心理状态。你会觉得,自己此刻就在那里。你会失去自我意识,你的自我好像消失了,你和任务融合在了一起,仿佛你就是你要攀登的岩石。

**

我遇到米哈里时,他87岁,已经花了超过5年的时间研究心流状态。他与世界各地的科学家一起，建立了广泛而强大的科学证据体系，以表明心流状态是人类关注力的一种真实而深刻的形式。他们还表示，你体验到的心流越多，感觉也就会越好。直到他做这类研究之时，美国的专业心理学界还一直在关注着两件事：事情何时会变糟糕，也就是人何时会有心理问题；B.F.斯金纳的操控理论。米哈里提供了"积极心理学"的案例：我们应该重点关注使生活变得有价值的事物，并找到提高生活质量的方法。

在我看来，他的视角为当今世界上具有决定性的冲突之一奠定了工作基础。我们现在生活在一个以 B.F. 斯金纳的理论为基础的将人类的思维工作方式置于技术主导之下的世界中。他的理论，即人们可以训练有生命的生物去拼命渴望任意的奖励，已经成为主宰我们环境的东西。我们中的许多人都像那些被关在笼子里的鸟儿一样，借表演各种奇异的舞蹈来获得奖赏，与此同时，我们还想象着是我们本人在为自己做这样的选择。因此，在我看来，我在普罗温斯敦中看到的那些痴迷于自拍，然后发到照片墙上的人们，除了手里举着一份可乐或一杯凤梨可乐等饮料之外，与斯金纳的鸽子们并无二致。在一个我们的关注力被肤浅的刺激所窃取的社会里，米哈里更为深刻的见解被抛掷脑后，我们本身就拥有能够使自己长时间专注的内在力量，也能享受它，如果我们创造出一个让它能自然流动的环境，我们将变得更加快乐、更加健康。

了解到这一点后，我明白了，当我感到不断地被分心时，我为何不仅感到烦躁，还会感到沮丧。在某种程度上，我们知道，无法专注时，我们最伟大的能力之一并没有被好好地使用。极度缺乏心流，使我们变成了捆绑自己的树桩，只留下一种蜻蜓点水的感觉。

**

作为一个老人，米哈里身上曾发生过一些奇怪的事情。第二次世界大战结束后，他的哥哥莫里兹被带到西伯利亚的集中营。消失在古拉格群岛上的那些人们，往往都不会再有消息了。但是，多年杳无音信，在每个人都以为他已经死了之后，莫里兹出现了，实际上，他在这之前差点累死在劳作岗位上。苏联解体后，他被释放，但找工作对他来说一直是件艰难的事情，就因为他和那些古拉格集中营的幸存者一样，被认为是天生可疑的人。最终，他在铁路上找到了一份差事，尽管他拥有的是瑞士颁发的高等学历学位，但莫里兹并没有抱怨。

在莫里兹80多岁时，米哈里过去与他团聚。莫里兹感到，自己心流的能力已经被以最残酷的方式切断，但是，米哈里发现，在生命的晚期，他的兄弟第一次有能力追求他一直钟爱的东西。他被水晶迷住了。他开始收集这些闪闪发光的石头，而且拥有每个洲出产的标本。他去会见经销商，参加会议，阅读有关的杂志。当米哈里去他家时，那里看起来像是一座水晶博物馆。从天花板直到地面都装有特殊的照明装置，用来展示水晶闪烁的光芒。莫里兹递给米哈里一枚孩子拳头般大小的水晶，说："我昨天还在看这件东西呢。我把它放在显微镜下时，是早上9点。和今天一样，昨天外面也阳光明媚。我一直在转动它，看它内部和周身的所有裂痕、侵入物、十几种不同的晶体信息……然后我抬起头，觉得一定是暴风雨来了，因为天已经变得很黑了……后来我意识到，这不是阴天，是太阳已经落山了，原来是晚上7点了。"米哈里也觉得水晶是很华丽的，但他心里想的是：你竟然花了10个小时观察它吗？

随后，他意识到，哥哥莫里兹已经学会了如何读取岩石：通过研究岩石的来源及其化学成分。这是他使用技能的机会。对他来说，这引发了心流状态。米哈里一生都在了解心流状态会如何拯救我们。现在，当他与莫里兹一起凝视着一块闪烁的水晶时，他从这位曾在古拉格群岛忍饥挨饿的兄弟的脸上看到了它。

**

研究心流状态越深入，米哈里就越注意到它的重要性。心流极度脆弱，很容易被破坏。他写道："有许多力量，不论它们来自我们自身内部，还是来自外部环境，都在阻碍着心流的出现。"他发现，在20世纪80年代后期，盯着一个屏幕观看是我们人人都参与的活动之一，但平均而言，它提供的心流最少。（他警告说，"在所有令人惊讶的休闲小工具和装备的包围下……我们大多数人仍然感到无聊，甚至会有依稀的沮丧感"。）但是，当我反思在普罗温斯敦的经历时，我意识到，尽管我已经放弃了屏幕，我仍然犯了一个错误。"要拥有美好的生活，仅仅消除生活中不对的事情是不够的，"米哈里解释说，"我们还需要一个积极的目标，否则，继续下去有什么意义呢？"

在我们的日常生活中，许多人都试图通过一头扎进某事来释放干扰。例如：我们试图通过一头扎在电视机前而使自己从超负荷的一天中恢复过来。但是，如果你只是通过摆脱分心来获得休息，而不是用迈步向前的积极的目标取代它，你迟早还是会被分心带回去。走出注意力分散的更有效途径，是找到自己的心流。

**

因此，在普罗温斯敦的第三个周末，我问自己：你为什么来到这里？应该不仅仅是为了摆脱手机、摆脱网络媒体上那些斯金纳式的强化，如不断地点赞、转推和分享。你是来这里写作的。写作和阅读一直是我一生中最主要的心流来源。很长一段时间以来，我一直在为写小说孕育创作主题。我告诉自己说，某一天，在我有时间的时候我会动手写的。好吧，我想，现在是时候了。就在那儿下钻吧，看看它是否能带给你心流。这似乎很符合米哈里说的关于如何创建心流状态的模型：我放下了其他目标，这件事对我是有意义的，它位于我舒适区的边缘，但我也希望它不是那么高不可攀。因此，在第三周的第一天，带着点惊慌失措，我坐在了海边住房里一个小角落的沙发上。我紧张地打开了我的朋友伊姆提亚兹借给我的那台老式笔记本电脑，然后写下了小说的第一行。随后，是第二行；再后来，它形成了一个段落；然后，是一页。这并不容易，我没有特别享受这个过程。但是，第二天，我意识到必须重新训练自己的习惯，我就让自己重复地做下去了。从此，就这样日复一日地继续下去了。我挣扎过，但我约束住了自己。

到第四周的周末，心流状态开始出现。它也流进了第五、第六周。不久，我就急于去拿笔记本电脑、很渴望写作了。米哈里所描述的一切都出现了：自我的消解，时间的流逝，那种我正在成长为比以往更大的感觉。心流带着我度过了艰难的时段，渡过了挫折。它解放了我的聚焦能力。

我注意到，如果我在一天中的早些时候经历了 3 个小时的心流，我就会在这一天余下的时间里，感到轻松、开放，能够参与到诸如沿着海滩散步、开始与人聊天，或者读一本书的事情中去，而且不会感到局促、烦躁或那么渴望看手机。这就像是心流在放松我的身体，打开我的心灵。也许就是因为我知道自己已经做到了最好，我感到自己进入了另一种节奏。那时，我意识到：要从注意力不在场的状态中恢复过来，仅仅消除分心是不够的。那只会创造一个空白。你需要的是既消除干扰，又要用心流源代替它。

在普罗温斯敦待了三个月之后，我完成了小说的9.2万个词汇。它们可能很糟糕，但从某种意义上说，我并不在乎。我弄清楚这其中的原因，是在我就要离开普罗温斯敦之前不久的某一天，那时，我将躺椅放在海水中，在海水拍打我的双脚的节奏中，读完了《战争与和平》的第三卷。当我合上最后一页时，我意识到，自己差不多在那里坐了一整天。我这样子阅读已经日复一日连续好几个星期了。我突然想到：它回来了！我的大脑回来了！我曾担心它已经锈蚀了，当初来此地的这个尝试，结果可能只会表明我是一个永久退化的斑点。但是现在，我看到治愈是可能的。我释怀地流泪了。

我对自己说：我再也不想查看电子邮件了，我再也不想用我的手机了。真是浪费时间啊！真是浪费生命！我从来不曾有过如此强烈的感觉。将互联网这样的非物质描述为沉重也许很怪异，但是那一刻，对我来说就是这种感觉就像我的背上曾承受着它巨大的重量，现在，我却将它放下了。

然而，接着我就立即对所有这些想法感到了不舒服，还有些内疚。我想知道，当我把这个经历描述给家人时，听起来会如何？对他们来说，这听起来不会像是一种解放，而是嘲讽吧。是的，我设法逃脱，并以一种幸福的方式找到了心流，但是，我在普罗温斯敦的境况带着一种粗暴的优越感，与我所认识的任何人的生活都截然不同。因此，有时我会怀疑，这里面是否真有什么可以教给其他人的东西。我意识到，只有我们所有人都能找到这种方法，并将这些体验融入日常生活中去，它才有意义。后来，在一个非常不同的地方，我了解到如何做到这一点。

**

当我跟米哈里[1]道别时，很明显，那时他身体状况不太好。他的眼皮沉重，他告诉我，自己最近生病了。在我们谈话的某一刻，一小撮蚂蚁开始在他的桌子上爬行，他停了下来，盯着它们一会儿。他快90岁了，看来生命快要接近终点。但是，在他说话时，眼睛仍闪闪发光："回想今生，我最棒的经历就是我在群山里攀登时，就是我在登山以及做一些真正困难而危险的事情时，但这些都在我能做的范围内。"我对自己说，是的，当接近死亡时，你不会想到自己得到的那些强化和激励，点赞和转发。你想到的，会是体验到心流的那些时刻。

就在那一刻，我感到我们现在就可以在两个强大的力量之间进行选择了，即要么碎片化，要么拥有心流。碎片化会将你变得更渺小、更肤浅、更愤怒，而心流则会使你变得更强大、更深邃、更沉静。碎片化挤压我们；心流扩展我们。我问自己：你是想成为斯金纳的一只鸽子，以集中精力跳舞来换取冷酷的回报呢，还是想成为米哈里的画家们，因为发现了真正重要的事情而专心致志呢？

---

[1] 2021年10月20日，米哈里去世。

原因之三

身心疲惫

···

　　当我睁开眼睛，我最先听到的是不远处海浪拍岸的声音。随后，我感到阳光流泻到我的床上，将我沐浴在日光中。在普罗温斯敦的每个早上，当这一切发生时，我都觉察到身体与往日有所不同，直到待了一个月之后，我才意识到那是什么。

　　进入青春期以后，我一直以为睡眠是我需要与之对抗的东西，而我也一直在为此寻求出路。大多数夜晚，我上床睡觉的时候，时间都在凌晨一点到三点之间，我会马上堆叠起所有枕头，好让我弓着的肩膀有所支撑。这时，我会试图勒住我思维的缰绳，它此时还流连在白天发生的事情中，漫游在醒来后我应做的事情中，巡视在这个世界上令人担忧的事情中。为了让自己从这种内在的电子风暴中脱身，通常我会在笔记本电脑上看嘈杂的电视节目。有时候，这样做能让我放松入睡，但更多的时候，它似乎唤起我新一波的焦虑情绪，我不得不再开始发送电子邮件，或再花另外几个小时做研究。最后，在绝大多数夜晚，我会吃几颗褪黑激素软糖把自己放倒，然后沉沉睡去。

某次，我在津巴布韦和一些护林员交谈。作为工作的一部分，他们不得不击倒犀牛以便为它们提供治疗。他们解释说这需要向犀牛投掷一个超大剂量的镇定器。当他们描述犀牛是如何惊慌失措地踉跄着跑开然后撞到地上的情景时，我想：嘿，那也是我的睡眠习惯。

在被药物放倒六七个小时之后，我会被一组响亮的闹钟声惊醒。首先是收音机播放的 BBC 世界新闻，这会带给我一阵恐慌；10 分钟后，我的手机会发出响亮的提示声；再过 10 分钟，闹钟铃声大作。从这三组闹铃声中彻底清醒后，我会摇摇晃晃地站起来，立即给自己兑一剂足够杀死一小群奶牛的咖啡因。我就这样一直生活在看不到尽头的疲惫的悬崖边。

在普罗温斯敦，当夜幕降临，我会回到自己的小房间，那里没有噪音激惹我，没有什么门户网站可以进入这个广大的世界。我会回到自己的卧室，躺下来，里面唯一的光源是在一摞书旁边的一盏小小的阅读灯。我躺在那里一阅读，慢慢地感觉到当我的意识放松下来时，白天的累积物正抽丝剥茧般溜走。我发现，自己放在浴室里的褪黑激素用不上了。

有一天，不靠任何闹铃声，我在入睡了 9 个小时后自然醒来，并意识到，我此时不想喝咖啡。这种异样的感觉让我停了下来，站在厨房中一个还没烧开的水壶边，盯着它看，此时我还穿着平角内裤。终于，我感觉到，我从睡眠中醒来是活力满满的。我的身体不再感到沉重。我很清醒。几周过去，我意识到这种感觉每天都如约出现。我能记起的最后有如此感觉的时候还是在我是个孩童时。

好久以来，我一直尝试的是跟着机器的节律生活，日日夜夜，没有尽头，直到最后耗光电池。现在，我是在随着太阳的节律生活。当夜幕降临，我会慢慢躺下，休息身心，当太阳再次升起，我自然醒来。

这让我转向读懂自己的身体，我获得了更多的睡眠。当睡眠不再靠化学药物获取时，我的梦境也更生动了，仿佛我的身体和大脑正在先卸载，再补货。

我想，在我比以前能够更清晰、更长久地思考方面，这是否起到了作用呢？我决定去探索我们的身体开发的潜意识的神秘触角可能影响了我们注意力的科学证据，而我们却往往否认这个。

**

1981 年，在波士顿的一个实验室里，一位年轻的科研专家一直在使用各种方法，让试验参与者保持整夜不眠，而且第二天也如此，搞得他们持续地打哈欠。这位科学家的工作，是先确保他们保持头脑清醒，然后完成由他交给的任务。他们要做的是累加数字，将卡片分类为不同的组，之后还要参加针对记忆力的测试。例如，这位科学家会给他们看一张照片，然后将其拿走，问：我刚才给你看的照片中的汽车是什么颜色的？查尔斯·蔡斯乐（Charles Czeisler）就是那位年轻的科学家，他身材高大、肢体修长，戴着金属框眼镜，说话声音低沉。也就是在这个时候，他才对研究睡眠产生了兴趣。他所接受的医学培训告诉他，当人入睡时，就会在精神上"关机"。这就是我们很多人认为的睡眠，它是一个纯粹的被动过程，一个精神上的死区，不会有什么后续的事情发生。他当时耸耸肩想：谁想去研究被关机的人呢？他那时正在研究一些他认为更重要的东西：用技术的方式研究人体中的某些特定激素，看它们在一天中的什么时间会释放出来，因此，这就要求人们要保持清醒。

当实验继续做下去时，查尔斯注意到：当人们一直保持清醒时，首先要具有集中注意力的能力。他在哈佛大学的一间教室里告诉我这些。他一直在让参加试验的人去完成那些最基本的任务，但是，每过一个小时，这些人就会失去完成这些任务的能力。他们不记得查尔斯刚刚告诉他们的事情，也无法集中精力玩非常简单的纸牌游戏。他告诉我："我对他们表现的下降程度感到震惊。一方面，他们在记住所交代的任务上的平均表现会降低20%或30%。另一方面，他们的大脑会变得如此呆滞，以至于要花10倍的时间回应某个事情。"这就是说，当人们一直不睡觉时，他们专注的能力就像是从悬崖上跌落下来一样。事实上，如果你连续 19 个小时不睡，你的认知能力就会受损，你就无法集中精力、无法清醒地思考，仿佛喝醉了一样。他发现，当让这些实验的参与者整夜保持醒着，然后在第二天还要继续走动时，他们不是花通常的四分之一秒来响应提示，而是花了 4 秒、5 秒，甚至 6 秒钟才做到。他说："这真是太奇怪了。"

这激发了查尔斯的好奇。为什么会这样呢？于是，他转而去研究睡眠，在接下来的 40 年中，他持续做这个研究，现在，他已成为世界上这个问题方面的领先专家之一，并取得了一些关键性的突破。他管理着波士顿一家大医院的睡眠问题治疗部，还在哈佛医学院任教，也为从波士顿红袜棒球队到美国特勤局的所有人提供建议。他越来越相信，作为一个社会整体，我们目前的睡眠情况全都有问题了，而这正在破坏我们的注意力。

他警告说，随着时间一年年过去，这个问题变得愈加紧迫。如今，有 40% 的美国人长期缺乏睡眠，每晚的睡眠时间少于必要的 7 小时。在英国，令人难以置信的是，23% 的人每晚睡不足五个小时。在我们所有人中，只有 15% 的人睡醒后精神焕发。这是最新的情况。自 1942 年以来，个人的平均睡眠时间已减少了一个小时。在过去的一个世纪中，平均下来，每个孩子每晚失去 85 分钟的睡眠。关于我们丧失睡眠的确切程度还存在着科学上的争论，但美国国家睡眠基金会计算出，我们获得的睡眠长度在短短一百年里下降了20%。

有一天，查尔斯有了一个主意。他想知道，当人累了时，是否会体验到他所谓的"注意瞬断"现象。它指的是，你在短短几分之一秒的时间里失去了注意力。为了研究这种情况是否真实存在，他开始使用先进技术，分别去研究警觉的人和疲倦的人，用这个技术跟踪人们的眼睛，以查看他们关注的焦点；同时，它还可以扫描他们的大脑，了解正在发生的事情。他发现了一些非同寻常的现象：当你感到疲倦时，你的注意力确实会突然消失。"原因很简单。"他告诉我，"在其他人看来，你要么醒着要么睡着了，但事实是，即使你正在睁眼环顾四周，你也可能会不知不觉地陷入'局部睡眠'状态。"这就是"大脑的一部分醒着，另一部分睡着了"的情况（"局部睡眠"指睡眠只在大脑的一个局部出现）。在这种状态下，你认为自己是警觉的，精神也好，但事实并非如此。你坐在办公桌前，看起来很清醒，但是你大脑的一部分正在睡觉，因此无法持续思考。当他研究有这种状态的人时，他发现："令人惊讶的是，有时，他们的眼睛睁开着，但却看不到眼前的事物。"

查尔斯发现，睡眠剥夺带来的影响对儿童尤其可怕。成人通常以昏昏欲睡的方式做出反应，而儿童的反应方式往往是过度活跃。他说："我们正在长期剥夺着他们的睡眠。所以，他们表现出睡眠不足的所有症状并不令人震惊，而其中首要而又突出的症状是无法集中注意力。"

**＊＊

目前，有关的科学研究已经进行了许多，也已经达成如下广泛的科学共识：睡眠不足可能导致注意力受到损害。后来，我去了美国的明尼阿波利斯市，采访了那里的神经科学和心理学教授罗克珊·普理查德（Roxanne Pritchard），她已就此做了一些前沿研究。她告诉我，在她于2004年开始全职教授大学生时，让她感到震惊的第一件事就是"这些年轻人如此疲惫不堪"。他们通常会在大教室的灯光变暗时立马入睡，而且，能明显地看出来他们努力想使自己清醒，专注于眼前的事情上。于是，她开始研究这些学生们的睡眠情况。她发现，平均而言，一个学生的睡眠质量，与一位现役军人或新生婴儿的父母的睡眠质量差不多。其结果就是，他们中的大多数人"一直在与这种睡眠驱力做斗争……他们无法使用自己的大脑神经资源"。

因此，她决定教给学生们有关身体为何需要睡眠的科学知识，但是，她却发现自己处在了一个奇怪的位置上。学生们也知道自己已经筋疲力尽，但"问题是，从青春期开始，他们基本上对此已经习惯了"。他们看到的都是，自己的父母和祖父母也都长期睡眠不足。"在长大成人的过程中，他们已经习惯了疲劳不堪，并认为采用服药的方式做些弥补（与咖啡因或其他刺激物一起）是一种正常状态。所以，我是在与一股认为疲乏是正常现象的潮流相抗衡。"于是，她开始向学生们展示一些实验。在实验中可以测试一个人对某件事做出反应所花费的时间，例如，对屏幕上变化的图片或扔给他们的球的反应。她以此向他们验证："反应时间最快的人是睡觉时间最多的人。"而睡眠时间越短，他们看到的越少，做出的反应也越慢。借此，她向同学们表明"休息会让人更有效率，你做事所需的时间也会更少。你不必在做功课时同时打开 6 个屏幕或链接来使自己保持清醒"。

刚一开始，在我与查尔斯和罗克珊以及其他睡眠专家交谈时，我的反应是：是的，这很糟糕，但他们所谈论的是那些确实已筋疲力尽的人，一群真正疲倦的边缘人群。但是，专家们强调：只需缺失少量的睡眠，人们就会体验到这些负面结果。罗克珊告诉我，如果你连续保持清醒 18 个小时，也就是说，你早上 6 点醒来，直到午夜才去睡觉，那么，当一天结束时，你的大脑反应相当于血液中含有 0.05% 的酒精。她说："如果再过 3 个小时还不睡，那就等同于法律上的醉酒了。"查尔斯解释说："许多人会说'好了，我又没熬夜，所以我没事的'。但是，实际上，如果你每天晚上错过几个小时的睡眠，而且连续如此，那么一两个星期后，你会出现与熬夜一样的状态和反应水平。连续两个晚上不睡会使任何人都崩溃的，如果每晚只睡 4 个或 5 个小时并如此持续几个星期，也会产生这种后果。"听到他这样说，我想到我们中有 40% 的人就生活在这个边缘，每天晚上睡眠不到 7 个小时。

罗克珊说："如果你没睡好觉，你的身体就会将此解读为紧急情况。"你可以剥夺自己的睡眠，继续生活。比如，如果我们做不到缩短睡眠时间，就永远无法抚养孩子，对吧？我们也将永远无法从飓风中幸存下来。你是可以做到这些的，但这是有代价的。代价就是：你的身体启动了交感神经系统，这时，你身体的反应就像"呃，这个人正在剥夺自己的睡眠，一定是遇到了紧急情况，所以我要做出生理方面的改变，让他为这个紧急情况做准备：升高血压，吃更多的快餐食品，摄入更多的糖以快速获取能量，让心跳加快，等等。就好像所有这些转化都在说我已经为此做好准备了"。其实，你的身体并不知道为什么它会一直处在清醒状态。"你的大脑不知道你的睡眠被剥夺了，因为你正在消磨时间呢，你正在观看电视连续剧。它不知道你为什么不睡觉，但最终的结果是，你的生理警钟响起了。"

**

当身体处于这种应急状态时，你的大脑不仅会缩减短期注意力，也切断了其他长期聚焦的资源。入眠时，我们的头脑才开始从白天的经历中识别出存在的链接和图式。这是我们创造力的关键资源之一，这就是为什么麻醉型的人，即那些睡眠很多的人，明显更具有创造性的原因。睡眠不足也会损害记忆。晚上上床睡觉时，你的大脑开始将白天学到的东西转化为长期记忆。我在纽约大学采访的夏克维尔·卡斯特拉诺斯（Xavier Castellanos）先生是儿童和青少年精神病学教授，他向我解释说，你可以让老鼠学习走迷宫，然后，在当天晚上，你可以监看它们睡觉时大脑内部所起的变化。你会发现，它们正在一步一步地回溯迷宫中的步伐，并将其编码到长期记忆中。你睡眠的时间越少，发生这种回溯的次数就越少，你能够回忆起来的内容也就越少了。

这些后果在儿童身上体现得特别明显。如果你剥夺了孩子的睡眠，他们会迅速出现注意力问题，还会经常进入躁狂状态。

**

多年来，我自我欺骗式地采用技术性修复的方法，来弥补失眠带来的负面影响。最明显的方法是用咖啡因。我曾经听过一个关于猫王的几乎肯定是虚假的故事：在他生命的最后几年，他的医生会通过将咖啡因直接注入他的静脉来唤醒他。当我听到这个消息时，我没有想到"这太糟糕了吧"，我的想法是：我怎么从没遇到过那样的医生呢？多年以来，我一直在说：好吧，我是睡眠不足，但是我用咖啡、零系可乐和红牛补偿了呀。我去普罗温斯敦以前的咖啡因摄入量足以杀死一小群母牛。但是，罗克珊向我解释了，在我喝这些饮料时，我到底在做些什么。一般情况下，在一整天里，人的大脑中会积聚一种叫作腺苷的化学物质，这种物质的作用是：当人感到困倦时，它会发出信号，但咖啡因会阻断腺苷水平上的受体。"这就像在你的燃油表指示器上覆盖了一张便笺纸。你并没有给自己输入更多的能量，因为你还不知道自己的能量有多匮乏了。当咖啡因耗尽时，你就会感到双倍的筋疲力尽。"

你睡得越少，世界就会以各种方式在你面前变得越来越模糊。比如，你无法再迅速聚焦，也无法深思熟虑，无法建立事物之间的联系，记忆力也变糟了。从这里，我们了解到两件事：首先，良好的睡眠对于人类能够集中精力和专注至关重要；其次，作为一个社会，我们的睡眠时间已远少于不久前。查尔斯告诉我，即使我们的社会没有其他变化，仅此一项就足以证明，我们在集中精力和专注方面的危机是真实的。"眼看着这些发生，却不能阻止它，这是非常可悲的，"他说，"这就像眼睁睁看着一场车祸正在发生。"

我采访过的每位专家都说，这种转变部分地解释了我们关注力为何在下降。桑德拉·库依（Sandra Kooij）博士是欧洲研究成人多动症的领先专家之一。当我去海牙采访她时，她直截了当地告诉我："我们的西方社会就有点多动症，因为我们都缺乏睡眠……这很严重。这对我们来说意味深长。所有人都很着急，都很冲动，很容易路怒。你在哪里都能见到这些。以下这点也已经在实验室中被证明了：你认为自己思路清晰，但事实并非如此。你远没达到应该有的清醒程度。"她补充说："我们的睡眠越好，就越能减少很多问题的发生，例如情绪失调、肥胖、注意力不集中等，好的睡眠能修复很多损害。"

**

　　了解到以上这些信息后，我提出了一些问题。第一个是，为什么睡眠不足会在这么大程度上损害我们的专注力？令人惊讶的是，这还是一个相对较新的研究问题。罗克珊告诉我："1998年，当我选择睡眠课题作为我论文的关注点时，在因何而睡眠方面还没有多少研究。人们都知道睡眠是什么，大家都这么做。它还是有点神秘。人一生的三分之一时间都处在无意识的状态，不与世界互动……就是这种神秘，让人觉得这似乎是对资源的浪费。"

　　查尔斯在年轻时就被告知，研究睡眠没有意义，因为，它是一个被动的过程。但实际上，他了解到，睡眠是一个令人惊讶的很主动的过程。当你入睡时，大脑和身体都会进行各种各样的活动，它们对于你发挥自我功能和集中注意力是必不可少的。其中会发生的一件事情是：在睡眠期间，你的大脑会清除白天积累的废物。罗克珊说："在慢波睡眠过程中，你大脑的脊髓液通道会打开得更多，它会清除大脑中的代谢物。"每天晚上，在你入睡时，大脑会被水质液体冲洗。这种脑脊液清洗你的大脑，冲走有毒的蛋白质，然后将其带到肝脏中，再排除出去。"我告诉大学生们，我把这个叫作脑细胞的排泄。如果你不能很好地集中注意力，可能是你的脑细胞内循环的排泄物过多了。"这就可以解释，在你感到疲倦时，为什么你会有一种被什么笼罩着的感觉，实际上你身体内的毒素淤塞住了。

这种积极的洗脑方式只在你入睡时才会发生。罗彻斯特大学的麦肯·尼德加德（Maiken Nedergaard）博士告诉他的一位采访者："大脑只将有限的能量用于处理事情，所以看起来它必须在两种不同的功能状态之间进行选择：要么醒着，有觉知；要么入睡，做清理。你可以将这比喻为举行家庭聚会。你要么招待客人，要么打扫房子垃圾，但是你不可能同时做这两件事情。"尚未做必要清洁的大脑会变得更加堵塞，无法集中注意力。一些科学家怀疑，这就是为什么从长期来看睡眠不足的人罹患痴呆症的风险更大些。"当你睡觉时，"罗克珊说，"你也在做自我修复。"

睡眠期间发生的另一件事是，你的能量水平得到了恢复和补充。查尔斯告诉我："前额叶皮层是大脑的判断区域，它似乎对睡眠不足特别敏感……你会发现，即使只丧失一夜的睡眠，大脑的该区域也无法利用葡萄糖，而这正是大脑的主要能量来源。于是，大脑会变得像石头那样冷。"如果不更新能量来源，你就无法清晰地思考。

但是，对我来说，睡觉时发生的最有趣的过程，是做梦。事实证明，做梦也扮演着重要的作用。在蒙特利尔，我去拜访了精神病学教授托尔·尼尔森（Tore Nielsen）。他经常对人们说，他有一个"梦想中的工作"，然后让大家猜测是什么工作。在他们一个一个报出诸如赛车手、巧克力品尝师等等猜测之后，他披露答案：自己在蒙特利尔大学运作着梦实验室。他告诉我说，该领域的一些科学家认为："做梦可以帮助你在情感上适应醒着时发生的事件。"在梦中，你会重新体验那些压力时刻，而压力荷尔蒙不会淹没你的神经系统。科学家们认为，就这样，逐渐地，我们会越来越容易应对压力，对我们来说，也就是精力更容易集中了。托尔强调说，一方面有一些证据支持该理论，但也有一些证据与此有矛盾之处，因此，我们需要了解更多的信息。

但是，如果这是真的，那么我们就有了另一个问题：事实证明，我们做梦的次数越来越少了，这是一个普遍的社会现象。梦发生在被称为快速眼动睡眠（REM）的阶段，托尔告诉我："最长和最强烈的快速眼动时间段，是在睡眠周期中被标注为第 7 个或第 8 个小时的时候。所以，如果你将睡眠时间减少到 5 个或 6 个小时，那你就不会有那么长而紧凑的 REM 睡眠期了。"一个疯狂到不给我们时间去做梦的社会和文化，究竟意味着什么呢？

**

无法入睡时，越来越多的人向药物寻求出路：褪黑素、酒精以及安比恩（一种安眠药）。现在，有 900 万美国人，约占成年人总数的 4%，也在像我多年来所做的一样，服用着处方安眠药。另外，还有更多的人在使用非处方安眠药。罗克珊直言不讳地告诉我："用药物诱导的睡眠，其实是一种不同的睡眠。"睡眠是一个活跃的过程，在这段时间内你的大脑和身体会做很多事情。在吸毒或醉酒的时候，你的身体不会或很少会去处理事情。不同人工诱导睡眠的方式可能会产生不同的影响。如果你服用5毫克的褪黑素，这通常是在美国柜台上销售的标准剂量，你可能会有"破坏褪黑素受体"的危险。一旦停止服用它，你会更难以入睡。

强制只会带来更严重的后果。针对服用安眠药和其他处方镇静剂，罗克珊警告说，睡眠对大脑里的众多神经递质来说，是一种真正重要的平衡剂，而如果你仅仅人为地做一次诱导，睡眠的平衡就会改变。你的REM睡眠可能会减少，做梦次数变少，从而会失去经历这个关键阶段可获得的那些好处。你可能整天都闷闷不乐，这就是为什么安眠药会增加你的死亡风险，比如说，你更有可能遇上车祸。她说："如果你曾经有过从手术后恢复过来的经历，比如从麻醉中醒来。此时你不会说'哦，我感到精神焕发'。"让自己被药物催眠过去就像打了一针小剂量的麻醉药一样。你的身体不会因此得到它需要的那种休息，它也没法进行必要的清洁、复苏以及做梦。

罗克珊告诉我，在有些情况下是可以使用安眠药的，例如，在你遭受丧亲之痛后，短暂服用安眠药可能是比较明智的。但是她也警告说"这绝对不是解决失眠的方法"，这就是为什么医生不应该将安眠药作为长期处方开给病人的原因。

这意味着，我们在睡眠方面已经如此功能失调，以致最应该警告我们这种危机的人们，那些医生们也在缩短睡眠。医生必须 24 小时一班，随时听从召唤地辛苦工作，他们将此戏称为"扮演杰克·鲍尔"，它指的是，在一次电视节目后，演员基弗·萨瑟兰很难入睡，因为他在电视剧《24 小时》中的任务是扮演杰克·鲍尔不停地追赶恐怖分子。这种情况也波及医生的患者们。但是，我们的文化已经变成：那些最应该了解睡眠重要性的人们，现在也像其他人一样，非理性地迷恋着无眠状态。

**

我的第二个问题是：鉴于睡眠不足对人非常有害，而且，在某种程度上我们都了解这一点，为什么我们还会减少睡眠呢？我们为什么要放弃我们一个最基本的需求呢？

对这个问题的争论很激烈，似乎有好几个因素都在影响它。本书稍后将涉及。出乎意料的是，其中之一竟是我们与自然光的关系。在这个方面，查尔斯取得了一些突破。直到 19 世纪，几乎所有人类的生活主要都受到太阳的升起和降落影响。我们的自然节奏也随之而变化：当光线明亮时，我们会感觉到有能量；光线变暗时，我们会感到困倦。在过往几乎所有的时间里，人类干预这一周期的能力都非常有限。我们可以点燃火把，但也仅此而已。结果就是，人类进化出的对光线变化的敏感性，是与藻类和蟑螂没什么区别的。随着电灯泡的发明，光线的可控开始扰乱我们的内在节奏。

举一个明显的例子。我们人类已进化到：当太阳开始降落时，我们就会有一股涌动的能量，查尔斯说，这是"马上清醒的动力"。这种能量对我们的祖先是很有帮助的。想象一下，你出去露营，这时太阳开始落下，如果你此时能头脑清醒，你就可以在天完全黑之前搭起帐篷了。同样地，我们的祖先在光线暗淡前获得新的活力，这样他们就可以安全地返回部落，并完成当天需要做的事情。但是现在，我们控制着光线。我们决定着何时日落。因此，如果我们决定在入睡前一直开着明亮的灯光，或者我们躺在床上看手机，那么，当我们关闭这些光线时，会触发一个物理过程：我们的身体认为光线这种突然的减弱是日落的到来，于是它会释放出一股新鲜的能量，想帮助你安全地回到洞穴中。

查尔斯说："现在，这种清醒的冲动发生在晚上 10 点、11 点，甚至是午夜，而不是发生在太阳将于 6 点钟落山之前的下午三四点了。""就在你决定要入睡时，清醒的能量却产生了。现在，你早晨起床时会感觉自己要死了。你向上帝发誓，第二天你睡的时间更长些，但是，你第二天晚上却并不感到疲倦。"因为那时你已经躺在床上，在笔记本电脑上看了更多的电视节目，并再次触发了相同的过程。"这股（清醒的）冲动非常强大，然后你会说'我现在很好啊'，而早晨的经历已变得模糊，已经被你忘记了。"查尔斯认为，正如他对另一位采访他的人所说的那样，"每次我们打开灯，我们都在不经意中服用了影响我们睡眠的药物"。日复一日，"这就是造成睡眠不足流行病的主要因素。因为我们使自己越来越晚地待在光线下"。的确，90%的美国人会在上床睡觉前注视发光的电子设备，这就精准地触发了这个过程。现在，我们待在人造光下的时间是50年前的10倍之多。

我在想，我之所以在科德角睡得更好的原因之一，是因为我回归到了更接近自然的节奏。当太阳下山时，普罗温斯敦变得更加黑暗。在我的海滨房子附近，几乎没有人造光，甚至没有路灯。在我曾居住过的每个地方，都有照亮天空的橙色的由空气污染导致的烟霾，而这里，只有月亮和星星在发出柔和的光芒。

＊＊

不过，查尔斯告诉我，只有在更大的范围上，我们才算真正理解睡眠危机。他说，乍看之下，我们正在做的事情很疯狂。"我们不会剥夺孩子们的营养。我们也不会考虑这样做。那我们为什么会剥夺他们的睡眠呢？"但是，当你把它放在一个更广泛的图景来看时，其实存在着一种不可告人的理由。他告诉我说，在一个由消费资本主义价值观主导的社会中，"睡眠是一个大问题"。"如果你睡着了，你就不会花钱，也就不会消耗任何东西。你也不能生产任何产品。"

他解释说，"在上一次经济衰退期间（2008年），人们谈到全球产出下降了这么多的百分比，消费也下降了。但是，如果每个人多花一个小时睡觉（像过去那样），他们也就不会待在亚马逊网页上了，也就是说，他们不再购物了"。"如果每个人都像我在普罗温斯敦时那样，都回到正常长度的睡眠，"查尔斯说，"这对我们的经济体系来说将是一场地震。因为，经济体系已变得依赖于那些缺乏睡眠的人们。注意力的失败只是路途上的杀伤。那只是做生意的成本而已"。直到在结束这本书的写作的时候，我才真正理解到，这一点意义重大。

**

上述讨论，最终导向睡眠的最后一个大问题：我们该如何解决这一危机呢？解决方案有几个层次。第一层是个体化、私人化的。正如查尔斯解释的那样：在睡觉之前，你需要从根本上限制光线的照射。他认为，你的卧室里应该杜绝人造光源，而且至少在睡觉前两个小时内，你应远离屏幕的蓝光。

睡眠专家都告诉我，我们还需要改变与手机的关系。罗克珊告诉我，对于我们很多人来说，"（手机）就如同你的孩子一样，对吧？作为新生儿的父母，我们得警觉起来。我得时刻留意，我不能睡得那么深。或者，你得像一个值守电话的消防员那样"。在这种角色中，我们经常不停地紧张搜寻着："有什么事情发生了吗？"她说，我们应将手机整晚放在另一个房间里充电，这样我们就看不见或听不到它了。

然后，你需要确保你的房间温度合适：凉爽，甚至有点冷。

这是因为你的身体内部需要冷却下来才能入睡，越难做到这点，你就越需要更长的时间才能入睡。

**

以上这些都是有用的提示。但是，正如我与之交谈的每位专家都承认的那样，对于大多数人来说，这些还不够。我们生活在一种不断使我们承受压力和刺激的文化中。你可以告诉人们以上这些建议，并解释在床上睡个好觉对健康的好处，他们也会同意的，但他们随后会说："你是希望我列出我接下来24小时要做的事情清单吗？你想让我也睡上9个小时吗？"

当我了解到提高专注力需要做的那些事情之后，我意识到，我们正生活在一个悖论中。很显然，我们需要做的许多事情毫无新奇可言：放慢速度，一次只做一件事，多睡一会儿。但是，即便我们都知道其正确性，我们却仍在朝着相反的方向前进：速度加快，切换频繁，睡眠减少。我们生活在一个夹缝中：一方面我们知道自己应该做什么，另一方面我们觉得自己能做什么。关键问题是：是什么原因造成了这个鸿沟呢？为什么我们不能做那些明显可以提高注意力的事情呢？是什么力量阻止了我们？在余下的旅程中，我大部分时间都在寻找这个答案。

4

原因之四

深度阅读崩溃

在普罗温斯敦的西端，有一家漂亮的名叫"蒂姆的二手书"书店。一走进去，你马上会感受到一股浓郁的气息，那是到处摆放着的旧书所散发出来的独特的味道。那个夏天，我几乎每隔一天就去买一本书来读。在收银台工作的是一位年轻的女士，她人很聪明，我有时会和她聊聊天。我注意到，我每次进店时，她都在读一本不同的书：有时是弗拉基米尔·纳博科夫，有时是约瑟夫·康拉德，而另一天她读雪莉·杰克逊。"哇，"我说，"你读书很快啊。""哦，"她回答道，"也没那么快。我只能阅读一本书的第一章或第二章。"我问："是吗？为什么呢？"她说："我想我无法集中精力。"这是一位聪明的年轻女子，她的时间很富裕，周围有许多好的书可读，她也很渴望阅读它们，但是，她却只能读一章到两章，然后注意力就消失了，像一个出了故障的引擎。

　　我记不清曾有多少人告诉过我这种情况。当我初次见到曾在《洛杉矶时报》担任书评人兼编辑超过 30 年的大卫·乌林（David Ulin）时，他就告诉我，他失去了长时间阅读的能力，因为，每当他试图安定下来，都会被网络对话的嘈嘈声吸引过去。他可是一个一生都在围着书转的人哪。这很令人不安。

　　如今，以阅读为乐的美国人的比例已达到有记录以来的最低水平。《美国人利用时间状况调查》研究了 2.6 万名美国人的代表性样本，结果发现，在 2004—2017 年，乐于读书的男性比例下降了 40%，而女性则下降了 29%。民意测验公司盖洛普发现，从 1978 年到 2014 年，从未读过书的美国人的比例增加了两倍。现在，大约 57% 的美国人在一年中不读一本书。这种情况也在进一步发展，到 2017 年，美国人平均每天花 17 分钟阅读书籍，而花在手机上的时间是 5.4 个小时。套装的文学作品首先受到冲击。在近代历史上，为愉悦自己而阅读文学作品的美国人第一次降到 50% 以下。虽然这种情况尚没有得到很好的研究，但是，在英国和其他国家 / 地区，似乎也有类似的趋势：2008—2016 年，小说的市场占有率缩小了 40%。仅仅在 2011 年，平装小说的销售量暴跌了 26%。

　　米哈里·契克森米哈赖就在他的研究中发现，人们一生中经历的最纯粹、最常见的心流形式之一，就是看书。就像其他形式的心流一样，它也在我们不断分散注意力的文化中被阻滞了。对许多人来说，读书是我们体验到的最深层的专注形式：你将人生中的许多时光冷静、祥和地奉献给某个主题，并让它浸入你的脑海中。过去400年来，纵观人类思想上最深刻的进步，其中的大部分都是通过这个媒介所发现和诠释的。现在，这种经验正处于自由落体状态。

在普罗温斯敦，我注意到，自己不仅阅读得更多，阅读方式也有所不同。我越来越沉迷于我所选择的书中。我会在其间迷失很长时间，有时甚至是整整一天。我感到自己正在理解和记忆更多读过的内容。仿佛我在海边那张躺椅上旅行得更远了。通过一本接一本地阅读，我比过去五年疯狂地奔波于世界各地所经历的都多：我从拿破仑战争的战场上走过；成为一个美国南部的被奴役者；成为一名以色列的母亲，努力避免听到儿子被杀的消息。当我想到这些时，我开始重新思考10年前读过的一本书，即尼古拉斯·卡尔（Nicholas Carr）创作的《浅薄：你是互联网的奴隶还是主宰者》（*The Shallows:What the Internet is Doing to Your Ininds*），这是一部具有里程碑意义的作品，它提醒了人们关于日益增长的注意力危机的某个关键的层面。他警告说，我们读书的方式因我们往网络的迁移而正在改变。因此，我去访问了他提到的一位专家。

安妮·曼根（Anne Mangen）是挪威斯塔夫格大学的读写专业教授，通过20多年的研究，她验证了一些至关重要的东西。阅读书籍可以训练我们以一种特定的方式进行阅读，即以线性的方式，持续不断地专注于一件事。屏幕阅读在训练我们以不同的方式阅读：那是一种狂躁、跳跃的方式，从一件事跳到另一件事。当我们在屏幕上阅读时，"我们更有可能只做扫描和浏览"，即我们迅速将视线扫描过信息，以提取所需要的。她告诉我，如果我们这样做足够长的时间，不久之后"这种扫描和浮光掠影的习惯会蔓延开来。它会影响到我们在纸上阅读的方式……这种行为或多或少也会成为我们默认的习惯"。这也是在我到达普罗温斯敦后尝试阅读狄更斯的书籍时候注意到的。我发现自己老是急切地跳过他的表达，就像那是一篇新闻报道，我想要做的只是从中抽出些主要事实。

这就使我们和阅读之间产生了不一样的关系。它不再是可以让我们身心愉悦地沉浸在另一个世界中的方式，而是变得更像是直奔繁忙的超市一样，直接拿走你需要的东西，然后马上离开。这种翻转发生之时，也是书籍阅读被屏幕阅读污染之时，我们不但会失去阅读本身带来的乐趣，它对我们的吸引力也降低了。

屏幕阅读还有其他的连锁效应。安妮做过这样的研究：她将被试者分为两组，一组通过阅读印刷书籍获得信息，而另一组则通过屏幕阅读得到信息。然后，她询问每个人刚刚阅读的内容是什么。研究结果是，人们通过屏幕阅读所吸收和理解的比纸质阅读要少。目前，我们已从来自 54 项研究得到了广泛的科学证据。安妮解释说，这种情况被称为"屏幕低能化"（Screen Inferiority）。这种由书籍和屏幕带来的理解鸿沟之大，相当于小学阶段的儿童们一年的阅读理解力需要增加三分之二才行。

听她这么解释，我意识到，书籍阅读的瓦解，一方面是我们注意力萎缩的一个症状，另一方面也是造成这种现象的一个原因。这是一个螺旋式的结构，即当我们开始从书籍转向屏幕时，我们也开始失去一些对书籍进行更深层次阅读的能力；反过来，它也使我们更不可能去阅读书籍了。这就像是，随着你体重的增加，你也越来越难以锻炼身体了。而安妮告诉我，进一步的后果是，她担心我们现在正在失去"阅读长篇文章的能力"，并且我们也可能正在失去"认知上的耐心、耐力以及处理具有认知挑战性的文本的能力"。我在哈佛进行采访时，一位教授告诉我，他让学生阅读哪怕很短的书都非常困难，他自己也越来越多地向他们提供可以观看的播客和优视视频。我很想知道，这种深度聚焦形式如果以如此之快、如此之广的速度缩小着，那这个世界会发生什么呢？当只有越来越少的人可以拥有最深层的思维，直到它成为像歌剧或排球那种少数人的兴趣时，会发生什么呢？

**

当我在普罗温斯敦的街道上边徘徊边思考时，我发现，自己的脑海里正在回想着一个著名的论断，我现在才意识到我以前对它从未真正理解过，那是尼古拉斯·卡尔在他的书中也曾深思熟虑过的一个论断。20世纪60年代，加拿大教授马歇尔·麦克卢汉（Marshall McLuhan）多次谈到电视的到来如何改变人们看待世界的方式。麦克卢汉教授说，这些变化是如此深刻和重大，以至于我们目前很难真正看清它们。当他试图将此分解为一个短语时，他做的诠释是"媒介就是信息"。我在想，他的意思可能是：当新媒介技术出现时，你可以将其视为管道，有人在一端输入信息，你在另一端接收到它，并未做过滤。但是，事实并非如此。每当出现一种新媒介时，无论是印刷书籍、电视还是推特，一旦你开始使用它，你就好像在戴着一种新型的护目镜，每一种都有它的特殊颜色和镜头。你所戴上的每一副护目镜都会使你以不同的方式看待事情。

在你看电视时，电视节目提供给你的信息（无论是《命运之轮》节目还是《连线》节目），即你所看到的世界，都已被塑造成了如同电视本身那样的了。麦克卢汉说，每当出现一种新媒介、一种人类用于交流的新方式时，同时也会在暗中传递某种信息。它引导我们根据一组新的编码去了解世界。麦克卢汉认为，信息到达你的方式比信息本身更为重要。电视告诉你世界是快速的；它所告诉你的是关于事情的表面和外在的东西；世界上的每件事情都是突然间发生的。

这不禁使我思考，我们从社交媒体吸收的信息到底是什么，相对而言，我们从印刷书籍吸收的信息又是什么。我首先想到了推特。当你登录该网站时，无论你是美国总统唐纳德·特朗普，还是民主党总统候选人伯尼·桑德斯，你都在通过该媒体吸收信息，再将其发送给你的关注者。这意味着什么呢？第一，你不应该长时间地只专注于任何一件事情。这个世界可以被280个字符来理解。第二，这个世界可以被快速地解读。第三，最重要的是，人们是否立即同意并赞扬你那些简短、简单、快速的陈述。一句成功的陈述，指的是被许多人立即鼓掌赞同的那个；而不成功的陈述，则是被人们立即忽略或遭到谴责的那个。当你发推文时，在你还没表述之前，你在某种程度上已同意这三个前提。所以，你正是戴着这些护目镜，并通过它们打量着整个世界的。

脸书呢？该媒介传达的讯息又是什么？在我看来，那似乎是：第一，你生活的目的是为了向其他人展示它，而且，你应该每天都努力向你的朋友们展示经过编辑的生活亮点。第二，重要的是，人们是否会立即喜欢这些你费尽心力所打造的亮点。第三，如果你经常去看某些人精心编辑过的精彩生活片段，他们也去回看你的，那么，这些人就是你的"朋友"，这就是友谊。

照片墙又是什么情况呢？第一，重要的是你的外表看起来如何。第二，重要的是你的外表看起来如何。第三，重要的是你的外表看起来如何。第四，重要的是人们是否喜欢你的外表（我说这些不带有故意或讽刺的意思，这确实是该网站所提供的信息）。

由此，我意识到了社交媒体让我感到与世界脱节的主要原因之一，即这些媒体中所隐含的信息，都是错误的（想想推特）。实际上，世界是很复杂的。为了能诚实地反映它，你通常需要花费大量的时间专注于其中的某一件事情上，你也需要对此有足够的表达空间。没有哪些值得讨论的事情仅仅用280个字符就能解释的。如果你对某个想法反应快速，除非你在这个主题上积累了多年的专业知识，否则你的这些反应极可能很肤浅，也无法令人感兴趣。人们是否立即同意你，并不能作为判断你所说是对还是错的标准，你必须自己思考。只有采用与推特传递的相反的信息，才能对现实做出明智的理解。世界是复杂的，需要持续不断地关注，需要慢速地思考，最重要的真理在初次被阐明时往往是不受欢迎的。我在推特上获得最大成功的时候（无论就关注者数量还是推文转发次数来说），都是我最不堪的时候，都是在我不专注、很简单、谩骂时。当然，我在网站上偶尔会出现一些深入的洞察。

　　情况在照片墙那里也是如此。和其他人一样，我也喜欢看帅男美女。但是，如果认为生活主要涉及这些表面，比如抽到了可乐或穿了身比基尼，这些都是不快乐的配方。我们在脸书上的互动方式也是如此。对别人的照片表达嫉妒，或者夸耀什么和抱怨某人，并期望他们也为你做同样的事，这并不是友谊。实际上，这几乎走向了友谊的反面。成为朋友，需要望向彼此，共同做事，边交换想法边开怀大笑，不时来个熊抱，分享快乐，分担悲伤，一起舞蹈。然而，脸书经常通过让你空洞地去模仿这种友谊来支配你的时间，然后让你筋疲力尽。

在思考了以上所有这些情况之后，我想回到那摞在海边小屋里靠墙堆放的印刷书籍去。我想知道，埋藏在这些印刷书籍中的信息又是什么？书籍这种媒介告知我们的信息有如下几条：第一，生活是复杂的，如果你想了解它，就必须花一些时间去深入思考它。你需要放慢速度。第二，抛开其他要关心的事情，将注意力缩小在一件事上，就像读书一样，要一句一句、一页一页地进行，这样做是有价值的。第三，去深入地思考别人的生活和思想运作的方式，这样做是值得的。就像你一样，他人也拥有复杂的内心生活。

我认同书籍这个媒介所传达的信息，它们是真实的，它们鼓励了人性中最好的部分：一个有着很多深度聚焦的章节的生活，才是美好的生活。这就是为什么读书能给我营养。我不同意社交媒体中的那些信息。我认为它们喂养了我本性中那些比较丑陋和肤浅的部分。这就是为什么当我花时间在这些网站上，即使我按照其游戏规则做得不错，也获得了点赞和追随者，但它让我感觉到的也只是筋疲力尽和不开心而已。我喜欢那个读了很多书的自己，不喜欢那个在社交媒体上花费大量时间的自己。

**

但是，我也怀疑自己是否想得太多了。也许，这只不过是我的感觉而已。于是，我去多伦多大学采访了那里的心理学教授雷蒙德·马尔（Raymond Mar）。他是社会学家，他就书籍对我们的影响做了矢量研究，这些研究帮助我们打开了一种独特的思维方式。

还是个小男孩时，雷蒙德就着迷于阅读了。但是，直到成为一名研究生之前，他从来没有想过要去弄清楚阅读本身是如何影响我们的思维方式的。有一天，他的导师基思·奥特利（Keith Oatley）教授告诉他：读小说时，你会沉浸其中，就像你正在另一个人的头脑中；你正在模拟一种社会境遇；你正在以一种深刻而复杂的方式想象着那个人，以及他在经历什么。随后他说，如果你读了很多小说，你就能在抛开书本后真正地理解其他人。也许读小说就是做同理心的体操，可以增强你共情他人的能力，而这是我们最丰富也是最宝贵的聚焦形式之一。于是，他们决定一起着手对这个问题进行科学性的研究。

搞研究是一件棘手的事情。其他一些科学家已经开发出一种技术，即你指定某段内容让一些人阅读，然后立即测试他们的同理心。但是对雷蒙德来说，这个技术是有缺陷的。如果阅读对我们有影响，也只能从长远来看它对我们的改变。这不像是摇头丸，你只要吞下它，然后马上会体验到长达数小时的效果。

于是，他与同事们进行了一项三阶段实验，旨在观察这种长期影响是否存在。被试者在实验室里看到一个名字列表。其中有些人是著名的小说家，有些是著名的纪实作家，还有一些随机选出来的并非作家的人。要求被试者圈出小说家的名字，然后再另外圈出纪实作家的名字。雷蒙德认为，你阅读过的小说越多，就越能够识别出更多小说作家的名字。除此之外，他还有一个有趣的对照组：成员是读过很多非虚拟作品书籍的人。

然后，他让每个人做了两个测试。第一个测试所采用的技术有时也会用来诊断自闭症。他会先向你展示很多人的眼睛部位的图片，然后要求你回答此人在想什么。此方法可以测量你在多大程度上能读出揭示他人情感状态的微妙信号。在第二项测试中，会让你坐下来观看一些真实情景下真实人物的视频，例如，两个刚刚还在玩壁球的男人现在正在互相交谈。你要弄清楚的是：现在他们之间在发生什么事？谁赢了比赛？他们之间是什么关系？他们感觉如何？雷蒙德和实验人员事先知道答案，因此，他们可以看到在测试中谁最能理解并能弄清楚这些社交信号。

测试结果表明：一个人阅读的小说越多，就越能准确地读出别人的情绪。这是一个巨大的成果。这不仅表明你受过良好的教育，而且，同样重要的是，它也表明阅读非小说类书籍对你的同理心不会产生太大影响。

我问雷蒙德：为何会如此？他告诉我，读书会创造出一种"独特的意识形态……在阅读时，我们的注意力被向外引导到书页的单词上，但与此同时，当对内容进行想象和心理模拟时，大量的注意力也在向内"。这与你仅仅闭上眼睛去想象头顶上的东西有所不同。"注意力正在被建构，但它又处在了一个非常独特的地方，既朝外对着页面、单词，又朝内对着这些单词所代表的含义。"这是一种将"外向的注意力和内向的注意力"相结合的方式。尤其在阅读小说时，你会设想自己如果变成另一个人会有什么感觉。他说，你会发现自己"在试图了解不同的角色，他们的动机、目标，并追踪这些不同的事物。这是一种练习形式。我们可能在使用相同的认知过程来理解现实世界中的真实伙伴们"。你在模拟他人时能做得很好，相对于当前市场上以"虚拟现实模拟器"的名称被推销的那些模拟器来说，小说才是一种比它更好的模拟器。

雷蒙德告诉我，我们每个人其实只能体验到很小一部分作为现代人活着的感觉，但是，当你阅读小说时，你会深入地看到其他人的经历。你放下小说后，这些经历也不会消失。如果以后你在现实世界中遇到了某个人，你能够更好地设想自己如果是他们会有的感觉。阅读一份真实的报道可能会使你更加知识化，但却不会有这种扩展同理心的作用。

**

现在，人们已经进行了许多其他的研究，再次验证了雷蒙德所发现的核心效应。我问雷蒙德，如果我们能发明一种增强同理心的药物，会发生什么情况呢？他说："如果这个药物没有副作用的话，我认为它会非常受欢迎的。"我与雷蒙德交谈的次数越多，就越能体会出同理心是我们所拥有的最复杂同时也是最宝贵的一种注意力形式。人类历史上很多最重大的进步都来自同理心。至少有一些白人意识到，其他种族也有和他们同样的感觉、能力和梦想；一些男性也意识到，他们对女性施暴是非法的，给她们造成了真正的痛苦。同理心使人类的进步成为可能，人类的同理心每扩大一些，宇宙就会被我们打开得更广阔一些。

雷蒙德指出，从长远来看，阅读小说可能会增强你的同理心。但是，也有可能已经有同理心的人更容易去阅读小说。这也使得他的研究引起了争议，并遭到某些抗议。他告诉我，有可能这两种说法都正确：阅读小说会增强你的同理心，而有同理心的人更容易去阅读小说。这也说明，阅读小说确实对人有很大的影响。他的一项研究发现，孩子们读故事书的次数越多，他们阅读他人情感的能力就越强。这也表明，对故事的体验确实扩大了他们的同理心。

如果我们相信，阅读小说会增强我们的同理心，我们是否知道，那些在很大程度上取代了它的形式，例如社交媒体，正在对我们产生什么影响吗？雷蒙德说，我们很容易对社交媒体持鄙夷的态度，并由此陷入道德恐慌，但他认为，这种思考方式很愚蠢。他强调说，社交媒体有很多好处。他所描述的那些效果从根本上来说与印刷书籍并无关系，而是与能否沉浸在复杂的叙述中去模拟社交世界相关。他说，他也发现，看很长的电视连续剧有同样的效果。但这里有一点需要注意，如果孩子们去阅读故事书或者看电影，他们会变得更富有同理心，但是，如果他们只看较短的节目，就不会那么善解人意。零散的、简短的故事不会用一种与前面提到的同样的方式影响我们，因为我们仍生活在一个碎片化的时代里。你对一个故事的关注越多，它就越能加深你的同理心。

在与雷蒙德交谈时，我在想，我们会内化围绕着我们的声音的质感。当你将自己暴露在关于他人内在生活的复杂故事中时，很长一段时间之后，那些内容会重新塑造你的意识，你也会变得更加敏锐、更加开放、更有同理心。相比之下，如果你每天几个小时都将自己暴露在社交媒体那些占据主导地位的尖叫和愤怒的片段中，你的想法就会被塑造成它那个样子。你内在的声音会变得更加粗鲁、大声，很少再能听到更温柔、更和缓的想法。请留意你使用的技术吧，因为，随着时间的流逝，你的意识将被塑造得像它们一样。

在我向雷蒙德说再见之前，我问他，为什么会花这么多时间研究阅读小说对人类意识的影响？一听到我问这个问题，他前一秒还是一个数据怪客，一直在向我详细地解说所用的方法，但在回答这个问题时，他的面容却绽开了。"现在，我们所有人都陷在同样的泥潭中，在朝一个可能是灾难性结局的方向前进。如果我们想解决这些问题，就不能单独行动。"他说，"这就是为什么我认为同理心如此宝贵的原因。"

（5）

原因之五

思维漫游停滞

　　一百多年来，一直有这样一个比喻，主导了我们对注意力的看法。想象一下好莱坞碗[1]（Hollywood Bowl）吧，里面挤满了成千上万的人，充满了笑声、喧闹声和叫喊声，还有人正在晃悠悠地进来，等待着表演开始。突然，灯光熄灭，舞台上的聚光灯亮起。灯光照亮了一个人：碧昂丝，或是布兰妮，或是贾斯汀·比伯。瞬间，所有的聊天和喧哗都停止了，焦点凝聚到舞台上的这个人，还有他不可思议的光彩上。19世纪90年代，美国现代心理学的创始人威廉·詹姆斯（William James）在那部有史以来（至少在西方世界中）最具影响力

------

[1] 又称好莱坞露天音乐厅，坐落于山谷之中，后方可以看见著名的好莱坞地标，而表演台就位于山谷底部，整个音乐厅从上方俯瞰就如一个巨大的碗，因而被称为"好莱坞碗"。

的著作中写道："每个人都知道注意力是什么。"他说，注意力就是一只聚光灯。用我们现在的话来说，就是当碧昂丝独自一人出现在舞台上的那一刻，周围所有人似乎都消失了。

对此，詹姆斯本人当时也提供了另外的图像来描述，心理学家们也尝试用别的方式来思考聚焦力是什么。但是，从那时起，对注意力的研究一直都是对于聚光灯现象的研究。即使我停止思考这个图像时，我意识到，这个图像也在支配着我对注意力的看法。注意力通常被定义为一个人有选择地去关注周围环境中事物的能力。因此，当我在说自己分心的时候，意思是说，我无法将注意力集中在我想关注的那件事上。比如，我想读一本书，但是我的注意力的聚光灯却无法从我的手机、外面街道上的对话或对工作的焦虑上消退。和注意力的其他形式一起存在，对你的综合思考能力都很重要，而其他形式目前所面临的威胁比聚焦能力更大。

**

在逃到科德角之前，我已生活在精神不断受到刺激的龙卷风之下。我做不到在散步时不听播客，或者停止手机聊天。我做不到在商店里等待的两分钟时间里不去看手机，或不读书。无法让每分钟都充满刺激的想法让我感到惶恐，当我看到其他人并没有像我这样做时，我就感到非常奇怪。在长途火车或公共汽车上，每当我看到有人坐在那里六个小时，除了凝视着窗外什么都不做时，我就会产生一种冲动，想过去对他们说："对不起，打扰了。我知道这不关我的事，但我只想知道：你真的意识到了自己的生存时间有限吗？死亡倒计时的声音一直在嘀嗒作响，而你永远都不可能再找回这六个小时的时间了，但你在这几个小时里竟然什么都不做吗？你知道当你死了，你会永远死去吗？你是知道这些的，对吗？"（我从来没有这样做过，正如你可以从我不是在精神病治疗机构写这本书做出的判断那样，但当时，我的脑海中浮现的确实是这些想法。）

因此，我认为在普罗温斯敦，远离让我分心的东西，我会获得一个好处：我会受到更多的刺激，这些刺激能延续更长的时间，给我留下更多的东西。我可以听更长的播客了！我可以看更长篇的书籍了！发生这些的同时，有些收获更是不期而至，让人惊喜。有一天，我将 iPod 留在了家里，决定沿着海滩散散步。我走了两个小时，让自己的思绪游荡着，没有将视线落在任何东西上。我感到自己的思绪在飞扬：先是看着沙滩上的小螃蟹，然后回到小时候的记忆，再到未来几年的写书构想，最后到男人们穿着紧身游泳裤晒太阳的身体轮廓上。我的思维惬意地摇晃着，像远处地平线上的小船一样自在地漂荡。

刚一开始我会有些内疚。我告诉自己，你来这里是想聚焦并了解如何聚焦的。然而，你所沉迷的却正走向它的反面，一种心理衰退。然而，这种情况仍然继续着。不久之后，这成了我每天的日常，我的思维游荡时间也延长到三小时、四小时，有时甚至达五个小时。往常，这对我来说是不可想象的。但在那段时间，我觉得自己比小时候更有创造力了。各种想法开始浮现在脑海。我回到家，将它们写下来，这时我意识到，我在一次三个小时的步行中拥有的创意、所做的联想比我以前一个月里得到的都要多。于是，我开始做较短时间的思维游荡：在我读完一本书后，我会躺在那儿20分钟，思考一下，然后凝望大海。

奇怪的是，在我的聚光灯消失时，有某种我无法言喻的方式却在提高我的注意力。但是，这怎么可能呢？后来，当我得知在过去30年间，关于这个主题，即思维漫游的研究兴盛起来了的时候，我才开始理解在我身上发生的一切。

＊＊

20世纪50年代，在华盛顿州一个叫阿伯丁的小镇上，一位名叫史密斯的高中化学老师，与他的学生，一个名叫马库斯·雷切尔（Marcus Rachel）的十几岁的男孩之间出现了些问题。于是，他喊来了男孩的父母，严厉地告知他们："你们的儿子有做白日梦的习惯。"我们都知道，对于学校来说，这可能是遇到的最糟糕的事情之一。

30年后，正因这个孩子的贡献，科学家们在白日梦，即思维漫游这一主题上才取得了突破，不过，那位史密斯先生可能不会认可这一点。事实是，马库斯成为神经研究领域杰出的科学家，并获得了该领域的最高荣誉卡夫利奖（Kavli

Prize）。在 20 世纪 80 年代，PET（正电子发射型计算机断层显像）扫描作为一种全新的用以观察人们大脑内部结构及运行的技术，逐渐被推广到实验室外。我在密苏里州圣路易斯市的华盛顿医学院，该技术的开发和应用地采访了他。作为第一批使用该工具的科学家之一，他以前所未有的方式，体验了观看一个活人大脑内部活动的神奇。

早在接受医学培训时，马库斯就被告知，如果你没有集中注意力，我们就会知道你的内心正在发生什么。他还被告知，此时你的大脑"躺在那里正处于休眠状态，安静，无所事事，就像肌肉准备做动作之前一样"。但是，有一天，马库斯注意到了一件奇怪的事。他让一些病人进入 PET 扫描室，这些病人在等他发出指令，这时，他们都在思维漫游状态。在他准备好做扫描时，他瞥了一眼机器，感到困惑：这些人的大脑并不像医学院导师所说的看起来不活跃，实际上活动的征象已经从大脑的一个部位转移到了另一个部位，但它仍然非常活跃。惊讶之下，他开始对此进行详细的研究。他将那个人们认为并没有在做太多事情，事实上它在变得更加活跃的大脑区域命名为"预设网络模式"。随着对这一领域的深入研究，他分析了人们在看似无所事事的情况下大脑的活动，实际上，他是可以在大脑扫描中看到该区域的。瞅着它们时，马库斯说："上帝啊，她就在那里。这件事情正在发生！简直是太震撼了！"

这是一种范式转变，改变了科学家对我们大脑内部运作进行思考的方法，并在全世界范围内引发了对此主题进行科学研究的爆炸式增长，现在，这样的研究已达数十个。其中的一个研究是：当我们的思想在自由游荡，没有可以立即专注的内容使其锚定下来时，会发生什么呢？我们能够看到，某些事情正在发生，它们又是什么呢？一些科学家认为："预设网络模式"是大脑在思维漫游过程中变得最活跃的部分。然而，这是一个尚在进行中的辩论。其他人则对此持强烈的反对意见。但是，马库斯的发现引导人们进入了一系列科学研究中，其要点就是：为何我们会思维漫游，以及它会产生什么益处。

**

为更好地理解这一点，我去了加拿大魁北克省的蒙特利尔市，采访那里的神经病学和神经外科教授内森·斯普恩格（Nathan Spreng），也去了英国的约克郡，采访了心理学教授乔纳森·斯莫伍德（Jonathan Smallwood）。他们是对这个问题研究最深入的两个人。由于这是一门相对年轻的科学，因此，它的一些基本思想仍然存在着争议，在未来几十年中，还会有更多的东西逐渐变得清晰起来。他们已从所做的数十项科学研究中发现，在思维漫游期间有三件至关重要的事情正在发生。

首先，你正在慢慢地理解世界。乔纳森给我举了一个例子：在读一本书时（就像你现在所做的那样），你显然会专注于各个独立的单词和句子，但是，你思维的一小部分也一直在漫游着。你会想：这些词与我自己的生活有何关系？这些句子与作者在前几章中所说的有何联系？作者接下来会说些什么？你想知道书中所说的内容是否充满矛盾，或者最终是否能全部融合在一起。你会突然想起儿时的回忆或上周在电视上看到的内容。乔纳森说："你此时就在将所读书的不同部分拼凑在一起，以便理解其主题。"这并不是你阅读中的缺陷，这就是阅读。如果你现在不让自己的头脑做点漫游，那你就不会用对你真正有意义的方式来阅读这本书。拥有足够的精神空间进行漫游，对于你理解一本书至关重要。

这不仅是阅读的实相，也是生活的实相。要想了解一些事情，思维漫游是必须的。乔纳森告诉我："如果你做不到这点，那么，对很多其他的事情你也会视而不见。"他还发现，你越让自己的思维进行漫游，就越能更好地组织个人目标，会更有创造力，也会更有耐心做长期决策。如果你让自己的思维漫游，你就能够更好地做事，慢慢地、无意识地，你就会了解生活。

其次，在你的思维漫游时，事物之间开始建立新的联系，从而为你的问题提供解决方案。就像内森对我说的那样："我认为事情是这样的：当某些问题悬而未决时，大脑会设法使它趋于顺利。"前提是你给予它足够的空间去这么做。他给我举了一个著名的例子：19 世纪的法国数学家亨利·庞加莱（Henri Poincare）一直在苦于解决数学上最棘手的问题之一，而且，多年来他也一直将注意力集中在每个细节上，但都一无所获。某一天，在他出门旅行时，就在他踏上公交车的那一刻，就在那个瞬间他想出了解决方案。（也就是说）只有当他关闭关注的焦点，让自己的思维自由漫游时，他才能将各个部分联系起来，并最终解决问题。实际上，当你回顾科学和工程学的历史时，很多重大突破并不是发生在注意力聚焦时，而是发生在思维漫游时。

内森对我说："创造力不是（你创造出的）你大脑中出现的一些新事物。""它是已经存在的两件事之间的新关联。"思维漫游能够"展开更多的思路，从而建立更多的联系"。如果亨利·庞加莱一直专注于他要解决的数学问题，或者完全分散了注意力，那他就不可能找出解决方案，是思维漫游带他抵达了那里。

最后，在思维漫游的过程中，内森说，你的思想将参与到"心灵的时间旅行"中去，它漫游过去的时光，也预测未来。摆脱那种狭隘的、只思考眼前事情的压力，你就可以思索接下来可能发生的事情，这有助于你为未来做准备。

**

直到我遇到这些科学家之前，我一直都认为思维漫游是与注意力背道而驰的，就像我在普罗温斯敦做的为数不少、又让我感觉非常愉快的事情一样，这也是我为什么会对此感到内疚的原因。现在，我意识到我错了。实际上，这是注意力的一种不同的表现方式，也是一种必要的方式。内森告诉我，当我们将注意力集中到聚光灯下去专注于某件事时，这需要"一定的带宽"；而当我们关闭聚光灯时，"我们仍然具有相同的带宽，只是我们可以将这些资源分配在更多"其他形式的思维上。"所以，这并不意味着注意力必然在下降，而是转移了"，转向了其他重要的思维形式。

我意识到，这挑战了我那从小被培养出对生产力进行思考的整个方式。只有在我一直坐在笔记本电脑旁，如聚光灯一样专注于敲打单词之后，我才本能地感觉到自己确实认真工作了一天，以至到最后，我会为自己带着些许清教徒般的生产力而自豪。我们的整个文化都是建立在这种信念之上的。老板想看到你一天里的每一个小时都坐在办公桌前，他认为这才是工作。从很小的时候，这种思维方式就被根植于我们心中，就像马库斯·雷切尔经历的那样，我们在学校里被要求别做白日梦。这就是为什么在我漫无目的地徘徊在普罗温斯敦海滩上的日子里，我没有多产的感觉。我认为自己懒散、怠惰、自我放纵。

但是，在研究了所有这些内容之后，内森发现，要想提高工作效率，你不能仅仅着眼于如何尽可能地缩小聚焦范围。他说："我尽量每天都去散散步，就是能让我的头脑有机会将事情整理一下……对我们来说，我不认为完全有意识地去控制想法是最具生产力的思维方式。相反，松弛的联想能带来独特的见解。"马库斯也同意这点，他告诉我，专注于眼前的事物能为你提供一些必须消化的原材料，但是，在某些时候，你也需要离它们远些。他警告说："如果我们只是疯狂地聚焦于外部世界，我们将错过让大脑消化发生的那些事情的机会。"

听他提起这些，我想起了我在火车上看到的那些人，他们盯着窗外能看好几个小时。我一直在心里评判他们缺乏效率、浪费时间。但是，现在我意识到，他们可能比我更高效，因为，是我疯狂地在一本又一本书上做着笔记，却没花时间坐下来消化它们。那个在班上望向窗外、思绪漫游着的孩子，则可能正在做着最有用的思考。

我回顾了我阅读过的那些科学研究文献，其内容是人们如何花时间在各种任务间做快速切换的。我意识到，在当前的文化中，在绝大多数时候，我们既没做到专注，也没做到思维漫游。我们不断地带着一种不满意的呼吁声浏览着。在我问到这个问题时，内森点了点头，告诉我，他一直在努力地想弄清楚，如何才能使他的手机停止向他发送那些他不希望知道的事情的提示。所有这些疯狂的数字干扰都"在使我们的注意力从我们的思考中移开"，并且"在抑制我们的'预设网络模式'……我认为，大致上目前我们所处的环境，就是在不断地由刺激驱动着，并受刺激约束，从一个干扰转到另一个干扰。"如果你不从中脱身，它将"抑制你的想法"。

所以，我们不仅面临着失去聚光灯式聚焦的危机，还面临着思维漫游丢失的危险，它们正在降低我们的思维质量。

没有了思维漫游，我们将更难于理解世界，在因此而导致的困惑又混乱的状态下，我们更容易受到随之而来的下一个干扰因素的影响。

**

在我采访他时，马库斯·雷切尔已经在这方面取得了突破，开拓了某个科学领域。一直到80岁他才放弃在交响乐团中的演奏。他是一位双簧管演奏家，最喜欢演奏的作品是德沃夏克的《第九交响曲》。他告诉我，如果你想对思考本身进行思考，你应该将其视为交响乐。"它不但有两个小提琴部分，还有中提琴、大提琴、贝斯、木管乐器、铜管乐器、打击乐器，它是由所有乐器集体演奏出来的。另外，它还有节奏。"在生活中，我们确实需要有足够的空间来聚焦，但如果仅有这些，那就好像一个双簧管演奏者在光秃秃的舞台上尝试演奏贝多芬的音乐一样。我们还需要思维漫游来激活其他乐器，从而演奏出最悦耳的音乐。我以为我来普罗温斯敦是学习如何专注的，但我意识到，事实上，我正在学习如何思考，而思考不仅仅意味着要聚焦在某个焦点上。

在尝试不带任何电子设备做长距离的散步时，我常常花很长时间去回想马库斯的那个比喻。几天前，我还在想它是否可以将我们带得更远。如果思考是需要这些不同想法的一曲交响乐，那么现在，舞台已经推进来了。那些重金属乐队之一，做着咬下蝙蝠的头并将其吐向观众的动作的人们，已经占据了舞台。此时，他们正站在交响乐团的前面，尖叫着。

＊＊

然而，当我深入探究关于思维漫游的研究时，我了解到，对我刚刚解释的内容还存在一个例外，而且是一个很大的例外。实际上，你可能对此已经有所经历。

2010 年，哈佛大学的科学家丹·吉尔伯特（Dan Gilbert）教授和马修·基林斯沃思（Matthew Killingsworth）博士一起，开发了一个网络应用程序，用来研究人们在做各种日常活动，如通勤、看电视，以及运动等事情时的感受。人们会从该应用程序中收到随机提示，问他们：你此时正在做什么呢？然后，他们被要求对自己的感受打分。丹和马修追踪的其中一项内容是：人们意识到自己正在思维漫游的频率有多高。根据我的最新了解，他们发现的研究结果很令人惊讶。总的来说，在我们的文化中，人们在做思维漫游时，他们会给自己的快乐打较低的分数，认为这不如他们做其他事情时感到开心。比如，哪怕做家务都能带来比这更高的幸福感。所以，他们的结论是："一颗正在思维漫游的心灵是不快乐的。"

我对此思考了很多。既然已显示出思维漫游有许多积极的作用，为什么它又常常让我们感觉不好呢？有一个原因是：我们在思维漫游时很容易陷入沉思状态。在某种程度上，我们大多数人都有这种感觉：如果你停止专注，让你的思想游荡开来，你就会被那些压力重重的想法所困扰。我回想起自己在普罗温斯敦之前的很多时光。我坐在火车上，脑海中一面对坐着凝视窗外的人咯咯发笑，一面自己还在狂躁地工作、工作，不停地工作着，那时我的精神状态是怎样的呢？我现在明白了，当时我充满了压力和焦虑。任何放松思考的尝试都会使那些不好的情绪泛滥开来。相比之下，在普罗温斯敦，我不仅无压力，还感到安全，因此，我的思维漫游可以自由地浮动，并发挥出积极的作用。

在压力小和安全的情况下，思维漫游将是一种礼物、一种乐趣、一种创造力。在压力大或危险的情况下，它对人将是一种折磨。这就是压力阻碍了我们主要注意力的其中一种方式。正如我稍后所了解到的，它还有其他的方式。

**

在普罗温斯敦市中心的海滩上，就在长条状的商业街旁边，有一个大得颇显夸张的蓝色木椅。它面对着大海，差不多八英尺高，仿佛在等待着一个巨人的到来。我经常坐在这把椅子上。夜幕降临时，我看上去必定很矮小。每当此时，我会与在镇上结识的朋友交谈。有时，我们只注视着灯光的变幻，相互默然。这里的灯光与我以前在其他地方见到的迥然不同。傍晚，当你坐在这个海中狭长的沙滩上时，面对的恰是东方，而太阳在西边，就在你的身后落下，但是，它的光线却射向前方，照在你眼前的水面上。这些光线会再度反射到你的脸上，于是，你就沐浴在两道落日交织的光线中。我们一起注视着这些，感到自己也突然被铺展开来，对人们、对太阳，也对面前的海洋。

＊＊

有一天，大约是在普罗温斯敦旅居的第十个星期，我独自一人坐在朋友安德鲁的房子里，他的那只狗鲍伊就躺在我脚下。我在读一本小说，偶尔会望一下大海。这时，我注意到，安德鲁将笔记本电脑忘在了椅子上，此时它正开着，屏光闪烁。屏幕上，有一个互联网浏览器，没设密码。哈，正有一个万维网在向我招手呢！我对自己说你现在可以看一下互联网呀。你可以查看所有想看的内容：你的社交媒体、电子邮件、新闻，任何内容。这种想法使我感到沉重。我逃离了安德鲁的房子。

不久之后，我意识到，我在此处只剩下两个星期的时间了。我必须为回波士顿在网上预订酒店。在镇上的图书馆里，有计算机面向公众开放。我曾路过它们很多次，但每次我都移开我的目光，仿佛它们是被人不小心打开的卫生间一样。这次，我登录上去，在两分钟内就订好了酒店，接着，我打开了电子邮件。我知道将会发生什么。在我原来的日常生活中，我每天大约花半小时接收电子邮件，然后用一整天来回复（有时甚至是更长的时间）。因此，我计算出，在我离开的那段时间里，我已经累积了大约 35 个小时的电子邮件，从现在起，在接下来的几个月里，我都需要处理它们才能勉强赶完。（当我离开时，我留下了自动回复，说我完全无法被联系到。）其实这并不是我想要的，仅仅想到这个就让我感到筋疲力尽了。

然而，后面发生的事情却让我感到奇怪。我不无紧张地打开收件箱，浏览了我的电子邮件，那里面几乎没有什么。在两个小时内，我就看完了所有的内容。这个世界以耸肩一笑的方式接受了我的缺席。我意识到：是电子邮件滋生电子邮件。如果你停止使用，它也就停摆了。我很想说，我对此会感到一种平静和被安抚。但实际上，我感到被冒犯了，就像那个自我被编织针戳到了一样。我意识到，是以往的狂躁不安以及要我花费时间处理邮件的需求，让我感到了自己很重要。我突然有了用发送电子邮件来接收电子邮件的冲动，这样可以让自己再次感到被需要。我又点击了推特推文。我的推特追随者人数与我离开时完全相同。我的缺席完全没有引起任何人的注意。于是，我从图书馆走了出去；回到普罗温斯敦给我提供的营养中去，长长的文字表述从我心中涌现了出来。海洋冲刷过我的双脚，我和朋友们坐在一起，彻夜长谈。我试图忘记电子邮件给我的自尊带来的刺痛。

**

在普罗温斯敦的最后一天，我乘船去了朗德角，它位于科德角的尽头，那里有一片黄色的沙滩，它从朝圣者纪念碑一直延伸到海恩尼斯。在那儿，我可以回望我度过了整个夏天的地方。只瞄一下地平线就能看到这个我度过了整个夏天的地方的边界，这真是一种奇特的感觉。我比一生中任何时候都感到更加安静、更加气定神闲。

坐在海边灯塔的阴影下，我告诉自己，你不能再过以往的那种生活了。做到这个并不难。这个夏天已经向你展示了践行的方式。通过自我隔离，你实现了预先承诺。

现在，你可以在日常生活中也去践行它了。你已经拥有这些工具。在我的笔记本电脑上，有一个名为"自由"的程序。它很容易操作：下载该软件，然后告诉它你希望它拒绝你对特定网站或整个互联网的访问时间，你可以指定时间长度，比如从五分钟到一周。按下程序上的按钮后，无论你如何做，笔记本电脑都无法再上网。至于我的手机，我有一个叫作"K保险箱"（K-safe）的东西。同样，操作也很简单：它是一个塑料的小保险箱，可以从顶部打开。将手机放进去，盖上盖子，然后扭动顶部数字表，以确定要关闭手机多长时间。然后，你的手机就消失了，它被锁在里面，你必须用锤子将保险箱砸碎才能拿出来。我对自己说，有这两件东西，无论身在何处，我都可以重新创建自己的普罗温斯敦。我每天可以花10分钟到15分钟的时间使用手机以及笔记本电脑。

那天晚上，我将看过的那摞小山一样高的书捐了出去，然后，登上了前往波士顿的渡轮。在返回的旅程中，我晕船得厉害，这仿佛是对我回到在线世界的感觉所作的一个粗鲁的隐喻。第二天，我从朋友那里取回了手机，躺在旅馆的床上，盯着它看。对我而言，它现在陌生得就像一个外星人，连苹果字体看起来都很陌生了。我滑动着各个图标，查看各种各样的程序和网站。我看了一下社交媒体，想了想，我并不想要这个。然后，我翻阅了下推特，感觉自己像站在一个白蚁的巢穴中。当我抬起头时，已经过去了三个小时。

我把手机丢在脑后去吃饭。回来时，人们已经开始回复我的电子邮件和短信，尽管在克制着自己，我还是有想去确认的冲动。在接下来的几周里，我开始在社交媒体上发帖，感觉自己比这个夏天之前变得更加粗暴、更加小心眼了。我发表了一些刻薄的评论。在普罗温斯敦感到的复杂性和同情心已被更浅薄的东西所替代。有时候，我并不喜欢自己表达的东西。再后来，我又感觉到了那种期待自己的推文被证实、被转推、被点赞的冲动。于是，我想告诉人们，我在普罗温斯敦以线性化的肯定人生的方式学到的课程，很可能是一个谎言。但已经发生的事情其实比这还要复杂。

我于8月份离开普罗温斯敦，用上了"自由"软件和K保险箱，但它们都慢慢地被弃用了。到了12月，我苹果手机上的"屏幕计时"软件告诉我，我每天花在手机上的时间是四个小时。我开解自己说，这个时长其实也包括了我用谷歌地图导航城市交通的时间，以及我听播客、广播和有声读物所花费的时间。但是，一想到这个我就感到羞愧。虽然我并没有回到原点，但我显然已经陷入了分心和混乱的境地。

　　我感觉自己很失败。我有种强烈的感觉，那就是：有什么东西在把我往下拖。随后，我告诉自己你正在为自己找借口，是你在这样做，不是其他人，这些是属于你自己的失败。我也有一种虚弱的感觉，我在普罗温斯敦获得了很多深刻的洞见，也很容易被更大的东西击碎，对此，当时我还不太了解。

　　我想知道：是什么阻碍了我用更好的那部分自己去做想做的事情呢？ 我发现，答案不但很复杂，还涉及很多方面。当我去硅谷时，我了解到了第一个原因。

6

原因之六

高科技操控（一）

　　詹姆斯·威廉姆斯（James Willams）告诉我，我在普罗温斯敦犯了一个根本性的错误。他曾在谷歌公司担任高级工程师很多年，后来，在惊恐之下，他离开那里，去了牛津大学做关于人类注意力的研究，弄清了当年他那些硅谷的同事们所做的事情。

　　他告诉我，采用数字化排毒"并非解决方案，就像并不能靠让人每周在外面戴着防毒面具两天去解决污染问题一样。在短时间内，它可能会在个人层面上有某些效果。但这是不可持续的，也无法解决系统性的问题"。他说，我们的注意力正在被深刻地改变着，它来自社会上更大范围内的某些巨大力量的入侵。如果主张解决方案主要靠个人做些放弃，那也只是"将问题推回到了个人身上"，他说："我认为，只有我们所处的环境改变了，真正的变化才能产生。"

在很长一段时间内，我都没能真正明白他的意思。就注意力来说，如果不靠每个人尝试改变自己的行为，那改变环境能带来什么呢？直到我遇到了那些设计了我们当今所生活的世界的许多重要人物，这个答案才变得清晰起来。走在旧金山的山丘上，以及在帕洛阿尔托（Palo Alto）炎热而干燥的街道上时，我意识到，当前正在运作的技术通过六种方式损害了我们的注意力。我也意识到，所有这些运作方式都集合在一个更深层、更潜在的力量之下，这才是需要我们去克服的。

在这个旅程中，引导我的第一批人士中的一位，是谷歌的另一位前工程师特里斯坦·哈里斯（Tristan Harris）。在我采访过他几年之后，他因在一部重要的网飞（Netflix）纪录片《社交困境》中出镜而享誉全球。这部片子探索了目前的社交媒体所具有的各种破坏性方式。我想挑出电影中一个尚未做更多探索的方面，即它对我们注意力的影响。要理解这个，先要了解特里斯坦自己的故事，以及他在那个系统核心之处所看到的那些正在重新塑造着全世界注意力的事情。

**

20世纪90年代初期，在加利福尼亚州的圣罗莎镇上，一个留着扣碗状发型、打着一条明亮的金色领结的小男孩正在学习魔术。当学会了其中一项最基本的魔术技巧时，特里斯坦才 7 岁。这技巧就是：让人递给他一枚硬币，然后，"噗"的一声，它就不见了。在掌握了更多技巧之后，他为自己所在的班级进行了一场魔术表演，然后，他幸运地被选中去山上的魔术营地，在那里由专业魔术师指导了一周。在他眼里，那里就像是现实版的绝地武士训练营。

他很小就发现了有关魔术的真相。几年后，他认识到：魔术实际上针对的就是人的关注力的极限。魔术师的工作本质上就是操纵你的注意力。其实，那枚硬币并没真正消失，只不过在魔术师移动它时，你的注意力被转移到了其他地方，因此，当你的注意力重新回来时，你就会对结果感到惊讶。学习魔术就是学会操纵某人的注意力，还不会让他有所察觉。因此，特里斯坦意识到：一旦魔术师控制了人们的注意力，他就可以做自己想做的事。他在魔术训练营中学到的一件事是：一个人对魔术的敏感性与他们的智力无关。他后来说："这其实是更微妙的事情。"它是"针对我们每个人都有的弱点、局限、盲点或偏见的"。

**

换句话说，魔术是对人类思维局限的挑战。你认为你可以控制自己的注意力，你认为如果有人破坏了它，你就会知道，会立即发现并加以对抗，但实际上，我们是容易犯错误的一具肉体，我们的错误很容易被预测到，魔术师们对此很明白，所以才能干扰我们。

后来，他认识了那些更优秀的魔术师们，并最终与世界顶级魔术师德兰·布朗（Delan Brown）交上了朋友。从此，特里斯坦了解到了一些既引人注目又令人不安的东西。你的注意力是有可能被控制的，以至于一个魔术师在许多情况下都可以将你变成他的提线木偶。他可以让你选择他想让你选择的任何东西，而你却一直认为你只是在使用自己的自由意志。当特里斯坦第一次告诉我这些时，我以为他夸大了自己的案例，于是，他向我介绍了他的魔术师朋友詹姆斯·布朗（James Brown）。特里斯坦告诉我，詹姆斯会展示给我看的。当我们坐在一起时，詹姆斯给我看了一盒普通的纸牌。他说："看到了吗？这里面的纸牌有些是红色的，有些是黑色的，它们现在被混合在一起了。"随后，他把纸牌转过来，把有颜色的一面朝向他自己，这样我就再也看不到它们了。他告诉我，他要让我将它们整齐地分为两堆：一堆黑色的，一堆红色的，而我却无须亲眼看到纸牌的颜色。显然，这是不可能的。我如何能分类我看不到的纸牌呢？

他告诉我看着他的眼睛，然后，完全使用我自己的自由意志，告诉他将下一张纸牌是放在左边，还是放在右边。于是，我依据确信是我自己的随意想法，向他下达了命令：放左边，放左边，放右边，等等。最后，他举起这两堆纸牌给我看。红牌整齐地摞在了一起，而黑牌都在另一边。

我感到莫名其妙。他是怎么做到的呢？他告诉我说，他一直在微妙地指导着我的选择。他又做了一次，并说这次他会更粗放地去做，看我是否能发现什么。最后，他不得不坦诚，我确实看到了。在他让我对下一张纸牌做选择时，他稍稍用眼睛在向左或向右指示着，而我总是不自觉地按他的引导做选择。他告诉我，其余的人也都照此去做。特里斯坦向我解释说，这就是关于魔术的核心洞见：你可以操纵人们，他们甚至都不知道这些正在发生。他们会向你发誓，一切都是自己的自由选择，就像我选择那些纸牌一样。

一天早上，特里斯坦在他旧金山的办公室里倾身向前，问我："你知道一个魔术师是如何工作的吗？他们之所以能成功，是因为他们不必了解你的长处，只需了解你的弱点就够了。你对自己的弱点有多少了解呢？"我很想相信自己非常了解自己的弱点，但特里斯坦轻轻地摇了摇头。他说："如果人们确实知道自己的弱点，魔术就行不通了。"魔术师是利用这些弱点来制造快乐并娱乐我们的。特里斯坦长大后，他成为另一组人群中的一员，这些人正在弄清楚我们的弱点来操纵我们，但目的却大不一样。

**

2002 年，就在特里斯坦跨入斯坦福大学的第一年，他第一次听到有人窃窃私语说，校园里有一门课程，它开在一个听起来很神秘，被大家称为"说服式技术实验室"的地方。据小道消息说，那里的科学家们正在研究并设计可以改变人的行为，却又不会让他知道自己正在被改变的技术。在十几岁的时候，特里斯坦就沉迷于编码。还是斯坦福大学大一学生的时候，他就已经在苹果公司实习了，设计了一段至今仍在你的许多设备中被运用的代码。他了解到，这个秘密的、被很多人所讨论的课程，其一是关于如何利用那些可以改变他人行为的成果的，这些成果是科学家们在20世纪发现的；其二是试图弄清楚，该如何使学生们将这些说服人的形式融合进他们写的代码中。

该课程由一位年仅40岁、热情又乐观的信仰摩门教的行为科学家讲授，他就是B.J.弗格（B.J.Fogg）教授。每天，课程开始时，他会拿出一只绒布青蛙和一只可爱的猴子，将它们介绍给全班同学，然后，他演奏自己的尤克里里琴。当他想让小组分开或组合在一起时，他就敲打玩具木琴做提示。B.J.弗格向学生们解释说，计算机具有比人更强大的说服人的潜力。他相信，它们"比人类更坚持不懈，（并且）也具有更高的匿名度"，它们"可以到人们无法去或者可能不受欢迎的地方去"。他还坚信，计算机很快就会改变每个人的生活，会整天不断地去说服我们。他以前曾开过一门"思维控制心理学"的课程。

他指定特里斯坦和其他学生们去阅读一些书籍，其中解释了数百种关于如何操纵人类的心理学见解和技巧。这是一个宝库，其中的观点都基于B.F.斯金纳的哲学。正如我以前所了解的那样，斯金纳通过对某些行为进行有针对性的"强化"，找到了让鸽子、老鼠和猪去做被要求的事情的方法。在他的这些想法已过时多年后，现在再次满血复活。

"这真的唤醒了我魔术师的一面，"特里斯坦告诉我，"我当时就说：'哇哦，确实有这些无形的规则在支配我们做事呢。'而且，如果说有规则在支配人们的行为，那就是力量。这个发现就像艾萨克·牛顿所发现的物理学定律一样。我感觉，仿佛有人在向我显示着这些代码。这都是些如何去影响他人的代码。我记得，在周末，我坐在校园的研究生院里边读那些书，边疯狂地标记这些段落的经历，我不断发出这样的惊叹：'哦，天哪，我难以相信这真的行得通。'"他当时对这种兴奋感到如此陶醉，他说："我承认，我认为伦理的警钟此时还没在我的脑海中敲响。"

作为课堂学习的一部分内容，他与一个叫麦克·克里格（Mike Krieg）的年轻人一组，任务是一起设计一个应用程序。特里斯坦一直在思考一种名为"季节性情感障碍"的症状，那就是：如果一个人长时间地待在阴沉的天气中，很可能就会变得非常沮丧。现在，他们两人面对的问题是：该如何运用技术对这些人们提供帮助呢？他们做出了一个名为"发送阳光"的应用程序。操作方法是：让一对朋友都选择这个程序，然后互联，软件将跟踪他俩的位置，向每个人发送其所在位置的在线天气报告。如果该应用程序意识到你的朋友极度缺乏阳光，而你拥有阳光，你会接到提示，去拍摄一张太阳的照片发送给他。它向你表明：有人在乎你，按照你的需要给你发送了阳光。

这个程序既可人又简单，它促使麦克和课程中的另一个人凯文·希斯特罗姆（Kevin Systrom）想到了在线共享照片的力量。他们当时已经在考虑班上另一堂重要的课程了，这些课程取材自斯金纳的理论"立刻制造正强化"。如果你想塑造用户的行为，请确保他能立即得到（心形的）点赞和喜爱。利用这些原理，他们启动了新应用程序，并将其命名为"照片墙"。

**

班上挤满了想要将 B.J. 弗格所教的技术用以改变我们的生活方式的人们，B.J. 弗格被迅速地昵称为"百万富翁制造者"。但是，有些事情开始敲打着特里斯坦。因为，过了一段时间，他发现自己已经沉迷于检查电子邮件。他会反复地、无意识地这么做，而且，他还感到自己的注意力时长开始变短。他告诉我，他那时已意识到，他正在使用的电子邮件应用程序"运行着许多不同的杠杆，其功能非常强大，令人厌烦，带给人巨大的压力，而且还会以数小时计地浪费人们的生命"。他曾在说服性技术实验室里学习如何挟持别人，但是现在，他开始问一个令人不安的问题：我自己是否也被其他技术设计师挟持了？他那时还不确定，这些技术以后会发展到什么程度，然而，他从此对它产生了一种奇怪的感觉。B.J. 弗格曾教他的学生们说，他们只能善用这些权力，他也在整个课程中都穿插了关于伦理性的辩论。但特里斯坦开始怀疑：这些秘密，以及这些代码，实际上是否正在以合乎伦理的名义被应用在现实世界中？

在特里斯坦参加的最后一堂课中，学生们讨论了将来可以使用这些说服性技术的方式。其中一个小组提出了一个引人注目的计划。他们问："如果将来你拥有了地球上每个人的资料，会怎么做呢？"作为一名设计师，你可能会跟踪使用者在社交媒体上提供的所有信息，并建立关于他们的详细档案。档案里不仅包括一些简单的内容，如他们的性别、年龄和兴趣等，这些档案还会包含更深层次的东西。它将成为一种心理档案，成为弄清他们的人格特性以及说服他们的最佳方法。它会知道该用户是一个乐观主义者还是一个悲观主义者，他们是愿意接受新的体验还是容易怀旧。你个人的许多特征都会被弄个水落石出。

想想看吧，全班人高声地讨论着：如果你对他们的了解有这么多，你会如何瞄准这些人呢？想想你会如何改变他们吧。当一个政客或某个公司要说服你时，他们可以向一家社交媒体公司付款，以精准地对你发送信息。这就是一个具体想法的诞生过程。多年后，当特里斯坦了解到，对唐纳德·特朗普和英国脱欧的竞选活动所做的披露，就是通过向一家名为剑桥分析的公司付款而得到的，他想到了在斯坦福大学的最后一课。他告诉我："这就是让我感到异常震惊的课程。""我记得自己当时说：'这太令人忧心忡忡了。'"

** **

　　但是，特里斯坦还是坚信：科技可以成就美好。因此，他借鉴在斯坦福大学学到的知识，设计了一个能带来直接积极目的的应用程序。他做的是尝试以某种方式阻止网络干扰我们的注意力。比如，如果你正在查看 CNN 网站，并开始阅读有关北爱尔兰的新闻报道，但你对这个话题其实并不了解，通常情况下，你会打开一个新窗口，开始搜索有关信息。但在不知不觉中，你就会消失在一个兔子洞中，半小时后才能冒出头来，在这期间，你迷失在了与主题完全不同的文章和视频中（通常是小猫在弹钢琴）。特里斯坦设计的应用程序是，在这种情况下，你可以做一些不一样的事情，如：标出任何短语（例如"北爱尔兰"），它会弹出一个简易窗口，提供你有关该主题的集中摘要。你不用点击离开该网站，也不会跌入兔子洞。这样，你的注意力就得以保留在这个主题上。该应用程序运行良好，包括《纽约时报》在内的数千个网站开始使用它，不久之后，谷歌就提出了丰厚的购买价格，并提议让特里斯坦为其工作。谷歌告诉他，这样做可以将其程序集成到他们的网络浏览器 Chrome 中，从而减少人们的分心。于是，他朝这个机会跳了过去。

　　特里斯坦觉得，自己很难表达在 2011 年那个历史性的一刻为谷歌工作是什么感觉。从这个他为之工作的位于加州帕洛阿尔托的谷歌总部大楼里，每天都在塑造、再塑造着十亿人在世界上巡航的方式：他们应该看什么，不应该看什么。后来，他告诉一个听众说："请你想象一下，你走进了一个房间，那是一个控制室，里面有一大群人，一百来个人，都弯着腰，坐在办公桌旁，面对着小小的拨号器。再想象一下，就是那个控制室在塑造着十亿人的思想和感觉。这听起来像是科幻小说，是吧？但实际上，它就存在于现实中，目前正在发生着。我之所以知道这个，是因为我曾经在其中一个控制室里工作过。"

**

特里斯坦有段时间被分配从事谷歌电子邮件系统 Gmail 的开发工作。正是谷歌的这个电子邮件系统，这个应用程序，使他变得疯狂。而且，他怀疑这个系统可能正在使用一些他尚未发现的操纵技巧。即使在他自己运用这个程序时，他都会很强迫性地去检查自己的电子邮件，这使得他的注意力无法集中。另外，他发现，每当他查看一条新的消息，自己都要花很长时间才能让思想回到以前的状态。他想搞清楚：怎样才能设计出一个尽可能少地摧毁注意力的电子邮件系统。但是，每当他尝试与同事讨论这个想法时，对话似乎就难以深入下去。在谷歌公司，他很快了解到，成功的衡量标准主要是所谓的"参与度"，这是指你眼睛盯在产品上的分钟数和小时数。参与越多越好，少参与就不行。其理由很简单：人们看手机的时间越长，他们看到的广告就越多，谷歌公司才可以赚到更多的钱。

特里斯坦的同事们都是兢兢业业的人，都在与自己被技术分心做斗争，不过，公司的激励措施似乎只导向了一个途径：你应该始终设计用户能"参与"最多的产品，因为参与即等于更多的收入，而无人参与即等同于收益减少。

随着时间的流逝，特里斯坦越来越震惊于谷歌和其他大型科技公司对十亿民众的注意力所造成的破坏。有一天，他听到一位工程师激动地说道："为什么我们不在每次接收电子邮件时都发个声音提醒呢？"每个人都为这个主意感到高兴。于是，几周后，世界各地的手机就开始在口袋里嗡嗡作响了。越来越多的人发现，自己每天查看Gmail的时间增多了。就这样，这些谷歌工程师们一直在寻找新的方法，试图将大家的眼球吸引到他们的程序上，并尽量将这种吸引力一直保持下去。日复一日，特里斯坦看着工程师们提出各种建议，就是为了给人们的生活增加更多的干扰，试试更多的振动、更多的提醒、更多的小计谋吧！而他们收获到的是祝贺。

随着使用谷歌服务和Gmail邮箱的人数持续蹿升，特里斯坦开始问他的同事："从伦理的角度，你怎么可以去说服20亿人的思想呢？从伦理的角度，你怎么可以去建构20亿人的注意力呢？"然而，他发现，公司中的绝大多数人只被迫着在回答一个简单的问题："我们如何才能使这个技术更具参与度？"这就意味着，用每周想出的更好的技术，去吸引更多的注意力，对人们做更多的打扰，还如此持续不断地进行下去。一天，当我们在旧金山散步时，特里斯坦对我说："从外面看，情况已经很坏了，但是，当你处身其中时，情况看起来会更糟。"特里斯坦开始意识到，如果你无法集中注意力，这并不是你的错，这是设计使然。你的分心就是它们运行的燃料。

在与 Gmail 团队紧密合作之后，特里斯坦感到，一旦他对同事们施加给人们注意力的影响有所质疑时，"谈话就进行不下去了"。他通过现在在硅谷各个地方工作的朋友那里了解到，几乎每个公司都持有这种对我们的注意力进行抢夺和突袭的立场。他告诉我："多年来，真正让我担心的是，我眼睁睁地看着我的朋友们（现在）纷纷陷入了这场操纵人性的军备竞赛之中，而他们进入这个行业的初衷是他们认为自己可以使世界变得更美好。"

从特里斯坦可以提供的几十个例子中挑选出一个，那就是他的朋友麦克（Mike）和凯文（Kevin）推出的照片墙。过了一阵后，"他们又添加了一些过滤器，因为在那时，这还是一件很酷的事情。这样一来，用户就可以先拍摄一张照片，操作一下，马上就使其具有艺术感了"。特里斯坦确信，这两位朋友并没想到，这样做开启了一场与快拍和其他应用程序之间的竞赛，比的是谁可以"提供更强的美化过滤器"，而反过来，这会改变人们对自己身体的看法，以致今天有一类人接受外科手术，就是为了使自己看起来更像他们经软件美化后的形象。特里斯坦感到他的朋友们正在改变火车轨道，将世界改变成他们无法预测或控制的样子。他说："我们必须对技术设计方式非常小心谨慎的原因是，它们将整个世界挤压、再挤压到那种媒介之中，从另一端出现的则是一个不同的世界。"

但是，特里斯坦曾经就在那里，在那些纵容这些转换的机器中心地带，他可以预测到在关闭着的门后，控制室中的刻度盘正被设置到了刻度为 10 的位置。

**

在谷歌总部大楼的心脏地带待了几年之后，特里斯坦再也无法忍受，他决定离开。作为最后一举，他为同事们安排了一次幻灯片播放，以吸引他们思考这些问题。在首张幻灯片中，他简要地表达："我对我们做的事情给世界带来了更多的注意力分散感到担心。"他解释说："我把分心这事看得很重要，因为，时间是构成我们生命的全部……然而，在这里，几小时几小时很莫名其妙地就丢失了。"他展示给大家一个 Gmail 收件箱的图片。"而且，社交网络的推文也浪费了人们大量的时间。"他展示了一则脸书推文来配合解说。他说，他担心这些高科技公司和其他类似的公司无意中在"破坏孩子们的专注能力"，他指出，在醒着的时候，美国 13 岁至 17 岁的青少年会每六分钟就发送一条短信。他警告说，人们"正生活在不断查看信息的跑步机上"。

他问：我们明知道外来的干扰会导致人们专注力和清晰

思考能力的下降，那为什么我们还要增加这些干扰呢？为什么我们还在一直寻找越来越好的方法去这么做呢？"想想这些吧，"他呼吁同事们，"我们应该为此承担巨大的责任。"所有人都有与生俱来的脆弱性，因此，谷歌应该予以尊重，而不是像魔术师那样利用这些弱点。他建议，要进行一些适度的改变，并以此作为起点。与其在人们每次收到新电子邮件时进行提示，我们可以每天一次性批量化地通知大家。这就像人们只需在早上取一份报纸，无须关注不断滚动的新闻一样。每当我们提示某人去点击其朋友发布的新照片时，我们可以在同一屏幕上警告他：通常，点击照片会让你离开正在做的事，而20分钟后你才能回到原来的状态。我们可以告知他们：你认为点击一下只需要一秒钟，其实不是。

他还建议，要给用户机会让他们在每次单击鼠标做某事时先暂停一下，意识到这可能会严重干扰他的注意力，然后验证一下：你确定要执行此操作吗？你知道这会消耗自己多长时间吗？他说："当停下来思考时，人们往往会做出不同的决定。"

他试图让他的同事们了解他们每天所做的决定的分量，"我们每天为人们的生活造成110亿次干扰。这很荒唐！"他解释说，"在谷歌总部大楼里，坐在你周围的人们，在控制着全世界手机上所有通知总量的50%还多。"我们正在"进行一场军备竞赛，其结果是，这些公司都会寻找更多的理由去窃取人们的时间"，而这种行为"破坏了我们共同的保持静默和思考的能力"。他问大家："我们真的了解自己在对人们做什么吗？"

**

做这样的事，近乎疯狂和大胆。在改变着世界的机器的核心部分，有一位才华横溢、位置相当于初级工程师的人，年龄只有 29 岁，用他的话语直接挑战了公司的整个运行方向。这类似于 1975 年，一名初级执行官，站在整个埃克森－美孚石油公司的前面，向他们展示北极融化的图像，告诉他们要为全球变暖负责一样。硅谷的人都在争先恐后地加入谷歌。但这里也有位特里斯坦，如果靠自己的能力，他也可以永远地待在那个中心，赚很多钱，而今却在书写着看来会宣布自己的职业就此终止的证明，因为他相信，在某个地方需要某个人，必须对此说些什么。

他与同事们分享了幻灯片，然后心情沮丧地回家了。随后，出乎意料的事情发生了。

**

随着时间一小时一小时地过去，越来越多的谷歌员工分享了特里斯坦的幻灯片。第二天，他被公司内部员工充满热情的短信所淹没。看来，他触到了一种不易觉察的情绪。仅仅因为你设计了这些产品，并不意味着你比其他任何人更能免于上钩。谷歌总部的工作人员可能也感到了分心的海啸在向他们袭来。他们中的许多人也想就自己对世界所做的事情进行认真的交谈。特里斯坦向他们提出的问题也让他们陷入深思："如果我们的设计（我们的产品）是可以减少压力，也能为人们的内心带来更多平静的，一切又将如何呢？"

对此也存在一些不同的看法。他的几位同事说，每一项新技术都会带来恐慌，人们会说它将毁灭世界。毕竟，苏格拉底也曾说过，书写下来的东西会毁掉人们的记忆。还有人曾告诉我们，无论印刷书籍还是电视，都将毁掉年轻人的思想。但我们依然在这里，世界也幸存下来了。还有其他一些人则从自由主义者的角度做出回应，说特里斯坦的建议会导致政府对此进行监管，他们认为这与网络空间的整体精神是背道而驰的。

**

特里斯坦的演讲引起了谷歌内部的强烈躁动，以至于他被要求留在专门为他创建的一个特殊的新职位上。他们为他提供了谷歌首位"设计伦理师"的角色。他兴奋地想，这是一个思考我们这个时代中最具挑战性问题的机会，处在这个位置，只要能使人们听到，就可以带来巨大的改变。很长时间以来，他第一次感到了乐观。他认为，对他的新任命意味着谷歌对探索这些问题是认真的。他知道，同事们也对此充满了热情，因此，他对老板们的善意深信不疑。

公司指定给他一张办公桌，事实是，让他到一边思考去。于是，他开始研究许多事情带来的效应。例如，他研究了快拍吸引青少年的方式。该应用程序有一个称为"快拍条纹"的选项，在两个朋友之间，通常都是青少年，每天都可以通过该应用程序签到。每签到一次，条纹就变长一些，于是，你会将目标定在织成一条长达 200 天、300 天、400 天的条纹，它色彩缤纷，上面满是表情符号。如果你错过了某一天，它将重置为零。这是一种完美的能够激发青少年渴望社交关系的方式，通过操纵它可以吸引住用户们。你要每天都过来延伸你的条纹纪录，要沉迷于其中数小时才能让它保持不停地滚动。

但是，每当他提出一个有关如何减少谷歌自己的产品带来的干扰的具体建议，并将其呈现给他的高层时，他最后都被告知："这些建议操作起来很困难，也很令人困惑，它们也常常与我们的底线相冲突。"特里斯坦意识到，自己撞到了一个核心的冲突。盯着手机看的人越多，公司赚的钱就越多。一点没错。硅谷的员工并不希望去设计分散人们注意力的小工具和网站。他们并非小丑，试图用制造混乱来让大家变得愚蠢。他们也会花费大量时间做冥想、练瑜伽。他们常常禁止自己的孩子使用他们设计的网站和小工具，送他们去没有高科技的蒙特梭利学校接受教育。但是，唯有采取措施去掌控更大范围的社会关注，公司的商业模式才能成功。不像埃克森－美孚石油公司，它当年故意想让北极的冰雪融化，谷歌的目标不再是这个，但这确实是他们目前的商业模式带来的不可避免的后果。

当特里斯坦对这些负面影响有所警告时，公司内部的大多数人都表示同情，也表示同意。可一旦他提出替代方案，人们却改变了话题。请你了解一下所涉及的金钱的情况吧：谷歌公司的创始人之一拉里·佩奇（Larry Page）的个人财富为613亿美元，他的同事谢尔盖·布林（Sergey Brin）身家达591亿美元，他们的同事埃里克·史密特（Eric Schmidt）的财产为155亿美元。而这些与谷歌作为一家公司的财富是分开的。当我写下这些时，这笔公司财富已达到1万亿美元。仅这三个人的身价，就与石油资源丰富的国家科威特的所有个人财富、建筑物和银行账户的总价值大致相同，而单单谷歌一个公司的价值就相当于整个墨西哥或印度尼西亚的全部财富。让他们少去分散人们的注意力，就像在告诉石油公司不要去钻石油一样，他们不会想听这个的。特里斯坦意识到"你们甚至并没有真正从伦理角度去决定"改善人们的注意力范围，"因为，是你的商业模式和动机在为你做决定"。几年后，在美国参议院作证时，他解释说："我之所以败下阵来，是因为这些公司（目前）并没有真正想改变的动机。"

特里斯坦在伦理专家的位子上工作了两年，正如他后来告诉听众时所说的那样，直到最后："我感到丧失了希望。确实，在我上班的某些时候，我会整天阅读维基百科，检查我的电子邮件，况且我也不知道，即使看到了像注意力经济这样的庞然大物以及它不正当激励的一面，这个庞大的系统到底要如何改变。对此我真的感到绝望。我感到很沮丧。"他离开了谷歌公司进入硅谷，他对我所说："硅谷的一切也是围绕如何引起人们的关注进行着竞争。"在特里斯坦一生中那段孤独的时光里，他打算与另一个感到沮丧和迷失的人合作，这个人正愧疚于自己对你、我以及我们认识的每个人所做的事情。

**

你可能从没听说过阿扎·拉斯金（Aza Raskin），但他已经直接干预了你的生活，而事实上也正在影响你如今利用时间的方式。阿扎在硅谷长大，那里的人们最大的信念就是：硅谷正在让世界变得更美好。他的父亲杰夫·拉斯金（Jef Raskin），是为史蒂夫·乔布斯的苹果电脑开发了 Macintosh 操作系统的人，此系统的构建只基于一个核心原则，即用户的注意力是神圣的。杰夫认为，技术要做的工作是提升人们，使他们有可能实现更高的目标。他教育儿子："技术是干什么用的？我们为什么要构建技术呢？就因为它能发挥出我们身上最具人性的部分，并使它们得以扩展。它就是一支画笔的本质，一把大提琴的本质，也是语言的本质。它们都是用以扩展我们自身的一部分的技术。技术的目的不是要将我们成为超人，而是让我们成为非凡的人。"

**

阿扎成了一位早熟的年轻编码员，在10岁的时候，他就做了第一个关于用户界面的演讲。到他20多岁的时候，他已经在为最早期的互联网做一些设计浏览器的前沿工作，他也是火狐（Firefox）浏览器的创意领队。作为工作的一部分，他设计了一些明显改变网络运行方式的东西。这就是"无限滚动"。年纪大点的读者可能会记得，在过去，互联网是被分页的，当你读到一页的底部时，你必须单击一个按钮才能转到下一页。这是一个主动的选择，它让你有片刻的时间来思考：我是否要继续看下去？阿扎设计的代码意味着你无须再问自己这个问题了。比如，当你打开脸书，它会下载大量的状态更新供你阅读。你如果想按着鼠标向下滚动，只需轻弹手指即可。到达页面底部时，它将自动加载另一内容块供你滑动阅读。当你再次到达最底端时，它也会再自动下载另一个内容块，然后一个，又一个，一直这么继续下去。你永远不会有看完的时候。它将无限滚动下去。

那时，阿扎为自己的设计感到骄傲。他告诉我："刚开始它看起来确实是一个非常好的发明。"那时，他相信，自己正在使每个人的生活变得更加轻松。他曾被告知，只要能提高访问速度和效率，都算是进步。他的发明在互联网上迅速传播。今天，所有社交媒体，还有许多其他的网站都在使用无限滚动版本。但随后，阿扎看到周围的人们发生了变化。

他们似乎无法从自己的设备上脱身了，都在一遍又一遍地滑动着、查看着，而这在一定程度上要归因于他所设计的代码。他发现，自己也在无限循环地滚动着屏幕，后来，他意识到那些其实是垃圾内容，于是，他很疑惑自己是否充分利用好了自己的生活。

后来，在他 32 岁时的某一天，阿扎坐下来，做了一番计算。按照保守的计算，无限滚动功能使你在推特这类网站上花费的时间多了 50%。（阿扎相信，对许多人而言，这一数字还要大得多。）基于这个还算保守的比例，阿扎想知道，如果数十亿人在一系列社交媒体网站上多花费了 50% 以上的时间，这事实上意味着什么。完成计算后，他盯着这个总和。作为他的发明的直接结果，这个总和相当于每天有超过 20 万人，把从出生到死亡的每一刻都交给了屏幕，而这些时间本来是可以用在其他一些活动上的。

在他向我描述这件事时，听起来仍然带着些震惊。那些时间"完全消失了，就像他们的一生一样，嗖的一下就过去了。这些时间本来可以用于解决气候变化、与家人共度、加强社交纽带，本可以用在任何使他们生活得很好的地方，只是……"他说不下去了。我想起了我年轻的教子亚当和他的那些少年朋友们，他们都在滚动着屏幕，滚动，不停歇地滚动着。

阿扎告诉我，他感到自己"有点脏"。他意识到，"我们所做的事情确实是能改变世界的。但问题是我们以什么样的方式改变了世界呢？"他觉得自己当初所想的是：使技术变得易于使用就意味着世界会变得更好。但是，他现在开始认为，"作为设计师或技术专家，我从中学习到的最多的就是让某件东西易于使用并不意味着它对人类有益。"他想到了自己的父亲，以及他关于发展技术以使人们活得自由的承诺。父亲已去世，他怀疑自己是否真的在实现父亲的理想。他开始问自己，也问硅谷的同辈人：事实上，我们是否正在"构建让我们痛苦、撕裂甚至毁灭我们的技术"？

后来，他继续在无休止滚动的屏幕上设计着更多的东西，却感到越来越不舒服。他对我说："是时候去做些可以让我们真正成功而又不会感到难受的事情了。"他感到，随着社交媒体使用率的提高，人们变得越来越无情、愤怒、充满敌意。其时，他正在运行一个由他设计的名为"后社交时代"（Post-social）的应用程序，这是一个社交媒体网站，旨在帮助人们在现实世界中进行更多的互动，远离电子设备。他正在尝试为下一阶段的开发筹集资金，而所有投资者想了解的是：你能吸引多少人的注意力？你的应用程序能带来多少流量？使用频率会有多高？具体地说，一天会用几次呢？阿扎并不想成为那样的人：一个只考虑如何浪费人们时间的人。但是，"你会看到这种引力，它在将这个产品拉回到我们试图与之抗衡的每件事情上"。

深层系统的运行逻辑已经赤裸裸地展现在阿扎面前。硅谷自我推销的宣言是："我们有一个宏伟的目标，那就是：

连接世界上的每个人，或者随便什么东西。但是，在现实中，你所做的日常工作，要围绕增加用户数量。"也就是说，你要兜售的是你吸引和保有（用户）注意力的能力。当阿扎试图与人讨论这点时，他遭到了简单粗暴的拒绝。他解释给我听："假设你正在烤面包，你烤出了令人难以置信的好吃的面包，而且在里面使用了一种秘密成分。突然之间，你开始为世界制作免费的面包了，每个人都在享用它。后来，你的某位科学家走过来告诉你：其实呢，我们认为你使用的这种秘密物质是致癌的。这时你会怎么做呢？几乎可以肯定地说，你的反应会是：这不可能，我们需要对此做更多的研究才行。也许是其他人做的另外的事情导致了癌症呢，也许还存在其他因素。"

在整个行业中，阿扎持续地遇到经历着类似危机的人们。他说："我亲眼见证了很多灵魂在暗夜里的挣扎。"他看到，硅谷的居民似乎也在被他们自己的创造所劫持，然后试图逃脱。当我遇到其中几位技术异议人士时，令我震惊的是，他们都如此年轻。他们就像是那些发明了玩具，然后看着自己的玩具征服了世界的孩子。每个人都在努力做冥想，借以抵制他们所发明的程序。阿扎意识到，"具有讽刺意味的是，脸书和谷歌举办了许多关于正念的工作坊，而且令人难以置信地受欢迎，其目的就是创造出一个精神空间，以使员工们不带个人反应地去做决策。他们也是当今世界上最大一群非正念的始作俑者。"

**

当特里斯坦和阿扎开始大声疾呼时，他们被嘲笑为歇斯底里的人。但是，随后，在硅谷各地，那些建构我们现在生活的世界的人们，开始一个个地公开宣布，他们也有类似的感受。例如，脸书最早的投资者之一肖恩·帕克（Sean Parker）告诉听众，网站的创建者们从一开始问自己的问题正是："我们怎样才能尽可能多地利用用户的时间，以及他们有意识的注意力呢？"他们使用的技术"正是像我这样的黑客才会想出的那种，因为，我们正是在利用人类心理中的脆弱性……而那些发明者、创造者就是我，就是脸书的马克（扎克伯格），就是照片墙的凯文·希斯特罗姆（Kevin Systrom），就是这些人，我们很清楚地了解这一点。但我们依然这么做了。"他补充说："只有上帝知道这些（技术）都对孩子们的大脑做了什么。"他的前同事查马斯·帕利哈皮提亚（Chamas Palihapitia）曾是脸书的业务增长部副总裁，他在一次演讲中解释说，这种影响是如此消极，以至于他自己的孩子都"不被允许使用这种烂东西"。雀巢（Nest）公司的创立者托尼·法德尔（Tony Fadell）说："我经常在一身冷汗中醒来，我会想，我们到底给人们带来了什么？"他担心自己是否辅助制造了"一枚核炸弹"，它可以"先摧毁人们的大脑，再对其重新编程"。

许多硅谷内部人士预测，情况只会变得更糟。其中最著名的投资者之一保罗·格雷厄姆（Paul Graham）写道："除非对产生这些进步的技术程序标准进行特别立法，使之不同于一般的技术发展标准，并加强约束，否则，在未来的40年里，整个世界对此的上瘾程度将超过过去的40年。"

有一天，我采访过的前谷歌工程师詹姆斯·威廉姆斯，在向数百名优秀的技术设计师们演说时提出了一个简单的问题："你们中有多少人想要生活在自己所设计的世界里？"房间里一片寂静。人们环顾四周，没有一个人举手。

7

原因之六
高科技操控（二）

特里斯坦曾告诉我，如果你想了解有关当前的技术运作方式以及它为何会削弱我们注意力的更深层的问题，可以从一个看起来颇为简单的问题开始。

想象一下，你正在访问纽约，想知道有哪些朋友也在这个城市里，以便你可以约他们一起出去玩。于是，你求助于脸书。该网站会提醒你很多事情，例如：某个朋友的生日；一张被你标注过的照片；一次恐怖袭击等，但它不会提醒你想在现实世界中碰面的某个人在哪里。没有按钮可以显示："我想见面，有谁正好在附近也有空闲吗？"但是，在技术上实现这个并不那么困难。对于脸书来说，做这样的设计真的很容易。比如，当你打开脸书时，它可以告诉你哪个朋友在附近，哪个朋友本周想一起喝一杯或共进晚餐等。写这样的代码很简单，特里斯坦和阿扎及其同事可能一天之内就能编写出来。它也会非常受欢迎的。问一下任何一位脸书用户：你是否希望脸书能让你在现实中与朋友更多地连接，而不是无休止地去滚动屏幕？

其实，调整这点很容易，也会大受欢迎。为什么没这么做呢？市场为什么不提供这些呢？特里斯坦和他的同事向我解释说，要了解有关原因，你需要退后一步，对脸书和其他社交媒体公司的商业模式做进一步的了解。你将会看到我们面临的许多问题的根源。

当你在屏幕上盯着脸书的网站时，你多盯一秒钟，脸书就会赚更多的钱。你从屏幕下线，脸书将不会再赚你的钱。他们是以两种方式赚钱的。在我开始花时间去硅谷调研之前，我天真地只想到了第一个也是最显而易见的那种方式。显然，正如我在上一章中所写的那样，你浏览他们网站的时间越长，看到的广告也越多。刊登广告者向脸书付费以吸引你和你的眼球。但是，还有另一个更微妙的原因，使得脸书希望你一直滚动屏幕，尽最大可能不希望你下线。我第一次听到这个原因时，有点嗤之以鼻，因为这听起来很牵强。但是后来，当我继续与在旧金山和帕洛阿尔托的人们交谈，且对此表示怀疑时，他们都看着我，好像我是来自 19 世纪 50 年代的某个女孩子的姨妈，我的反应就像她第一次听到性行为的细节时一样。他们问：那你认为它是如何运作的呢？

每次，你在脸书、快拍或推特上发送消息或更新状态，以及在谷歌上你敲打的一切内容都会被扫描、排序并存储起来。这些公司正在建立你的个人资料档案，然后出售给想要瞄准你的广告客户。比如，如果你从 2014 年开始就使用 Gmail，谷歌会扫描你所有的私人信件，为你生成一份"广告文本"。假如你在发给母亲的电子邮件中告诉她你需要购买尿布，那么，Gmail 就知道你有一个孩子，然后，它就知道要将针对婴儿产品的广告定位给你。如果你使用了"关节炎"一词，它将向你出售治疗关节炎的药物。特里斯坦在斯坦福大学的最后一堂课中预言的进程正在启动。

**

阿扎说，我应该想象一下在脸书以及谷歌的服务器内部，有一个小巫毒娃娃，（它）就是以你为模型的。一开始看起来不太像你，有点像一个适合所有人的通用模型。但随后，他们收集了你的点击轨迹（即你点击的所有内容），从头到脚的所有细节（也就是你所搜索的所有内容），在线生活的每个细节。他们会重新整理你认为并没什么真正意义的所有元数据，从而使这个人看起来越来越像你。（接着）当你出现在（例如）优视上时，他们就在唤醒那个娃娃，并且针对这个娃娃测试数十万个视频，看看是什么使它的手臂抽搐和移动的，他们知道这些对你很有效，接着就提供给你这个。这一幕看起来太可怕了，我无法继续听下去。阿扎还在说着："顺便说一句，他们已为地球上每四个人中的一个人准备了一个这样的娃娃。"

目前，有些巫毒娃娃还比较粗糙，但有的已惊人地具象化了。我们都曾在线搜索某些内容。我最近尝试过网购一辆健身车，一个月后，我仍然无休止地在被谷歌和脸书投送健身车广告，逼得我直想对它们大喊"我已经买过了！"但是，这些系统每年还在变得越来越先进。阿扎告诉我："它们在变得越来越好，所以，每当我做一个演讲时，我都会问观众，他们中有多少人认为脸书在听他们的谈话呢，因为有些广告投放得实在是太准确了。在我演讲的前一天，他们还从未向朋友提过这事（他们只是碰巧在离线状态下谈论过）。现在，举手的观众占了听众人数的一半至三分之二。真相令人毛骨悚然。这并不是他们在听到你说什么时就对你提供有针对性的广告服务了。事实是，他们关于你的模型如此精确，以至他们做出了让你感觉非常魔性的关于你的那些预测。"

阿扎向我解释，科技公司免费提供某些东西，目的都是为了改进那个巫毒玩偶。为什么谷歌地图是免费的呢？因为只有这样，那个巫毒娃娃才能有你每天去哪儿的详细信息。为什么亚马逊音箱（Amazon Echo）和谷歌智能家居中心（Google Home Hubs）的价格便宜到了 30 美元，甚至远低于其制造成本呢？因为这样他们就可以收集更多信息。因此，巫毒娃娃不仅包含了你在屏幕上搜索的内容，还可以包含你在家里提到的内容。

这就是那套让我们花费了生命中很多时间的商业模型，构建和维持那些网页的目的也就在这里。杰出的哈佛大学教授肖珊娜·祖巴夫（Shashana Zubav）女士发明了一个用于描述该系统的术语"监视型资本主义"。她做的工作使我们有可能了解现在正在发生的许多事情。当然，一百多年来，广告和营销的形式日趋复杂，但现在的形式达到了一个量子级的飞跃。一张广告牌不可能知道你上周四凌晨三点在谷歌上都搜索了什么。杂志广告无法知道你曾在脸书和电子邮件中对朋友说过的详细内容。阿扎对我说："想象一下，如果我能在你下国际象棋之前就预测出你要移动的每一步，那我要控制你就是轻而易举的。这就是目前正发生在我们人类身上的事情。"有时，他们的几个具体做法已被法律禁止。例如，2017 年欧盟就阻止了某些互联网跟踪用户的方式——他们无法再在该地区扫描您的 Gmail——但是有更广泛的侵入型机器开始运转。

**

特里斯坦说："如果人们使用脸书只是想能快速登录，通过它当晚就能找到朋友，约在一起做些了不起的事情，然后再快速下线，那这会对脸书的股价产生怎样的影响呢？今天，人们在脸书上平均每天花费大约 50 分钟的时间，但是，如果脸书采取以上所说的这种方式，人们每天花费的上网时间几乎只需要几分钟了，而且还会更加满意。"如此一来，脸书等公司的股价就会崩溃。对他们来说，那将是一场灾难。这就是为什么这些站点被设计为最大限度地去分散人们注意力的原因。他们需要分散我们的注意力，只有这样他们才能赚更多的钱。

他从内部了解到了这些商业激励措施在实践中是如何工作的。"想象一下吧，"他对我说，"如果有一个工程师提出了一项调整措施提高人们的注意力，或者，能够使人们度过更多的与朋友在一起的时间，接着发生的事情就是，员工们在两周到四周后醒来，看到自己的工作报告表上会有一些针对指标的评估。"（他们的经理）会说："嘿，为什么大约三周前这些（人们花在网站上的时间）减少了？哦，可能是因为我们添加了这些功能。那让我们恢复其中一些功能吧，让我们弄清楚怎样才能重新达到原来的数字。"这并非阴谋论，更非肯德基要你吃炸鸡那样的阴谋论。这仅仅是采用激励机制达成的显而易见的结果，而且，我们一直还在继续允许它这么做。特里斯坦说："他们所采取的商业模式，是想增加你盯着屏幕的时间，而不是改善你的生活。"

**

多年来，我一直将注意力的下降归咎于智能手机，归咎于它本身作为一项技术的存在。我认识的大多数人也都这么认为。我们告诉自己说：手机被发明出来了，就是它蹂躏了我。我曾相信，任何智能手机都这样。但是，特里斯坦揭示的事实却更为复杂。可以肯定的是，随着智能手机的到来，它总会在一定程度上增加我们生活中的分心程度。但是，对我们注意力范围造成很大损害的，却来自一些更微妙的东西。它与智能手机本身无关，而是人们设计智能手机的应用程序和电脑网站的方式。

特里斯坦告诉我，我们拥有的手机，连同这些手机上运行的程序，都是由世界上最聪明的人设计出来的，目的就是最大限度地吸引和抓住我们的注意力。他希望我们了解，这种设计并非不可避免。我觉得自己有必要对此做认真的思考，因为，我从他那里学到的所有事情中，这似乎是最重要的。

现在，影响我们注意力的技术，过去是，现在也仍然是一种选择，不仅硅谷做了这个选择，允许这些公司这样做的更广泛的社会也做了这个选择。其实，人类本应该做出不同的选择，也还可以做出不同的选择。特里斯坦告诉我，我们本可以依然拥有目前的每一项技术，但却无须将其设计成最大限度地分散人们的注意力。实际上，我们本可以按照相反的目的进行设计：最大限度地尊重人们对注意力持续性的需求，并尽可能少地干扰它。你可以将该技术设计为：不使人们脱离自己更深远和更有意义的目标，而是要帮助他们实现这些目标。

这让我很震惊。这不仅和手机有关，更与目前设计手机的方式有关。这也不仅仅只与互联网有关，更与互联网目前被设计的方式有关，此外，还与对设计互联网人们的激励机制有关。你可以保留手机和笔记本电脑，也可以保留社交媒体账户，如果它们能根据不同的激励机制而设计，你是可以拥有更好的注意力的。

特里斯坦相信，一旦我们以这种不同的方式看待它，就打开了一条截然不同的前进道路，也能够开始摆脱危机。如果手机和互联网的存在是导致此问题的唯一原因，我们就会陷入困境并麻烦深重，因为，作为一个社会，我们是不可能放弃这些技术的。但是，如果那么多问题是目前的手机、互联网的设计，以及运作它们的网站造成的，而且它们本可以采用不同的工作方式，这就把我们所有人推到一个很不一样的位置上了。

一旦你这样调整视角，再将其视为是一场赞成还是反对技术的辩论就变得虚伪了。真正的辩论应该是：什么样的技术，为了什么目的，为谁的利益而被设计出来的？

**

但是，当听到特里斯坦和阿扎说，设计这些网站的目的是尽可能分散人们的注意力时，我仍然不太了解这是怎么做到的。这听起来沉甸甸的。为了对此有所了解，我必须首先学习一些令人尴尬的基础知识。当你打开脸书网页时，你会看到一连串可供你查看的内容：你在线的朋友们、他们的照片，还有一些新闻故事。我在 2008 年首次注册为脸书用户，当时我曾天真地认为，上面的内容只是简单地按照朋友们发布的顺序出现的。比如，我看到我朋友罗伯特的照片，是因为他刚上载了照片；随后我看到了我阿姨的状态更新，是因为她在罗伯特之后才发布的。或者，我以为这些也许是随机选择出来的。通过这些年来的了解，以及被告知的越来越多，我知道了，实际上我所看到的内容是根据一种算法为我选择的。

当脸书（以及其他网络公司）决定推送给你要看的新闻内容时，其实是有成千上万件事情可以向你展示的。因此，他们编写了一段代码来自动决定你会看到什么。有各种各样的算法可供他们使用。比如，有些可以决定你应该看到什么，有些决定应该按什么样的顺序让你看到信息，也可以用一种展示给你的内容能让你感到快乐的算法。当然，也就会有一种展示给你的内容能让你感到悲伤的算法。他们还可以使用一种算法，可以展示给你那些朋友们谈论最多的话题。这个算法清单是很长的。

实际上，他们使用的算法一直在变化着，但是，它有一个恒定的、关键的驱动原理：向你显示的内容要能让你一直盯着屏幕不动。仅此而已。请记住：你看的时间越长，他们赚的钱就越多。因此，该算法始终着眼于去弄清楚什么样的内容会让你一直盯着屏幕不动，然后，它就不断注入更多这样的内容来阻止你放下手机。它的设计旨在分散注意力。但是，特里斯坦了解到，这却意外地、超出人们预想地导致了一些另外的变化，它们后来被证明是很令人难以置信的后果。

**

想象一下，有两条脸书的推文，其中一个的状态更新、新闻、视频都使你感到镇定和快乐。另一个也有很多的更新、新闻和视频，但它却使你感到生气和愤怒。该算法会选择哪一个呢？它在要让你保持镇定还是生气的问题上是中立的。因为这不是它要关心的。它只关心一件事：你会继续滚动屏幕吗？不幸的是，人类有一个不可理喻的特点。平均而言，我们盯着负面的、令人发指的事情的时间，比盯着正面、令人平静的事物的时间要长得多。你在路边盯着车祸现场所看的时间，会比盯着献花的人看的时间长，即使相对于被车祸撞成碎片的尸体，鲜花能给你带来更多的快乐。长期以来，科学家们在不同情况下证明了这种效应：如果让你看一张有很多人的照片，里面有些人高兴，有些人生气，你会本能地先挑出生气的面孔。甚至十周大的婴儿对生气的脸也各有不同的反应。多年来，这在心理学上已经得到证明，这就是所说的人类的"消极偏见"（Negativity Bias，即对负面信息的偏好）。

越来越多的证据表明，人类这种天性中的怪癖对上网有着巨大的影响。在优视上，如果你的视频想被算法挑出来，应该在视频标题中加上哪些词呢？根据观察优视趋势的最佳网站所得出的，它们是"仇恨、消除、猛击、毁灭"之类的词。纽约大学做的一项重要研究发现，你在推文中每加上一个含有道德性愤慨的词，其转发率平均将提高 20%，而用于增加你的推文转发率最多的词是"攻击""坏"和"责备"。皮尤研究中心的一项研究发现，如果在你的脸书帖子中充斥"令人愤慨的意见分歧"，它被喜欢和分享的量就会增加一倍。

因此，那种经过优选、使你一直黏在屏幕上的算法也将无意中，但却又不可避免地优先激怒你，使你愤怒。越容易令人感到被激怒，它就越吸引人。

当足够多的人花费足够多的时间在被激怒上，我们的文化就会开始被改变。正如特里斯坦告诉我的，它"将仇恨变成了一种习惯"。你可以看到，这种现象已经在我们的社会深入骨髓。我十几岁的时候，在英国发生了一项可怕的罪行，两个十岁的孩子谋杀了一个名叫杰米·布尔格的小孩。当时的保守党首相约翰·梅杰（John Major）公开回应说：我们需要"多一些谴责，少一些理解"。我记得，当时 14 岁的我认为，这么做肯定是错误的。我们最好去尝试理解人们做这些事情，甚至是做那些令人发指的事情背后的原因。但是，在今天，这种态度，即更多地去谴责，更少地去理解，已经成为几乎每个人（从右派到左派）的默认反应，就像现在，我们用生命跟着各种算法的调子去跳舞，而这样做只是在奖励愤怒，惩罚善良。

**

2015 年，作为伊利诺伊大学一个研究团队的一员，一位名为莫塔海尔·伊斯拉米（Motaher Islam）的研究人员抽取了一组脸书用户，向他们解释了脸书算法的工作原理，并向他们交代这些算法是如何选择他们所看到的内容的。他发现，其中 62% 的人根本不知道自己的推文已被过滤，对该算法的存在也感到很惊讶。参加这个研究的另一个人将这一刻与电影《黑客帝国》中的那一刻进行了比较，彼时，该电影的主要角色尼奥发现，他是生活在一个计算机的模拟世界中的。

自 2018 年开始写这本书以来，我对这些问题的了悟迅速增加，这尤其要归功于特里斯坦的工作。但是，当我给亲戚们打了几个电话，问他们是否知道算法是什么时，他们中没有一个人（包括青少年）说知道有这个。我也问了邻居们，他们都茫然地看着我。我们以为大多数人都知道这一点，但事实并非如此。甚至，即使你了解了所有，这些也根本无法保护到你。

＊＊

拼合起所了解到的证据，我可以看到，我采访过的人们已经向我提供了证据，说明这种机制是以六种不同的方式运行的，而它们（目前正在运行着）正在损害着我们的注意力（我将在第八章中提到对这些论点提出异议的科学家们。当你阅读这些内容时，请记住：对其中一些还存在着争议）。

第一，是渴望获得奖励的效应。这些网站和应用程序都在训练我们的大脑，使它渴望获得频繁的回报。它们使我们渴望获得点赞和喜欢。当我在普罗温斯敦被剥夺了这些时，我曾感到迷茫，不得不经历长时间的戒断。一旦你被设置在对强化的需要中，就像特里斯坦告诉一位采访者的："你就很难与现实的、物质的、那个已建构起来的世界相处了，因为它无法做到像那些程序那样，频繁和迅速地向你提供奖励。"相对于以前从未使用过该系统的时候，这种渴望将使你更频繁地拿起手机。你将中断自己的工作和人际关系，转而寻求那些甜蜜复甜蜜的转贴。

第二，是一种"比平时切换更频繁"的效应。这种渴望，使你比平常更加频繁地切换任务：一会拿起手机，一会点击笔记本电脑上的脸书。你这样做时，就像我在第一章中讨论的那样，就会立即产生因切换而造成的注意力成本。有证据表明，它对你思维质量的影响，与你喝醉酒或被石头砸中时一样糟糕。

第三，是压榨效应。这些站点以非常特定的方式了解，什么内容会驱使你去点击鼠标，包括它们了解你喜欢看什么，哪些使你兴奋、使你生气，哪些能激怒你。它们会了解你的个人触发因素，具体来说，就是什么会分散你的注意力。就像特里斯坦告诉我的，这意味着它们可以"钻探"你的注意力。一旦你尝试放下手机，这些网站就会向你灌注那些它从你过去的行为中了解到的你喜欢的内容，从而使你一直滚动屏幕。以往的那些技术，例如印刷文本或电视，是无法以这种方式定位你的。社交媒体确切地知道，该在哪里进行下钻，它也学习到哪些是让你最容易分心的点，然后，将它们作为标靶。

第四，是愤怒效应。基于算法的工作方式，这些站点往往会让你感到气愤。事实证明，愤怒会破坏你的注意力。多年来，科学家已经在实验中证明了这一点。他们发现，如果我让你生气，就能减少你对争论质量的关注，你会表现出"深度处理能力的下降"，也就是说，你将以较肤浅、较不专心的方式进行思考。我们都曾有过这种感觉：当你开始大发脾气时，你正常聆听的能力就消失了。这些网站的商业模式每天都在加剧着我们的愤怒。还记得他们使用的算法所提倡的单词吗？攻击、糟糕、责备。

第五，警觉效应。除了使你感到生气之外，这些网站还使你感到自己被其他人的愤怒所包围，而这会引发你一种不同的心理反应。正如加州卫生局局长纳丁·哈里斯（Nadine Harris）博士（你将在本书中稍后看到他）向我解释的：想象一下，有一天你被熊袭击了。从此，你将不再关注那些普通的小顾虑。比如：今晚要吃什么；如何支付租金等。你变得警觉了。你的注意力转向了扫描周围的意外危险上。在此后的几天和数周内，你会发现自己很难专注于更多的日常事务。这种警觉不仅仅局限在熊身上。这些网站所做的，就是使你感到自己处在充满愤怒和敌意的环境中，这样，你会变得更加警觉，你的注意力会更多地转向探寻危险，而将越来越少的注意力用在需要慢慢去聚焦的事情上，例如，和孩子一起读书或玩耍。

第六，将社会设定在着火状态的效应。这是伤害我们注意力的最复杂的形式，它分为几个阶段。我认为这可能是最有害的。让我们慢慢来梳理。

**

我们不仅仅作为个人在付出注意力，社会也在一起付出着关注。20世纪70年代，有科学家发现，人们使用的发胶中含有一组名为氟氯化碳（CFC）的化学物质。这些化学物质进入大气层，产生了意想不到的灾难性后果：它们破坏了臭氧层，而臭氧层是大气层的重要组成部分，它能保护我们免受阳光的辐射。科学家们警告说，长久来看，这种化学物质可能会对地球上的生命构成严重威胁。人们吸收了这些信息，也看到这种情况真的在发生。然后，由公民组成的维权组织成立了，要求对这种发胶加以取缔。这些活动家劝告同胞，这事很紧急，后来又将其变成一个重大的政治问题。这样就给政客们施加了压力，一直持续到这些政客完全禁止使用氟氯化碳为止。在人类的每一个阶段，要避免带给我们的风险，都需要我们作为一个社会整体付出关注：吸收科学观念；将之与虚假信息区别开来；团结起来一致要求采取行动；向政客们施加压力，直到他们采取行动为止。

有证据表明，这些网站现在正严重损害着我们作为一个社会团结起来去识别问题和寻找解决方案的能力。它们不仅在浪费你个人的注意力，而且在浪费我们集体的注意力。目前，虚假的主张在社交媒体上的传播速度远远超过了真相，这是因为，算法使愤怒的材料传播得越来越快了。麻省理工学院的一项研究发现，假新闻在推特上的传播速度比真实的新闻快六倍。在 2016 年美国总统大选期间，脸书的虚假报道量超过了 19 个主流新闻网站头条新闻的总和。我们一直在被算法左右去注意那些子虚乌有、与事实不符的事情！如果臭氧层受到威胁的事发生在今天，科学家们对此发出的警告会被偏执的病毒故事的声浪掩盖下去，这些故事声称这种威胁都是乔治·索罗斯（George Soros）发明的，或者根本没有臭氧层之类的东西，甚至会说这些臭氧层空洞其实是由犹太人的太空激光器捅出来的。

如果我们迷失在谎言中，并不断被激怒到对自己的同胞生气，这将引发连锁反应。这意味着，我们无法理解到底发生了什么。于是，我们将无法解决需要集体一起面对的挑战。这也意味着，我们面临的更广泛的问题将变得愈加严重。其结果就是：人类社会不仅仅感知到更多的危险，实际上也会变得更加危险，事情将开始崩溃。而当实际危险来临的时候，我们将变得越来越戒惧。

**

有一天，当一位名叫纪尧姆·沙洛（Guillaume Sallow）的人与特里斯坦接触时，他给特里斯坦展示了这种动态是如何运作的。纪尧姆·沙洛是一名工程师，负责设计和管理算法，该算法可以在你观看优视视频时为你挑选和推荐视频。他想向特里斯坦拆解其中的秘密。就像脸书一样，你观看优视视频的时间越长，它赚的钱就越多。这就是为什么他们会如此设计：当你停止观看一个视频时，它会自动为你推荐并播放另一个视频。这些视频是如何选择出来的呢？ 优视还有一种算法：如果你观看的是那些令人发指、令人震惊和非常极端的内容，你会继续观看更长的时间。掌握了优视拥有的所有保密数据，纪尧姆见证了它是如何工作的，他也看到了，这实际上意味着什么。

如果你观看过一帧大屠杀的真实视频，它会推荐另外几个视频给你，每个视频的内容都会越来越极端，在每五个左右的视频链接中，它通常会在最后自动播放一个否认发生大屠杀的视频。如果你观看了有关"9·11"的普通视频，它通常会以类似的方式推荐"9·11"真相讲述者的视频。这不是因为该算法（或优视公司的任何人）都是大屠杀否认者或"9·11"真相讲述者，它只是选择最能使人震惊、使人们观看更长时间的内容。特里斯坦着手审视这点，得出的结论是："无论你从哪里开始，最终都会接触到更加疯狂的内容。"

优视曾推荐过阿莱克斯·琼斯的视频及其网站 Infowars，次数高达 150 亿次。那个人是一个恶毒的阴谋论者，他声称桑迪胡克大屠杀是伪造的，那些悲伤的父母是撒谎者，因为他们的孩子根本就不存在。结果，其中一些父母被死亡威胁纠缠，不得不逃离家园。特里斯坦说："让我们比较一下吧，《纽约时报》《华盛顿邮报》和《卫报》的总流量是多少？所有这些加在一起的观看次数也远远达不到 150 亿次。"

年轻人日复一日地吸收着这些污物。在他们放下手机时，那些愤怒的情绪会消失吗？有证据表明，对于很多人而言，他们是做不到的。曾有一项研究询问过白人民族主义者是如何变得激进的，被问到的大多数人会指出，互联网是其来源，其中优视是对他们影响最大的网站。另一项针对推特上的极右翼人士所做的研究发现，到目前为止，优视是他们最常访问的网站。"仅仅观看优视视频就能让人变得激进。"特里斯坦解释说。他向记者德卡·艾肯赫德（Deka Eikenhurd）解释说，优视这样的公司希望我们想的是"我们中间有一些坏苹果"，却不希望我们问："是否有那么一个系统，当你每天转动曲柄时，它都会泵出更多激进的东西？我们正在种植坏苹果。我们是一家生产坏苹果的工厂。我们就是一个产出坏苹果的农场。"

2018年，我看到了一个我们可能正在被带往的图景。当时，巴西正在进行总统大选，我去了那里，部分原因是我想见我的朋友拉乌尔·圣地亚哥（Raoul Santiago），他是一个了不起的年轻人，我在写作那部巴西版的关于毒品战争的书《追逐尖叫》时，认识了他。

拉乌尔在一个名叫阿拉迈聚居区的地方长大，它是里约最大最贫穷的贫民窟之一。它由巨大的锯齿状的混凝土、锡板和金属丝组成，一直延伸到远高于城市的山丘上，仿佛躲进了云层。至少有20万人居住那里，在那些狭窄的混凝土小巷中。那些小巷纵横交错，用临时电线供电。那里的人们在国家的有限支持下，一砖一瓦地建造了这整个世界。阿拉迈的小巷非常美丽，它们看起来像世界末日之后的意大利那不勒斯（Naples）。小时候，拉乌尔会和他最好的朋友法比奥在贫民窟高处放风筝，在那里，他们可以看到整个里约热内卢、大海和救世主基督雕像。

通常，当局会派坦克开进贫民窟。巴西当局对穷人的态度是采用定期的极端暴力威胁加以压制。拉乌尔和法比奥经常会在巷子里看到尸体。阿拉迈的每个人都知道警察会开枪打死可怜的孩子们，有时还称他们是贩毒者，并在他们身上放上毒品或枪支加以佐证。实际上，警察有谋杀穷人的执照，每个人都知道这点。

法比奥看起来是一个最有可能摆脱这些境遇的孩子。他擅长数学，决心为他的母亲和残疾姐姐筹集资金。他很有做生意的头脑，例如，他能说服当地的酒吧卖给他酒瓶，然后将其出售。但是，有一天，拉乌尔得知：他的朋友法比奥，像之前的许多孩子一样，被警察枪杀了。那年他15岁。

拉乌尔决定，他不能再仅仅看着自己的朋友被一个个枪杀了。慢慢地，他决定做些大胆的事情。他建立了一个名为"里托的爸爸们"的脸书页面，上面收集了来自巴西各地的警察枪杀无辜民众并在他们身上放上毒品或枪支的手机录像。这成了一件大事。连那些曾为警察辩护的人也开始看到民众真正的作为，然后起来反抗。这是一个鼓舞人心的故事，讲述的是互联网如何使那些无名之辈找到可以发声的地方，进行动员并做出反击的故事。

　　但是，在网络产生积极影响的同时，社交媒体算法也产生了相反的效果：它们在巴西给反民主势力增加了力量。有一位名叫杰尔·博尔索纳罗（Jer Borsonaro）的前军官，多年来一直是一位边缘人物，远在主流圈子之外的原因是他一直讲话很粗鲁卑鄙：他称赞巴西独裁时期曾对他人施虐的人；他告诉参议院的女同事，她们是如此丑陋，以至于自己都不会强奸她们，她们也不"值得"他这样做；他说，他宁愿有一个死了的儿子，也不愿有一个同性恋的儿子，等等。但是后来，优视和脸书成了巴西人获得新闻的主要方式之一。他们的算法优选了他那些令人愤怒的、毛骨悚然的内容，博尔索纳罗的影响急剧上升，他成了社交媒体明星。于是，他竞选总统，公开攻击像阿拉迈的居民那样的人，他说该国那些贫穷、肤黑的公民"甚至不适合繁殖"，应该"回到动物园去"。他承诺，将赋予警察更多权力，对贫民区发动更具侵略性的军事攻击，发给他们批量屠杀民众的许可证。

　　这是一个亟须解决重大问题的社会。但是，社交媒体的算法却在促销极右翼势力和疯狂的虚假信息。选举前夕，在像阿拉迈这样的贫民窟里，许多人对在网上流传的一个故事深感担忧。博尔索纳罗的支持者创建了一个视频，警告说，他的主要竞争对手费尔南多·哈达德（Fernando Haddad）希望将巴西所有的孩子都变成同性恋，并且，后者已研发出一种技术可以做到这一点。录像显示：婴儿正在吮吸一个奶瓶，奶瓶的奶嘴看起来像阴茎。传言说，这就是哈达德将分发给巴西每个幼儿园的东西。这成了整个选举中被扩散最多的新闻故事之一。贫民窟里的人们不无愤慨地说，他们不可能投票给那些想要让婴儿吮吸这些阴茎奶嘴的人，因此，他们不得不投票给博尔索纳罗。在这些由算法引起的荒谬事件中，整个国家的命运都转向了。

当博尔索纳罗意外地赢得总统职位时，他的支持者高呼"脸书！脸书！脸书！"，他们明白这是算法为他们所做的。当然，巴西社会还有许多其他因素在起作用，但这仅仅是博尔索纳罗兴高采烈的追随者最先挑选出来的一个。

不久之后，拉乌尔在阿拉迈的家中听到了像是爆炸的声音。他跑到外面，看到一架直升机在贫民窟上空边盘旋，边对着下面的人开火，这正是博尔索纳罗曾承诺要执行的那种暴力。拉乌尔尖叫着，让他的孩子躲起来，心中感到异常恐惧。稍后，当我在 Skype 上与拉乌尔交谈时，他的身体比我以前见过的任何时候都抖动得厉害。在我写这篇文章时，这种暴力还在越来越多地发生着。

当我想到拉乌尔时，我看到社交媒体和优视那些由愤怒驱动的算法是怎样深度损害人们的注意力和聚焦力的。这是一个连锁反应。这些网站损害了人们作为个人去关注事情的能力。随后，他们往人们的大脑里泵进很多怪诞的谬论，以至于无法再将那些真正威胁他们生存的内容（如专制的领导人保证要向他们射击）与不存在的威胁（他们的孩子如果吮吸涂有阴茎图案的奶瓶将成为同性恋）区别开来了。随着时间的流逝，这会改变文化。它会使一个国家迷失于愤怒和非现实，从而无法理解其存在的问题，也无法制订解决方案。这也意味着，所有的街道和天空实际上变得更加危险了，因此，你会变得非常警觉，而这会愈加摧毁你的注意力。

如果让这些继续下去，这幅图景就有可能变成我们所有人的未来。确实，仅仅出现在巴西的这种趋势就在影响着你和我的生活了。博尔索纳罗加剧了对亚马孙雨林这个地球之肺的破坏。如果这种情况持续更长的时间，它将使我们陷入更严重的气候灾难。

＊＊

当我有一天在旧金山与特里斯坦讨论以上这些问题时，他用手指穿过头发，对我说，这些算法"正在松动着社会的土壤……我们需要……一种社会结构，如果破坏了它的基础，我们不知道醒来后面对的会是什么"。

这种机制正在系统性地误导我们，在个人和社会两个层面上。前谷歌工程师詹姆斯·威廉姆斯对我说，想象一下："有一台GPS，它第一次工作还正常。但是下一次，它偏离了本来要去的地方好几条街。随后，它就会把你带到另一个城镇去。"这都是赞助GPS的广告商付费的结果。"这样的话，你将永远不再继续使用它了。"但是，社交媒体正是以这种方式工作的。我们有一个"想要到达的目的地，但在大多数情况下，它实际上并没有使我们到达该目的地，而是使我们偏离了轨道。如果它实际上做的不是在信息空间中导航，而是在物理空间中导航，我们永远不会再继续使用它了。因为从理论上讲，它是有缺陷的。"

**

特里斯坦和阿扎开始思考所有这些效果，如果把它们加在一起，就会发生一种"人类降级"现象。阿扎说："我认为我们正处在对自己实施逆向工程的过程中。（我们发现了一种）打开人类头骨的方法，找到了一根控制我们的绳子，然后开始拉动这个木偶绳子。一旦这样做，一个方向上的意外抽动就会使你的手臂进一步抽动，这就会使你的木偶绳子拉得更远……这就是我们现在进入的时代。"特里斯坦认为，我们所看到的是"人类在集体降级，而机器在升级"。我们正在变得越来越缺乏理性，越来越不聪明，越来越不能专注。

阿扎告诉我："想象一下吧，你本来将整个职业生涯都投入在对一项让你感觉很好的技术的期待上：它能使民主变得更加强大；它正在改变你的生活方式；你的朋友因为你所做的这些事情而珍视你。然而，突然之间，你反应过来：我一生都在努力的事情不仅没有意义，相反，它还正在撕碎着自己最心爱的东西。"

他说文学作品中充斥着这样的故事：人类在乐观的激情下创造出某些东西，继而又对其失去了控制。科学怪人弗兰克·斯泰因（Frank Stein）博士创造出一个怪物，就是为了让它逃脱出去行谋杀之事。当阿扎与他的那些朋友们、那些为世界上一些最著名的网站工作的工程师聊天时，他开始思考这些故事。他会问这些朋友们一些问题，例如，为什么他们的推荐引擎在一件事之后会推荐另一件事。他告诉我说："他们都说我们也不确定为什么会推荐那些东西。"这些人并没有说谎，他们已经设计出一种连他们自己也不能完全理解的技术。他经常对朋友们说："那不就是寓言中提到的那种时候吗？你一旦把它关掉，它就开始做你无法预测的事情。"

当特里斯坦在参议院为此作证时，他问道："如果我们缩短了注意力的长度，降低了识别复杂性和细微差别的能力，降准了我们共同的真理，将信仰降级为阴谋论思维，以致我们不再能构建共享的议程来解决我们的问题，那我们还如何解决世界上最紧迫的问题呢？正是在我们最需要感官能力的时候，它却遭到破坏。我之所以来到这里，是因为：这种感官能力每天都在因不当激励而变得更糟。"他后来对我说，他对这一点尤其感到担心，因为，作为一个物种，我们正面临着有史以来最大的挑战。事实就是，通过引发气候危机，我们正在破坏赖以生存的生态系统。如果我们不能集中注意力，我们还有什么希望去解决全球变暖问题呢？

因此，特里斯坦和阿扎越来越紧迫地提出这个问题：在实践中，我们如何改变这些毁坏我们注意力的机制呢？

8

原因之七

冷酷的乐观主义

当以色列裔美国科技设计师尼尔·艾亚尔（Nir Eyal）回想起某天他感觉事情不对劲的情景时，他对我说："那天下午，我和女儿待在一起，我们一起计划了这个美丽的下午。"当时，他们正在读一本父女共读的书，女儿翻到某一页，问他："如果你能拥有超能力，你会选择哪个呢？"尚在沉思时，尼尔收到了一条短信，他回忆说："然后，我就开始看手机，而不是投入地和她在一起。"当他抬起头来，女儿已经不在身边了。

一个人的童年应该由孩子与父母互相连接的美丽时刻组成。然而，如果你错过了，你就再也找不回它了。尼尔突然意识到："女儿从我的行为中得到的信息是，我手机上的内容比她更重要。"

对尼尔而言，这种事已不是第一次发生。"我意识到：噢，我真的需要重新考虑我分心的事。"像特里斯坦一样，尼尔也在斯坦福大学的"说服技术"实验室里向 B.J. 弗格学习过，后来，他与硅谷一些最有影响力的公司合作，帮他们找办法让用户"上钩"。现在，他看到这件事竟然发生在他的小女儿身上了。她会对尼尔大喊："现在是 iPad（平板电脑）时间！我要玩 iPad！"然后要求上网。尼尔意识到，他需要为女儿、为自己以及我们所有人想出一个解决该问题的策略。

**

他提供了一种应对这种危机的特殊方式，这与特里斯坦和阿扎开发的技术很不一样，后者是在更大的技术领域内提供给我们解决注意力问题的方式，而这些问题有些部分是由他们制造出来的。

在他脑海中有一个应对策略的设想。尼尔在很小的时候就体重严重超标。听他这么说，我感到很震惊，因为现在的他身材修长，皮肤是健美的小麦色。当年，他曾被送往减肥营，尝试各种饮食和排毒方法，试图戒除甜食和快餐食物，但都没能奏效。后来，他终于意识到："尽管我可以将问题都归咎于麦当劳，但那不是根本问题所在。我正在吃的是自己的感觉。我正在使用食物作为自己的应对机制。"他说，一旦他明白了这一点，就能"直面这个问题"了。他触摸到自己的焦虑和不快乐，与此相搏，慢慢地，身体开始变化。他说："当然，食物是起到了增重的作用，但这不是造成我的问题的根本原因。"他说，他已经学到了重要的一课："在我的生活中，我曾感到某种东西控制了我，最后，是我控制了它。"

尼尔由此相信，如果我们想克服"上钩"于应用程序和设备的过程，我们必须发展个人技能来抵抗我们所有人内心屈服于分心的这些部分。首先必须向内看，即为何我们想强迫性地使用它们。他说，像特里斯坦和阿扎这样的人"告诉了我这些公司有多糟糕。我说，好吧，但你自己尝试对此做了什么呢？对吧？你都做了些什么呢？往往是什么都没做吧"。他认为，个人的改变应该是"第一道防线"，并且"它必须始自内省，以及对自己的了解"。是的，他说，环境发生了变化："你（普通技术用户）并不生产苹果手机。这不是你的错。我从未说过这是你的错。我是说这是你的责任。这些东西不会消失的。它总会以这样或那样的形式存在。我们有什么选择呢？我们必须适应。这是我们唯一的选择。"

**

那么，我们该如何适应呢？我们可以做什么呢？他开始阅读社会科学文献，以寻找可以做出个人改变的证据。在他撰写的《不被分心》（*Indistractible*）一书中，他列出了自己认为的最好的答案。他相信，有一种特别的工具可以使我们摆脱这个问题。我们都有"内在的触发因素"，即生活中的某些时刻会推动我们屈服于某些不良习惯。尼尔意识到，对他来说，这就是"在写作的时候。这对我从来都不容易，总是很困难"。因此，当他坐在笔记本电脑前尝试书写时，他常常会感到无聊或沮丧。"当我写作时，所有坏事都会咕嘟嘟冒出来。"这些事一旦发生，就会触发他内心的某些东西。为了摆脱这些不舒服的感觉，他会告诉自己还有一件事可做，而且只需要很短的时间。"这个最简单的做法就是，让我快速地检查一下电子邮件吧。让我快点打开手机吧。"他说："我会想到每一个可以想象的借口。"他会强迫性地去查看新闻，告诉自己这是一个好公民应该做的。他会搜索一个他认为与写作有关的事实，两个小时后，他发现自己已困在一个兔子洞的底部，看着完全不相关的东西。

他告诉我："内部触发因素是一种令人不舒服的情绪状态……一切都与回避有关，都是围绕如何摆脱这种不舒服的状态而行动的。"他认为，我们所有人都需要不带评判地去探索自己的触发点，认真思考它们，并找到阻止的方法。于是，每当他感到那种刺痛、无聊或压力时，他会先确定发生了什么，然后拿起一包便利贴，在上面写下他想知道的内容，这样，在他完成了一段很流畅的书写之后，他再让自己使用谷歌搜索，但也仅限于这些。

**

这对他很管用。这件事告诉尼尔，"我们不应该受那些习惯的约束。它们是可以被停止的，它们可以随时被打断。我们可以改变自己的习惯，方法是：了解自己的内部触发因素，并在做某件事的冲动与该行为本身之间确定一个间隔"。他开发了一系列这样的技术。他认为，我们都应该尝试采用"十分钟规则"，比如当你有查看手机的冲动时，就先等待十分钟。他说，你应该"定时"，这意味着你应该制定一份详细的、每天去做的日程表，并坚持下去。他建议更改手机上的通知设置，以免手机应用程序全天候地打扰你，令你无法全神贯注。他说，你应该从手机中删除所有的应用程序，如果必须保留一些，那么应该提前计划你想花在这些应用程序上的时间。他还建议，取消电子邮件订阅，并且，如果可以的话，在电子邮件上设置"办公时间"，这样你就可以每天在这期间检查几次电子邮件，其余时间则不用理会它们。

罗列出这些对策后，他告诉我："我想让人们意识到，做到这些其实并不难。如果你知道该怎么做，处理分心就非常简单了。"他似乎为大部分人不这么做感到困惑："在拥有智能手机的人中，三分之二的人从未更改过他们的通知设置。这是为何呢？这并不是什么困难的事情呀。其实只需要做我说的这些事就行了。"他说，与其抨击科技公司，不如问问我们自己都做了些什么。他问我："为什么不回到开始的讨论呢？我们是否已想方设法去做了应该做的事情？我们是否可以先做这些事情呢？更改你的通知设置吧！这就是最基本的东西！关闭每隔五分钟就发一次的该死的脸书通知！然后，好好计划你一天的时间，就是这样吧？！我们中有多少人会计划我们一天中要做的事呢？我们只是让自己的时间被那些新闻、推特上的消息或外部世界中发生的一切所干扰，而不去问自己：我到底想利用属于自己的时间做些什么呢？"

＊＊

尼尔向我解释这件事时，我感到很矛盾。他说的就是我带到普罗温斯敦去的逻辑。在我内心深处，像他一样，我也相信：这是你的问题，你需要改变自己。这显然是对的。我相信，尼尔所建议的每项具体干预措施都是有帮助的。在通读了他的书后，我尝试了书中提到的每一个方法，其中的几个方法带给我虽不大但确实真正有效的改变。

但是，他所说的话的有些部分让我感到不舒服。一时间我无法清楚地表述那是什么。尼尔的做法完全符合科技公司希望我们思考注意力问题的方式。他们不再能否认这场危机，所以他们正在做其他的事情：通过巧妙地敦促我们将其视为一个个人问题，来让我和你以更大的自我克制来解决，而不是由他们做到。这就是为什么他们开始提供他们认为可以帮助你增强意志力的工具。新款苹果手机都有一个选项，可以告知某天和某周看屏幕花费的时长，它还有一个"请勿打扰"功能。脸书和照片墙也推出了与此差不多的基本选项。马克·扎克伯格甚至开始采纳特里斯坦的口号，承诺用户花在脸书上的时间会"物有所值"——除了他本人，这些都是带有尼尔风格的工具，以此让你反思是你自己的动机出了问题。我在这一章里写到尼尔，不是因为他不寻常，而是因为他是硅谷在提出你我现在应该做什么的主流观点方面最坦率的人。

尼尔坚持说，为使我们能够轻松地拔掉电源，科技公司已做了很多工作。为解释这一点，他举了一个他参加过的公司董事会的例子，公司老板在会议上拿出自己的手机放在别处，其他所有人也都可以根据自己的意愿这么做。"我不知道为什么这是科技公司的责任。事实上，如果科技公司有责任的话，可能是它们在手机上应该为你提供这种小功能，即'请勿打扰'。其实科技公司已给我们提供了这个按钮。你需要的也是这个。我们还要苹果公司承担更多的责任吗？看在上帝的分上，如果你要和同事一起开会，请按下那个'请勿打扰'的按钮，只要坚持一个小时就可以了。这样做很难吗？！"

**

当我去读他几年前写的关于如何克服分心的书时，我对这个理论的不安才逐渐变得清晰起来。这是他为那些技术设计师和工程师听众们写的书，书名为《上钩：如何制造能塑造习惯的产品》（*Hooked: How to Build Habit-Forming Products*），他将其描述为"烹饪书"，其中包含"人类行为的配方"。以一个互联网普通用户的身份阅读《上钩》很奇怪，就像是在一部关于蝙蝠侠的老电影中，那个小人被抓住，随后一步步地揭露出他所做的坏事那一刻所带来的感觉一样。尼尔写道："让我们承认我们都处在一个说服型的商业领域。创新者制造出产品，目的就是说服人们去做想要他们去做的事情。我们称这些人为用户，即使我们不大声地说出来要他们做什么，我们也暗中希望每个人都被我们所做的一切牢牢地钩住。"

他还列出了实现此目标的方法，将其描述为"思维操纵"。尼尔说，其目标就是在人类中"制造出一种渴望"。他将 B.F. 斯金纳作为这方面的榜样。关于他提出的方法，可以用他博客文章的标题来概括："想让用户上钩吗？那就让他们发疯吧。"

设计人员的目标是创建一个用户的"内部触发器"（还有印象吗？），可以使他们一次又一次地回来。为了帮助设计师描绘出他们的用户画像，他说，可以想象有一个名叫"朱莉"的用户，她"害怕自己不属于任何圈子"。他说："现在，我们找准触点了！恐惧就是她强大的内部触发因素，我们可以将解决方案设计成能帮助朱莉缓解恐惧的东西。"一旦你成功地将这种感觉玩弄于股掌之上，"一个习惯就被塑造出来了，（于是）用户就会在日常事务中被自动触发使用该产品，例如在排队等候消磨时间时"。他很肯定地写道。

他还写道，设计师应该让人们"长时间地重复某些行为，理想情况下，是用余生的所有时间"。他相信这可以使人们的生活变得更好，但他也指出："最起码能形成习惯也是好的。"尼尔说，对此应该有一些伦理上的界限：对标儿童是不对的。他认为，设计师需要"先在自己的产品上兴奋起来"，率先使用自己设计的应用程序。他并不反对所有规则，他认为，应该从法律层面上提出这样的要求，即如果你每周在脸书上花费的时间超过了 35 个小时，就应该看到一个弹出窗口，提示你可能出了什么问题，然后引导你前往可寻求帮助的地方。

＊＊

但是，当我阅读这些内容时，我感到很困扰。尼尔撰写的有关如何设计应用程序的"烹饪书"取得了巨大的成功。例如，微软公司的首席执行官要求员工们都去阅读。在技术性大会上，尼尔也是一位非常受欢迎的演讲者。许多应用程序都是受他的技术启发而构建的。尼尔是硅谷中导致"让人们发疯"这种现象的责任人之一。然而，当像我的教子亚当那样的人真的发疯时，他告诉我们，解决方案主要是要改变我们自己的行为，而不是来自科技公司的行动。

我们交谈时，我向他解释说，他的两本书之间似乎存在着令人担忧的不协调。在《上钩》中，他谈到，要用凶猛有力的机器使人们因"狠狠地被钩住"而感到"痛苦"，直到我们获得下一个修复性技术。然而，在《不被分心》中，他告诉我们，当我们被这种机制分心时，我们应该尝试进行温和的个人改变。也就是说，他在第一本书中描述了用来吸引我们的强大力量。而在第二本中，他描述了一些所需的脆弱的个人干预措施，并说，这些干预措施会让我们从中脱身。

他回答说："实际上，我看到的恰恰相反。""我在《上钩》中谈论的所有方法，你仅仅用一个拇指就能把它关闭！去它们的吧！"

**

当我与其他几个人就尼尔的方法进行交谈时，我更充分地了解了它带给我的不适感。和我对话的其中一位是旧金山州立大学管理学教授罗纳德·普瑟（Ronald Puser），他向我介绍了一个从未听说的概念："冷酷的乐观主义"。其含义是：当面对一个与我们文化中的深层原因有关的真正重大的问题，例如肥胖、抑郁或成瘾时，如果你以毋庸置疑的语言为人们提供简单的个性化解决方案，这听起来是很乐观的，因为，你确实是在告诉他们问题可以得到解决，而且会很快得到解决，但实际上，这很冷酷，因为，你提供的解决方案非常有限，也没有直面更深层次的原因，因此，对大多数人来说，这种方法必将失败。

罗纳德给我举了许多例子，它们最早是由法国历史学家劳伦·伯兰特提出的。当他将这个概念应用到一个与注意力相关但又与之分离的概念——压力时，我开始真正理解这个概念。我认为值得花一点时间来了解它，因为我相信它可以帮助我们看到尼尔——以及我们许多人——在注意力方面所犯的错误。

罗纳德和我谈到了《纽约时报》记者撰写的一本畅销书，在书中，读者被告知："所谓压力，并不是被强加给我们的东西。它是我们自己强加给自己的东西。"压力是一种感觉，也是一系列的念头。你仅需学习如何以不同的方式思考，比如如何使你那些嘎嘎作响的念头平静下来，你的压力就会消失。因此，你只需学习如何冥想。你的压力来源于不能保持正念。

这则带着乐观的承诺的信息充斥在全书中。但罗纳德指出，在一项重大研究中，斯坦福大学商学院的科学家确定了在现实世界中美国人压力的最大来源。它们是："缺乏健康保险；面临裁员的持续性威胁；在决策时缺乏自由裁量权和自主权；工作时间过长；组织公正程度低以及不切实际的要求。"如果你没有健康保险、患有糖尿病且无力负担胰岛素，或者你被霸凌型的老板强迫每周工作 60 个小时，再或者眼看着同事们一个接一个地被解雇，你会带着不祥的感觉怀疑自己会不会成为下一个，那么，你的压力就不是"自己强加给自己的东西"。这是强加于你的东西。

罗纳德认为，冥想能够帮助某些人，对此我也同意。但是，这本畅销书告诉你，通过冥想可以消除压力和屈辱，这完全是"废话……你去告诉一个有四个孩子、在打三份工的西班牙裔女性这些试试"。他说，那些说要消除压力只需转变念头的人，是"屁股坐在特权的位置上说的。他们可以云淡风轻地这么说"。他给我举了书中的一个例子：一家公司正在削减向某些员工提供的医疗保健服务，与此同时，这本畅销书的作家却祝贺员工们被提供了冥想课程。你可以清楚地看到，这是多么冷酷。你告诉某人说，他们面临的问题有解决方案：仅仅从另一个角度思考一下你的压力，你就能好了！但是接着，你又让他们继续陷在明明白白的噩梦中：我们不会为员工提供胰岛素，但会为他们提供有关如何转变念头的课程。这是 21 世纪的玛丽·安托瓦内特[1]的版本，等于对穷人说"何不食肉糜"。请说这些话的人们活在当下吧！

乍一看，冷酷的乐观主义似乎既善良又乐观，但它通常会产生丑陋的后遗症。它可以确保在局促的小型解决方案失败时（大多数情况下会如此），个人不会责怪系统，而是去责备自己。它会让人们认为是自己搞砸了，自己还不够好。罗纳德告诉我，"它将人们的注意力从社会性的压力源中转移开了"，就像超负荷工作这件事，它很快就转变为"去责备受害者"。它小声叽咕的是：问题不出在系统，问题出在你身上。

**

他的话让我再次想到了尼尔。后者靠营销和推广一种数

---

[1] 玛丽·安托瓦内特（Marie Antoinette）：法国国王路易十六的妻子，作为王后奢侈无度，有"赤字夫人"之称。传闻大臣告知玛丽，法国老百姓连面包都没得吃的时候，她天真地笑道："那他们干吗不吃蛋糕？"

字模型来谋生，它"钩住"我们，玩弄我们的恐惧，更有甚者，他说这就是为了让我们"变得疯狂"而设计的。结果，那个模型也钩住了他。但是，由于他在财富和这些系统的知识方面处于不可思议的特权位置，因此，他可以用自己掌握的技术重新获得某种控制感。现在，他认为解决方案就是，我们所有人都应该像他那样做。

先不提我们这么做能带给他很大方便的事实吧，因为他在硅谷就是以此为生的。真相是：并非所有人都能轻而易举地做到他所做到的。这就是冷酷的乐观主义造成的问题之一：它只是特殊案例，通常也只在特殊情况下才能实现，然而，它却表现得似乎这是四海之内皆可效仿的。如果你不会失去你的工作，而且你也不用费心去想如何避免下周二被驱赶出住所，那你是很容易通过冥想找到平静的；如果你不是那么精疲力竭、压力重重、迫切需要某种缓解方法来度过后面压力巨大的几个小时，你是不难对下一份汉堡包、下一条脸书的提示通知或奥施康定（一种止痛药）的新版标签说不的。如果像尼尔一样，仅仅告诉人们说"这很简单呀"，他们只需要"按一下该死的按钮"就可以了，其实，这是在否认大多数人生活的现实。

**

冷酷的乐观主义理所当然地认为，我们无法改变造成我们极大痛苦的系统，所以，我们才必须重点专注于改变每个孤立的自我。但是，我们为什么要将这种系统接纳为信息提供者呢？我们为什么要接受这样一个环境呢？在它里面，充斥着其设计目的就是为了"钩住"我们，并"让我们发疯"的程序。

当我想到尼尔自己小时候患上肥胖症的比喻时，我可以最大限度地看清这点。我认为，我们值得花一些时间来思考一下这个比喻，因为，它能告诉我们到底什么地方错了。今天，肥胖症状对我们来说似乎非常普遍了，但在50年前，西方世界几乎还没有这个症状。看一下当时拍摄的海滩照片吧，按照我们今天的标准，那时的人都很苗条。但随后发生了一系列的变化。我们大量地食用加工过的垃圾食品，导致那个提供新鲜又富于营养的食品供应系统被替换了。我们带给民众极大的压力，再使舒适饮食变得对他们更具吸引力。我们建造的城市往往让人无法步行或骑车。换句话说，环境发生了变化，也因而改变了我们的身体，但这并不是我和你个人的过错。我们的体重日趋增加，大批的人在增重。从1960年至2002年，成年人的平均体重增加了24磅，即1.7英石（一英石约等于6.35公斤）。

之后发生了什么事呢？饮食业告诉我们，我们要责怪自己，而不是找出对我们施加了这些影响的更大的力量，去让他们负责，去建立一个更容易避免人们肥胖的健康环境。我们学会了这样去思考：我发胖是因为个人的失败，我选错了食物，我很贪吃我也很懒惰，我无法适当地控制自己的感觉，我不够好。因此，我们的解决办法就成了：下一次吃东西时更好地计算食物中所含的卡路里（我经历过这些）。制订个人的饮食食谱和饮食计划，是这种文化对主要由社会原因引起的危机所提供的优选答案。

它对我们起到了什么作用呢？研究过肥胖症的科学家发现，在我们的文化中，高达95％的通过节食减肥的人，会在一年到五年内恢复体重。也就是说，每20个人中就有19个人是这种情况。为什么会这样？这是因为，它忽略了导致你（和我）最初体重增加的大部分原因。它没有做过系统的分析。它不谈论我们的食品供应危机，而供应给人们的这些食品都是令人上瘾的精加工食品，与上一代人的饮食没有任何关系。它也不解释导致我们过度进食的压力和焦虑。它不强调我们生活在城市中的这样一个事实：你必须让自己缩在一个钢制的盒子中才能到达任何地方。节食书籍同样忽略了一个事实，即你生活于其中的社会和文化每天都在塑造和推动着你，只能让你以某种特定的方式做事。节食并不能改变你生存的大环境，后者才是制造危机的真正原因。想尝试在这样的环境中减轻体重，就像试图在一个一直带你下行的自动扶梯上不断往上跑一样。也许有少数人英勇地冲向顶峰，但是，我们大多数人会发现自己再度回到了底部，然后还责怪自己无能。

如果我们听从了尼尔和他同伴的话，我担心，我们将以应对体重增加的方式应对注意力问题，最终，我们也将面对同样的灾难性后果。几乎所有关于注意力问题的现有书籍（我在做本书的研究时读到了很多），都将它简单地描述为是一种需要自己做调整的属于个人层面的缺陷。这些书就是数字时代的节食食谱。正如减肥食谱无法解决肥胖危机一样，这些数字化的节食食谱也无法解决注意力危机。我们必须了解在此起作用的更深层的力量。

**

对于约在 40 年前开始出现的肥胖危机，我们本可以有一种不同的应对方式。我们本来可以倾听一下这些纯粹实行个人约束的证据结果：如果不改变环境，仅仅约束个体，减重的成效是难以持续的，除非是在 20∶1 的案例（如尼尔）中能看到。其实，我们本可以研究以下真正行之有效的方法：以针对性的方式去改变环境。我们本可以利用政府的政策，使得新鲜又营养的食品变得便宜且容易获得，那些饱含糖分的食物变得既昂贵又难以买到；我们本可以减少那些因压力太大而不得不去吃能带来舒适感的食物的因素；我们本可以建造让人们轻松步行或骑自行车的城市；我们本可以禁止那些针对儿童的垃圾食品广告，转而设法去塑造他们的生活品位。这就是为何在那些如此践行的国家（例如挪威，丹麦或荷兰）中肥胖率要低得多的原因，而在那些只告诉超重的人们要自己振作的国家（例如美国和英国）中，肥胖症率依然那么高的原因。如果所有像我这样精力充沛的人不再自我归咎、自感羞耻、故意饿自己，而是去要求这些政治变革，那么，目前的肥胖症将大大减少，人们的痛苦也会大大减轻。

特里斯坦认为，我们要在技术方面有意识地进行类似的转变。在参议院作证时，他告诉人们："你可以尝试进行自我控制，但是（要知道），在屏幕的另一侧，有上千名工程师在与你作对。"这一点正是尼尔拒绝承认的，即使他本人就是这些设计师中的一员。我赞成尼尔提供的建议：你确实应该立即拿出手机并关闭通知，你也确实应该弄清楚自己的内部触发器是什么，等等（特里斯坦也相信这一点）。但是，在被他人——其中也包括尼尔——设计成了一个人们的关注力易受到入侵和突袭的环境里，要想做到聚焦，并不是一件"相当简单"的事。

随着谈话的进展，我与尼尔的讨论变得有些火药味。因为这是本书中具有争议的访谈之一，为对尼尔公平起见，我已经在本书的网站上发布了完整的音频，你可以听到他的回答，包括那些我在这里因空间所限没有全面引用的部分。我们之间的对话以一种有助益的方式清晰了我的思考。尼尔让我意识到，要找回我们的注意力，我们肯定需要采取一些个人化的解决方案，但是，我们也必须诚实地告诉人们，单凭个人并不能让我们大多数人摆脱困境。我们必须一起对抗那些破坏我们注意力的力量，并迫使他们做出改变。

残酷的乐观主义的替代方案，即告诉人们一个会导致他

们失败的简单故事，这并不是悲观主义，悲观主义是让他们
觉得无法改变任何事情的想法。真正的乐观主义是：诚实地
承认阻碍实现目标的障碍，制订计划与其他人一起逐步消除
这些障碍。

　　然后我意识到，我现在面临着一个非常棘手的问题。这
就是：我们到底该从哪里启动呢？

深层解决方案（一）

在得知以上所有情况之后，我面临着两个明确而紧迫的问题。第一个是：在实践中可以对这种侵入性的技术做哪些具体更改，才能防止它们损害我们的注意力和聚焦能力呢？第二个是：我们怎样才能使这些大公司将变化引入现实世界？

根据过往的经验以及肖珊娜·祖巴夫教授的核心工作内容，特里斯坦和阿扎相信：如果想找到持久的解决方案，我们需要直达问题的根源。因此，有天早上阿扎严肃地对我说："我们只要放弃监视型资本主义就可以了。"我停下来，试图去理解他的话。他进一步解释说，这意味着，政府要禁止任何在网上追踪用户的商业模式，杜绝通过找出用户的弱点去改变用户的行为而获利。阿扎说，这种模式"从根本上来说就是反民主和反人类的"，必须被抛弃。

我第一次听到这个说法时，感觉有些戏剧性，坦率地说，认为这是不可能做到的。但是，特里斯坦和阿扎说，其实，已经有很多这样的先例被广为传播了。只要让整个社会知道它已造成了很多伤害，然后在市场上禁止就行了。想想含铅的涂料吧。它曾出现在大多数美国家庭中，后来被发现对儿童造成了严重的认知损害。正如特里斯坦的一位导师贾伦·拉尼尔（Jaren Lanier）告诉我的，发现这个问题时，我们并没有告诉人们不能再粉刷自己的房屋了。我们只是禁用了涂料中的铅成分而已。如今，你仍然可以将自己的房屋刷上颜色，只是所用的产品更好了。或者，想一想关于氟氯化碳的事吧。我前面提到过，20世纪80年代，在我还是一个痴迷于使用发胶的孩子时，人们就发现，发胶中的一种物质正在破坏保护我们免受阳光辐射的臭氧层。它曾使我们所有人都感到恐惧。过后我们便禁止使用氟氯化碳了。现在，市场上仍然有发胶产品，但它们已有所不同，如今，臭氧层也在愈合。作为文明社会，我们早就决定了有各种各样的东西是不能买卖的，例如人体器官。

我问他们，假如我们禁止了监视型资本主义，那么第二天、第二周、第二年，我的脸书和推特账户会怎样呢？"我认为他们会遇到危急时刻，就像微软公司曾遇到过危急时刻一样。"阿扎告诉我。2001年，微软公司被美国政府裁定为垄断企业。这家公司经历了自我重生，现在，"他们有点像待在房间里的慈善的成年人了。我认为，在脸书公司那里也会发生同样的转变"。

实际上，在禁令生效的第二天，这些公司就不得不寻找其他方式，来为自己筹集运行资金。有一个显而易见的模型，即资本主义的另一种替代形式，每位本书的阅读者都曾体验过的，那就是订阅。假设我们每个人每个月必须支付50美分或1美元才能使用脸书。这样，它将立即不再为广告商服务，不再将你的私密愿望和个人偏好作为他们的真实产品而出卖。是的，它不会再那么做了。现在，它要为你工作。第一次，它的工作目标是要搞清楚什么能真正使你感到高兴，然后将它提供给你，而不再去寻找会使广告商感到高兴的东西，然后操控你，将你奉送给广告商们。因此，如果像绝大多数人一样，你希望自己能聚焦，那么该站点必须重新被设计以促进这一点。如果你想建立社交联系，而不是被隔绝在屏幕前，它将不得不想办法帮你实现这一愿望。

此外，他们还有一种持久的方式，就是由政府购买，为民众所拥有。这将使社交媒体从资本主义经济部分脱离出来。这听起来可能很戏剧化，但是，本书读者都将直接从这个模式中受益。我们需要下水道，这是不可或缺的必需品，除非我们想回到霍乱横行、人们在街头可以随意大便的世界。因此，几乎每个国家都是由政府拥有、维护和管理着下水道系统，甚至连顽固的反政府活动家也认为，这是对国家权力的良好运用。这两种模式的作用并无二致。

使用与此相同的模式，我们的政府可以承认社交媒体是必不可少的公共事业，拥有公共所有权。如果它是根据错误的激励手段运行的，就会给人们带来像霍乱暴发事件那样巨大的心理影响。在英国，英国广播公司（BBC）由英国公众拥有和资助，其运作符合英国公众的利益，但它的日常运行不受制于政府。虽然它并不完美，但是这种模式运作良好。

不论采用订阅制，还是让公众拥有所有权，或者其他模式，原来的财务激励措施就改变了，这些站点的性质就能够以我们现在可预见的方式发生变化。阿扎告诉我，重新设计主要的社交媒体网站"实际上在技术上并不困难"，这样一来，它们被设计出来的目的就是疗愈社会对我们的注意力的破坏，就与原来的财务激励政策当道时有所不同了。刚一开始，我还很难理解这些，于是我问他们，在实现了那些他们所希望看到的改变之后，社交媒体会是什么样的呢？

他们就此开始讨论，这些公司如何才能在一夜之间删除应用程序和网站的众多内容，这些都是在故意扰乱人们头脑的东西，使得人们的上网时间超过了真正所需的长度。阿扎说："例如，从第二天起，脸书就可以着手批量化地处理通知，这样，你每天只会收到一条推送通知……他们第二天就可以这样做。"（这是特里斯坦还在谷歌时在他爆炸性的幻灯片演示上提出的建议）因此，与其"持续不断地、一滴滴地注射行为可卡因"，即让媒体每隔几分钟就告诉你有谁点赞了你的照片、有谁对你的帖子发表了评论、明天谁过生日等，还不如让你在每一天都只更新一次，就像报纸一样，做个一次性的概括。这样，你只需被迫每天查看一次，而不是在一个小时里就被打扰好几次。

他说："还有另一项要改变的，就是无限滚动。"那是他的发明，是在你浏览到屏幕底部时，它就永远自动加载越来越多内容的功能。"它所做的，是在你的大脑有机会真正参与做决定之前，就逮住了你的冲动。"对于脸书和照片墙以及其他社交媒体来说，关闭无限滚动是很容易做到的，如此一来，当你浏览到屏幕底部时，是否继续滚动屏幕，你必须自己做出决定。

同样，对于那些在政治上最能使人两极分化的内容，这些网站也可以很容易地关闭它们，因为它们也在毁掉我们集体关注的能力。有证据表明，优视的推荐引擎正在使人们变得激进，因此，特里斯坦告诉一位采访者："（其实）只需将其关闭即可。他们是可以瞬间关闭它的。"他指出，这和在推荐视频内容之前，人们对看什么很茫然，嚷嚷着非要有人告诉他们该看什么，是不一样的。

他们说，一旦终止了那些最明显的精神污染，我们就能开始更深入地研究如何重新设计这些网站，使人们更容易自我克制，进而思索自己的长期目标是什么。阿扎说："至于构思用什么样的接口带来不同的效果，这并不需要太多的工作量。"举个最明显的例子，让我们回到我第一次与特里斯坦对话的时候谈到的，比如会有一个按钮显示说"你的朋友们就在附近，今天他们也有想见面的意思"。你只需单击一下这个按钮，你们就互相联系上了，然后，你就可以放下手机去约会了。社交媒体不再抽真空式地吸引你的注意力，并使你远离外界的东西，而是会变成一个蹦蹦床，使你尽可能高效地回到你的世界，拉近你与想见的人的距离。

同样，当你设置（例如）脸书账户时，它可以询问你每天或每周想要花多少时间在网站上。你可以说十分钟，或者两个小时，这个由你自己决定，然后，网站帮助你实现目标。还有一种可用的方法是，当你达到时间上限时，该网站会马上放慢上网速度。在测试中，亚马逊公司发现，页面加载的速度即使只延迟了100毫秒，也会导致本来紧盯着产品打算采购的人数大大减少。阿扎说："这只是在让你的大脑有机会赶上你的冲动，然后问一下自己：我真的想这么做吗？不，还是算了吧。"

此外，脸书还可以定期问你：你想对生活做出哪些改变呢？也许你想多运动，想从事园艺工作，想成为素食主义者，或者想创建一个重金属乐队。随后，它就可以使你与附近的其他人，比如朋友、朋友的朋友或附近也想做出这种改变或表示他们正在寻找同去健身房的陌生人相匹配。阿扎说，脸书将会成为"一种社交方式，围绕你的都是与你的期待相一致的人"。一系列的科学证据表明，如果你想成功地进行某些改变，就应该与一群在做同样事情的人们相遇。

他们说，目前的社交媒体旨在吸引你的注意力并将其出售给出价最高的人，但它本来是可以被设计为：了解你的意图，更好地帮助你实现自己的目标。特里斯坦和阿扎告诉我，对技术人员来说，设计这种能增益人生的脸书与设计我们目前在用的消耗人生的脸书，其实是一样容易的。如果你在街上拦住人们，向他们描绘这两种脸书的图景，我认为，大多数人会说，他们想要能够服务于自己意图的那个。那为什么这种事情没有发生呢？特里斯坦和阿扎说，这又要回到商业模式了。如果现在的这些社交媒体公司去做你刚刚阅读到的这些改变，它们就会损失巨量的金钱收益。这些公司在目前的经济结构中，无法利用用户的关注范围或更广大的社会力量做正确的事情。其实，这才是最重要的一点，也是我们最坚定不移地要做如下事情的原因：想要改变社交媒体对我们的影响方式，我们就必须改变其商业模式。

他们说，只能通过政府对这些公司施加规定才能改变其商业模式。随后，我刚刚描述的这些改变将起码不再可能带来威胁，而是成为吸引客户订阅的令人异常兴奋的方式。目前，你的需求，譬如能够集中精力、可以离线去见朋友、能够冷静地讨论事情等，与社交媒体公司的利益之间，存在着根本的冲突。随着对监视型资本主义的禁止，以及向另一种商业模式的转移，这种冲突将不再存在。正如特里斯坦所说，你从此为自己和你所用产品之间的利益一致而付费。这样，屏幕后面的硅谷工程师团队就不再与你本人、与你更深层的目标背道而驰了，他们是在为你工作，并努力服务于你更深层的愿望。

有一天，阿扎对我说："最根本的事情是，并没有人喜欢当前这种花费时间或靠技术做决策的方式。从这座山翻越到那座山是很不容易的，因为我们必须穿过一个山谷。这就是监管的作用：去帮助你更轻松地穿越这个山谷。但是，另一座山的风景肯定要好得多了。"

**

我发现，阿扎和特里斯坦教给我的很多东西都具有说服力。但我对他们认为需要使用法律阻止这些公司如此继续经营下去的论点保持着警惕。对此有几个原因。首先，我想他们是否夸大了这个问题。当我与尼尔·艾亚尔交谈时，他说："每一代人都有这些道德层面的恐慌，那是因为我们只着眼在问题的消极方面。"他告诉我："实际上，特里斯坦是在从字面上逐字逐句地阅读 20 世纪 50 年代有关漫画的辩论。"在当时，有许多人认为，新一波的血腥漫画将使孩子们变得有暴力倾向。"有很多像特里斯坦这样的人跑去参议院，告诉参议员们说，漫画将孩子们变成了上瘾的、被劫持的'僵尸'。其实，这是相同的论调……今天，我们已重新认识了漫画。"

在此基础上，他认为（在这点上他并不孤单）特里斯坦和阿扎，还有其他对当前的技术商业模式持批评意见者，他们所借鉴的科学是不对的。他相信，我在前面两章中引用的某些社会科学是混乱的，甚至是错误的。

特里斯坦指出，基于我之前提到的一系列证据，优视正在使人们变得激进。而尼尔指出，根据编码员马克·莱德维奇（Mark Ledevich）的最新研究，观看优视视频对其用户有轻微的消除激进的作用。作为回应，特里斯坦将人们引向普林斯顿大学的学者阿文德·纳里亚南（Arvind Naryanan）教授，以及其他许多对此研究进行批评的人们，他们说，尼尔在此引用的这项研究毫无价值。其原因是：那些说优视使人变得激进的人们认为，这种影响会随着观看时间而发生。你在上面创建了自己的个人资料，登录上去，然后优视就逐渐累积了有关你偏好的知识，为了让你不断观看，它提供给你的内容会变得越来越极端。但是，尼尔引用的研究尚未涉及任何已注册的用户。他们所做的只是在优视上观看了一段视频，例如英国首相鲍里斯·约翰逊发表的演讲，而且在看的时候，他们并没有登录网页，只是查看了旁边出现的推荐。如果你是以这种方式使用优视的，视频并没随你的观看时间变得更加极端，那公平地说，优视是在消除激进。但是，有大量的优视用户是注册后登录上去的（我们不知道确切数量，因为优视对该信息保密）。

　　对于科技公司会把事情搞砸的每种方式，都存在着这样拉锯式的争论，就像特里斯坦和尼尔会各自引用一些活跃的社会科学家们所得出的相反的结论一样。特里斯坦借鉴了耶鲁大学、纽约大学和哈佛大学学者的学术结论，而尼尔借鉴了牛津大学的安德鲁·普利贝斯基（Andrew Pribesky）教授的学术结论。后者同意尼尔的观点，即特里斯坦的警告过分严重了。那这到底是怎么回事呢？这并不是说他们中的任何一个都是不诚实的，而是说，要衡量这些网站所带来的改变确实很复杂。必须诚实地说，我们在此得出的结论基于很多不确定的因素。在漫长的历史长河中，有些时候我们可能会发现尼尔是正确的，而在另一些时候又发现特里斯坦是正确的。这仍然会给我们带来困惑。目前，我们需要在这方面做出选择，即是否让社交媒体公司继续以前的行为。我们必须找出风险的平衡点。

有两件事帮助我下了决心去做我认为后面应该做的事。一个是思想实验，另一个是收集来自脸书内部的确凿证据。

假设尼尔是错的，但我们仍然遵循他的建议：允许监视型资本主义继续在一定的约束下"狠狠地钩住我们"。然后，让我们想象特里斯坦也是错的，但无论如何我们也都遵循他的建议：规范大型科技公司，以阻止其入侵行为。

假设特里斯坦是错的，但我们仍然遵循他的建议禁止监视型资本主义。你可能会被骗着去创建这样一个世界：针对你的广告投放减少，你的支出减少，你盯着的东西也少了，对你的监视也少了，而另一方面，你必须每月支付少量资金才能订阅一些社交媒体公司的服务，或者这些公司被以某种方式接管了，作为公用事业机构运行，以服务于我们的集体利益，就像下水道公司或高速公路管理部门那样。但是，如果我们按尼尔所希望的做了，只稍微做了管理，最大可能地让这些公司按照自己的意愿去做。但是，如果他错了怎么办？留给我们的还有什么呢？（我们的）注意力会进一步减退，极端主义会逐步扩张，我们最终会陷入一个极不宜居的世界。

说服我的第二件事更具决定性。2020年春季的一天，有消息披露了脸书公司私下针对这个问题的思考，他们当时认为我们将永远无法听到这些声音。公司的大量内部文件和交流信息被披露给了《华尔街日报》。事实证明，在只有他们自己人的场合，该公司对他们的算法造成的如下损害做了回应：它损害了集体注意力；它帮助了特朗普的崛起和英国脱欧运动的发生。他们为此召集了科学家团队，研究这些事的真实性，如果情况真是这样，那就去弄清楚可以对此做些什么。这个团体被称为"共同基础"。

在研究了所有隐藏的数据（脸书公司没向公众发布的数据）之后，该公司的科学家得出了肯定的结论。他们写道："我们的算法利用了人的大脑会将注意力分散到其他方面的特点。"而"如果不加以控制"，网站将继续向用户提供"越来越多的分化出去的内容，将用户的注意力吸引到那里，并导致他们花在平台上的时间增加"。另一个脸书公司内部团队（他们的工作内容也被泄露给了《华尔街日报》）也得出了相同的结论。他们发现，在所有加入极端主义组织的人中，有64％的人找到加入这些组织的途径，是因为脸书的算法直接把这个推荐给了他们。这意味着，在世界各地，人们都在各自的脸书网页上看到种族主义者的、法西斯主义的，甚至是纳粹的组织，旁边显示的词条是："你应该加入的组织"。报告提醒到，在德国，在网站上的所有政治团体中，有三分之一属于极端主义者组织。脸书自己的团队直言不讳地总结道："是我们的推荐系统引发了这个问题。"

由此脸书的科学家们得出了一个解决方案。他们说，脸书应该放弃其目前的商业模式。由于公司自身的扩张与那些不良产品的捆绑有关，因此公司应该放弃扩张的意图。唯一的出路是让公司采取"反增长"策略，即有意收缩，选择成为一家不至于摧毁世界的不那么富有的公司。

当脸书公司被自己的员工用这样通俗易懂的语言展示其行为实质时，该公司的高管是如何回应的呢？据《华尔街日报》的深度报道，他们嘲笑这项研究，称其为"素食"理念。他们引入了一些细微的调整，但拒绝了绝大多数建议。"共同基础"团队被解散，现已不复存在。《华尔街日报》干巴巴地报道说："扎克伯格放出信号来说，他对以有益社会的名义重新校准平台的努力失去了兴趣……并要求说，不要再塞给他类似的东西了。"读到这一点，让我想起了我的朋友拉乌尔·圣地亚哥，他在里约的贫民窟里，被极右政府派出的直升机恐吓，这个政府就是在这些算法的帮助下才当选的。这种算法如此强大，以致博尔索纳罗的支持者在回应他的胜利时高呼"脸书！脸书！"。

我认为，如果脸书做不到停止推进法西斯主义，尤其做不到在德国停止推进纳粹主义的话，他们也将永远做不到在意并保护你的关注力和聚焦力。这些人是永远不会约束自己的。允许他们继续这种运作方式所带来的风险，远远大于过度反应的风险。他们必须被制止。他们必须被我们制止。

我被吓到了。有段时间，我觉得自己对如何实现这个目标感到很茫然。我们许多人已经就此争论得很深入，但过后却陷入了悲观的停顿状态。他们说：是的，这个系统在以可怕的方式使我们陷入困境，但我们不得不做自我调整，因为没有什么事情和什么人能够阻止它。我们生活在一种文化中，在它的每个转弯处，都会产生一种很深的政治宿命感。在我写关于禁毒战的书《追逐尖叫》时，我看到了这一点，后来，我环游世界，与人们谈论此事，特别是在美国，我一直听到有人说：是的，你是正确的，禁毒战是一场灾难和失败（超过 80% 的美国人对此表示同意）；是的，你是正确的，如果将它非犯罪化或合法化会更好。但是，这永远不可能实现啊。拜托，你能为我上瘾的亲戚推荐一个好的律师或者康复机构吗？由此，政治悲观主义使得民众沦陷在纯粹的自我和个人的解决方案上。

但事实是：这种绝望不仅仅是自我挫败。我认为，这是经验性的错误。我提醒自己说：在人类历史上，像科技公司这样强大的力量已经被打败过很多次了，还都是以相同的方式。那就是，普通百姓发动起数次运动，要求比它更好的东西，而且，不达目的决不罢休。我知道这听起来可能有些含糊或理想化，所以，我想举一个非常实际的例子，那是我一家三代人都曾经历过很有可能你的家人也经历过的一个变化。

我今年 41 岁。1962 年，我的两位祖母和我现在同龄。那一年，我的苏格兰籍祖母艾米·麦克雷住在苏格兰的一个工人阶层的公寓里，我的瑞士籍祖母莉迪亚·海利，住在瑞士阿尔卑斯山区的一座山上。艾米 13 岁时就被迫离开学校，因为没人觉得让女孩子们接受教育是值得的。当她的兄弟们去上学时，她却被送去打扫厕所，这份工作她做了一辈子。她曾想从事帮助无家可归的人们的工作，但是，妇女被排除在这种工作之外，还被告知说，要搞明白自己作为妇女的地位，最好闭嘴。莉迪亚在瑞士的一个村庄长大，十几岁的时候，她还一直在涂涂画画。她想成为一名艺术家，却被告知女孩子成不了艺术家。她很年轻就结婚了，被要求服从丈夫。几年后，我坐在她家的厨房里，那时，她丈夫拿出一个空杯子，对她大喊"倒咖啡去！"，等着她赶紧把杯子接过去。她有时会画些素描，但她说这让她感到沮丧，因为这提醒着她，她本来可以过上什么样的生活。

我的两位祖母当时就生活在这样一个社会中：妇女几乎被排除在所有权力系统之外，几乎无法对自己的生活做出选择。1962年，在英国内阁、美国内阁或瑞士政府中都没有女性。在英国议会和美国参议院中，妇女所占比例不到4%，在瑞士还不到1%，后者甚至不允许该国20个州中的17个州（包括我祖母所在的州）中的妇女投票。这意味着，规则是男人写给男人的。除非已婚并获得丈夫的书面许可，否则美国和英国的妇女会被禁止获得抵押贷款或开设银行账户。未经配偶的书面许可，瑞士妇女被严格禁止从事任何工作。那时，在地球上的任何地方都没有家庭暴力庇护所，而且，男人强奸妻子在任何地方都是合法的（在20世纪80年代采取禁止婚姻内强奸的措施时，一位加利福尼亚州议会议员表示反对："如果你都不能强奸自己的妻子，你还可以强奸谁呢？"）。

在现实生活中，男人可以殴打妻子，因为警察不认为这是犯罪行为；男人可以骚扰自己的女儿，因为大声说出这一点是个禁忌，所以，从来没有人到警察那里举报过。

当我讲出这些事实时，我一直在想着我15岁的侄女。就像她的曾祖母一样，她也喜欢绘画，每当我看到她做这些，我都会想起莉迪亚，85年前，在她的瑞士村庄里也做着同样的事情。但莉迪亚被告知：不要浪费时间，要服侍男人。而我的侄女被告知：你会成为一名出色的艺术家，让我们关注一下有哪些艺术学校吧。我的侄女从来没见过我的祖母，但是我相信，当莉迪亚知道女权主义对世界的改变后，会很开心的。

我知道，作为一个男性，以这种方式解释此议题，会难以置信得令人感到不快，尤其当如此之多的性别歧视和重男轻女思想还存在于世间，女性们仍然面临着巨大的障碍之时。我知道，我们远未赢得妇女在权利方面的进步，许多已取得的进步也正遭受威胁。我对此感到抱歉。但在这里，我知道有一件事绝对是真实不虚的：我侄女的生活与我祖母们的生活之间的差异是一项了不起的成就，做到这点是有原因的，也是唯一的这个原因促成了它。那些普普通通的女性们组织了一场运动，团结起来为自身的权利而抗争，即便情势异常艰难，她们都在坚持不懈地抗争。

当然，为女权主义而战与为我们的注意力而战之间存在许多差异。但是，出于一个非常基本的原因，我一直在脑海中想到这个例子。女权运动告诉我们，普通人可以挑战巨大且看似不可动摇的力量——当她们这么做时，它可以带来真正的改变。1962年，男人们的合力大大超过了我在2021年撰写此书时的大技术公司的力量。那时，男人们控制着几乎所有的一切：每个议会，每个企业，每处警力，而且只要这些机构存在，也都由他们把控着。在那种情况下，要说如下的话很容易：我们是无法改变什么的，放弃吧！女人只需要学习过从属的生活就够了。现在，当许多人一想到窃取我们的注意力的那些巨大的力量时，他们也很容易这么想。但这就是一种认为我们对此无能为力且无法改变任何事情的悲观信念。它是错误的。

如果我们不组织运动并为之抗争，还会有另外的选择吗？特里斯坦和阿扎警告我，目前我们尚处在监视型资本主义对我们施加影响的初级阶段。它只会变得更加复杂、更具侵略性。他们给我举了很多相关的例子。这里选取其中的一个。有一种称为"风格转换"的技术。如果你使用它，就可以在计算机上显示很多梵高的画作，然后你指给它一个新场景，它就可以按梵高的风格对其进行重新创建。阿扎告诉我，"风格转换"很快就会被用来针对你我："现在，谷歌可以阅读你的所有电子邮件，想出一种可以模仿你风格的模型，然后将其告知广告商。（你作为用户）甚至不知道发生了什么。"但是，你将开始收到颇具亲和力和说服力的电子邮件，因为它们听起来就像你自己。阿扎解释说："更糟糕的是，他们可以查看你所有的电子邮件，查看你快速、主动地去回复的所有电子邮件，并学习这种风格。因此'他们'会习得那种对你有独特说服力的风格。这样做并不违法。没有法律可以保护你免受它的侵害。它在破坏你的隐私吗？他们并没有出售你的数据啊。他们只是向最高出价者出售了关于你工作方式的不对称知识，这些知识对你的了解甚至多于你自己。"

这种不对称是非常极端的，以致它可以挟持连你自己都不清楚的弱点。这还仅仅只是开始。今后的技术创新将使监视型资本主义目前采用的形式看起来非常原始粗暴，就像在"堡垒之夜"游戏上长大的孩子打"太空侵略者"游戏时感到的那样。2015年，脸书申请了一项技术专利：通过笔记本电脑和手机上的摄像头检测你的情绪。阿扎警告说，如果我们不加以监管，"那些超级计算机将测试用以找出我们所有弱点的方法，然而却不会有人停下来问一句'这样做对吗？'它还会让我们感觉到，是我们自己在做决定。"但是，这将是"对个人主体性和自由意志的直接攻击"。

特里斯坦的导师，硅谷资深工程师贾伦·拉尼尔（Jaren Lanier）告诉我，他曾经担任好莱坞很多反乌托邦电影的顾问，如《少数派报告》，但他却不得不停工，因为他一直在设计那种向人们发出预警未来事件的越来越可怕的技术，而那些设计师们则不断地反馈说：这太酷了，我们怎样才能将它们变成现实呢？

詹姆斯·威廉姆斯告诉我："有时候，我会听到有人说，对网络、平台或数字技术进行某些更改为时已晚。"但他告诉我，在斧头存在了 140 万年之后，才有人想到要给它配一个手柄。相比之下，互联网的年龄"还不到一万天"。

我意识到，我们正处于一场比赛中。对比赛的一方来说，入侵技术的能力正在迅速提升，它正在弄清我们的工作方式，分散着我们的注意力。而对于比赛的另一方，则需要发起一场运动，要求技术为我们工作，而不是针对我们；技术要能够促进我们的专注能力，而不是分散注意力。目前，"使技术人性化"运动由一些勇敢的人组织发起，例如肖珊娜·祖巴夫教授、特里斯坦和阿扎。他们相当于在 20 世纪 60 年代初期那些勇敢的女权主义者们分散在各地的组织。我们每个人都需要做决定，我们是加入他们的队伍并投入抗争，还是让这些入侵性的技术不战而胜？

10

原因之八

高度警觉状态

当我首次承认自己遇到了注意力问题，并因此而逃往普罗温斯敦时，我只有一个简单的故事去讲述：是网络和手机毁了它们。现在我知道，这么说太简单了，技术背后的商业模式比技术本身更重要。这些技术进入我们的生活，恰在我们异常脆弱、易被劫持之时。当我们的集体免疫系统发生崩溃，其原因却是完全独立于技术及其设计的。

在某种程度上，我们中的许多人对其中某些原因是有所感觉的。2020年初，我决定与循证治疗精神病学委员会合作，共同委托全球领先的民意调查公司尤克夫（YouGov），做一个（据我所知）有史以来首次针对注意力的、科学性的民意调查，该项调查在美国和英国进行。调查锁定那些感到自己的注意力正在恶化的人们，询问他们发生这种情况的原因。调查表提供了十个选项。其结果是造成注意力问题的首要原因，不是手机，而是压力。有48%的人选择了此项。第二个原因是生活境遇的改变，例如生育或衰老，这项也有48%的人选择。第三大原因是睡眠困难或受到干扰，选择的人占43%。手机排在第四位，选择率为37%。

当我着手更详细地研究这门科学时，我了解到，普通人的直觉并没有错。确实存在比我们的手机和网络更强大的力量，它反过来促使我们发展出一种与网络之间功能失调的关系。

在与美国加利福尼亚州的州卫生局局长碰面时，我开始理解这种现象的第一个维度。她在这些问题上取得了重要的突破。在我为写这本书而采访过的所有人中，她也许是我最敬佩的一位了。当你第一次读到她的故事时，可能会觉得她所描述的情况是如此极端，以至于无法将它与你自己的生活联系起来，但是，请跟随我读下去，因为，她的发现可以帮助我们了解一个使我们许多人的注意力遭到破坏的力量。

**

20世纪80年代，在加利福尼亚州帕洛阿尔托的郊区，一个名叫纳丁（Nadine）的年轻黑人女孩在放学回家时惶恐不安。她爱自己的母亲，是她在网球场上教会了自己一些孔武有力的动作，她也一直告诉纳丁要接受教育，因为，一旦获得教育，就没人能把学到的东西从你那里夺走。不过，有时候，她母亲的行为表现又会很不一样，而这完全不是她自己的错。纳丁后来写道："问题是，我们永远不知道自己将要面对哪个母亲。放学后的每一天，这对我们都是一场猜谜游戏：我们回到家看到的是一个快乐的妈妈，还是一个吓人的妈妈？"

20年后，纳丁·伯克·哈里斯博士在她的检查室里，看着坐在她面前的两个孩子，感觉到了体内涌动的某种东西：一种陈旧而熟悉的痛。这两个孩子分别是7岁和8岁，就在几小时前，他们的父亲将他们拽进汽车，不给他们系上安全带就驾车上路，一直开到面前竖立着一堵墙为止。接着，他将汽车对准墙，用最快的速度冲过去。纳丁看着孩子们，想象着他们当时会怎样害怕。我们坐在一起时，她告诉我："我本能地知道那是一种怎样恐惧的感受。""具体地说，我能在生理层面上共情到他们。我知道那一刻在发生些什么。"事后证明，和纳丁一样，这俩孩子也有一个患有偏执型精神分裂症的家长。

纳丁一直以成为一名优等生来应对母亲的精神疾病。这正是妈妈在自己还健康的时候教给纳丁的。后来，她进入哈佛大学，学习公共卫生学和儿科。在选择如何运用所学的知识时，她意识到，自己想帮助孩子们。因此，尽管她的许多同学去为富人开药方了，她却选择去了湾景区，这是旧金山最后一个尚未贵族化的地区，是一个非常贫穷、困顿、充满暴力的社区。她刚到那里工作后不久的某一天，纳丁正和朋友们聚会，她听到了一阵爆裂声，她朝那个方向跑去，发现一个 17 岁的男孩被人开枪击中，正在流血不止。她了解到，在她的新邻居中，由于担心乱飞的子弹会射中睡觉时的自己，有些老人有时就睡在浴缸里。后来，她屡屡回想起这种无时无刻不在经历暴力生活的感觉。她意识到，住在湾景区这样的地方，就意味着一个人持续地被淹没在恐惧和压力中。

**

某天，一个 14 岁的男孩被带到纳丁面前，他被诊断出患有多动症，在这里我称他为罗伯特（按纳丁的要求，我更改了一些细节以保护隐私）。一段时间以来，医生给罗伯特开出的处方药都是兴奋剂利他林，但这对他似乎没有任何作用。他说他不喜欢这种药带给自己的感觉，他想停止服用，但是，他以前的医生坚持要他继续服用越来越大的剂量。

纳丁问罗伯特和他的母亲，他的注意力问题是什么时候开始的。母亲说在他 10 岁的时候，把他送到父亲家居住。接着，他们大概地谈论了夫妻离婚以及这个男孩的生活情况，纳丁随后温柔地问道："为什么罗伯特被送去和父亲住在一起呢？"他们花了点时间讲述这个故事，但时不时地，故事内容就会跑题。罗伯特的母亲处了个男朋友，有一天，她回家时发现，这个男朋友在冲澡时对儿子进行性虐待。她自己在整个童年时代都曾遭受过性虐待，对施虐的男人既恐惧又顺从。就在那一刻，她感到自己很无能为力，于是她做了一件令她深感羞愧的事，她没有向警察报告此事，而是把儿子送走，让他与父亲住在一起。每当罗伯特回来看她时，对他施虐的那个人都在那儿待着，等待着。

＊＊

纳丁对此案例做了很多思考，她开始怀疑，这是否与她所看到的更大范围的问题有关。到湾景区的医疗中心任职后，她注意到，那里的孩子被诊断出患有注意力异常问题的比率高得惊人，远高于较富裕的社区。通常，对此所做的第一个也是唯一的反应是给他们开药，比如开利他林或阿德拉等药效很强的兴奋剂。纳丁曾是一个相信药物可以解决各种问题的人，这也是她为什么要学医学专业的原因。但她现在开始怀疑，如果我们误诊了很多此类孩子所面临的问题，会有什么后果呢？

纳丁知道，几十年前，科学家们就有一些重大发现。比如，当人类身处战场之类的恐怖环境中时，常常会进入另一种状态。她给我讲了一个例子，这个我早先曾简略地提到过。想象一下，你正在树林中行走，遇到了一只看起来很生气并且准备攻击你的灰熊。在那一刻，你的大脑不会再去担心你那天晚上要吃什么，或者你该如何支付房租。它变得只完全集中于一件事：（面前的）危险。你会盯着熊的每一步移动，你的思维也开始搜寻各种可以摆脱它的方法。此时，你变得高度警觉。

现在想象一下，这些熊袭击人的事件经常发生。假设每周三次，会有一只愤怒的熊突然出现在你住所的街道上，而且，它还袭击了你的邻居。在这种情况下，你可能会发展出一种称为"高度警觉"的状态。不管你前面是否有熊出现，你都会时时刻刻地打量周围是否有危险。纳丁向我解释说："高度警觉的状态实质上是指，在你四处寻找熊的时候，你的注意力聚焦在那些具有潜在危险的迹象上，而不是集中于眼下正在发生的事情上，比如你应该学习的课程或应该做的工作。这并不是说处于这种状态的人没在集中注意力，而是他们正在留意周围环境中任何具有威胁或危险的迹象。那才是他们的聚焦所在。"

她描绘了罗伯特坐在教室里的情景：他尝试学习数学，但他知道，几天后他会再看到那个性虐待他的人，那个人可能会再次对自己做这种事。纳丁怀疑，在这种情况下，他如何才能将自己的思维能力带到数学学习上呢？相反，他优先要做的一件事是：找出危险。这不是他大脑功能的失败，这是对无法忍受的境况所做的自然反应。她想知道，在她所治疗的孩子中，有多少人曾被告知他们有一些自带的缺陷，而实际上，他们可能正处于上述的情况中？因此，她决定与诊所的团队一起，科学地调查这个问题。她开始阅读相关的科学研究，并了解到，有一种标准的方法可以识别孩子们是否受到了创伤，以及创伤有多深。这种方法被称为"儿童不良经历调查"。这方法很直截了当，它询问你是否在童年时期经历过十大糟糕事件中的任何一个，比如身体虐待、被残忍对待和忽视等因素？然后，它询问你现在可能正在面临的任何问题，例如肥胖、成瘾和抑郁。

**

纳丁决定，她的团队将用这种方法研究 1000 多名正在接受照料的儿童，搞清楚他们经历了多少童年创伤，看看这是否可能与他们正面临的其他问题有关，包括头痛、腹痛和（至关重要的）注意力问题。他们对每个孩子都做了详细评估。

那些经历过四种或更多种类型的创伤的儿童，被诊断出患有注意力或行为问题的可能性，是未经历过任何创伤的儿童的 32.6 倍。美国各地的其他科学家们也支持这一发现，即如果孩子遭受过创伤，他们更有可能在集中注意力方面遇到问题。例如，妮可·布朗（Nicole Brown）博士在另一项研究中发现，儿童期创伤使注意力缺陷多动障碍症状的出现增加了三倍。英国国家统计局的一项大型研究发现，如果一个家庭里发生了财务危机，孩子被诊断出患有注意力问题的概率会增加 50%。如果一个家庭中有人罹患严重疾病，这种概率则会上升 75%。如果父母一方必须出现在法庭上，则概率会增加近 200%。这个证据的基础面虽然不大，但却还在增长，并且似乎在广义上支持了纳丁在湾景区发现的情况。

纳丁相信，自己已经发现了关于聚焦的关键真相，即要想以正常的方式付出注意力，你必须感到安全。你需要能够关闭正在搜寻地平线上的熊、狮子或它们的现代等同物的思维区域，让自己埋头于一个确定的主题上。在澳大利亚的阿德莱德市，我遇到了琼·朱雷迪尼（Jon Jureidin）博士，他是一位儿童精神科医生，他的专业就是研究这个问题。他告诉我，缩小关注范围"在安全的环境中，是一个非常好的策略，因为这意味着你可以学到东西，并且能蓬勃发展。但是，如果你处于危险的环境中，有选择地关注（仅关注一件事）则是一种非常愚蠢的策略。相反，你需要做的是对周围的环境保持警觉，寻找危险所在的线索"。

纳丁意识到，以前给罗伯特治疗的医生的反应是一个严重的失误。她告诉我："猜猜怎么回事？利他林并不治疗性侵犯。"对于这些孩子来说，"药物只是在治疗表面症状，并没有针对根本原因。如果一个孩子表现出可怕的行为，在绝大多数情况下，这是他向神经系统发出警报的一种很棒的方式，内容是：有什么情况不对劲了"。因此，她相信，当孩子们无法集中注意力时，通常表明他们在承受着巨大的压力。在阿德莱德医院，专长于此的约翰医生告诉我："如果你在这种情况下给孩子服药，就成了一个合谋者，使得他们继续处在暴力或其他不能接受的境遇中。"这并不是一个罕见的案例。一项将遭受性虐待的儿童与一组相同年龄的对照组儿童进行的比较研究发现，性虐待幸存者可能被诊断出患有多动症的概率是对照组的两倍（这并不是多动症的唯一原因，我稍后会再做讨论）。

**

对罗伯特所采取的那种方法可能导致可怕的后果。在挪威，我去采访了政治家因加·马尔特·托基尔德森（Inga Marte Thorkildsen），她对自己的一个选区的案子感到震惊，因此着手调查这些问题，并撰写了一本与此相关的书。那是一个八岁的男孩，他的老师认为，他表现出了所有过度警觉的迹象：他无法安静地坐着，不停地跑来跑去，拒绝做吩咐给他的事情。后来，他被诊断出患有多动症，开给了兴奋剂。不久之后，他死了，颅骨上有条长达 17 厘米的骨裂。他是被自己的父亲谋杀的，人们后来才发现，这个父亲一直在对他暴力虐待。当我在奥斯陆拜访她时，因加告诉我："没有人为此做过任何事情，他们所说的仅仅是：'噢，他的注意力有问题啊，'等等。甚至在给他开药服用期间都没有人和他聊聊。"

于是，纳丁反思：如果开药治疗是错误的，那正确的处理方式应该是什么呢？自己怎么才能帮助罗伯特以及其他需要照顾的孩子呢？她向那些父母解释："我认为（无法专注）是由于你的孩子体内分泌出了过多的压力荷尔蒙所引起的。因此，修复它们的方法应该是这样的：我们应该为他们创造一个好的环境。我们应该尽量不让你的孩子去经历、目睹那些可怕的或压力太大的事情。我们应该给他们提供很多缓冲、很多照料和养育。为帮助你做到这一点，这位妈妈，你应该了解并讲述自己以往的生活经历。"

如果无法为他们提供实际的方法，那这些都会变成空谈。于是，她非常努力地从湾景区慈善家那里争取资金来将此建议变为现实。纳丁解释说，对于像罗伯特这样的案例，需要采取许多步骤。人们应该帮助其母亲接受治疗，这样她才能了解，为什么她无力挑战对罗伯特施虐的人。人们必须为这样的家庭联系法律援助，以便能够对施虐者施加限制令，令施虐者远离罗伯特的生活。人们也必须为受虐待的孩子和母亲开设瑜伽课程，使他们与自己的身体感受重新连接。另外，还必须帮助他们改善睡眠和营养。

纳丁告诉我，你必须"对提供的工具进行裁量，使其与每个人遇到的问题相匹配"。她强调说，实施这些更深层次的解决方案确实是一件很辛苦的工作，但是，她已经看到这些给孩子们带来的改变。"去告知人们：如果你曾经历过童年时期的创伤，你就是被深深地伤害到了。我认为做到这一点并不难。"但同时也得告诉他们，实际上，"我们都有改变的能力"。她在自己的从业过程中始终看得到这一点："当孩子们得到正确的诊断以及有针对性的支持时，他们中从几近退学到上学校荣誉榜的人数实在是很惊人的。"所以，对她来说，这是份"快乐的工作"，因为"它向我们展示了能带来改变的巨大潜力。这就是我在临床实践中所看到的。很显然，注意力多动症是可以治疗的。对其可治疗性心存怀疑并没有意义。更何况，还有那么多容易摘到的果实（不难治愈的）呢。"她相信，如果我们努力去做，人们就会收到这样的信息："我们可以做到，我们改变了社会和医学界，也包括其他所有人应对这些问题的格局。"

**

纳丁相信，她只能聚焦于这项工作的原因是：多年前，她曾是一个住在帕洛阿尔托郊区的受到惊吓的孩子。她告诉我："有一句佛教谚语说：感谢自己经历的痛苦吧，它使你对他人的痛苦能感同身受。"

就在我最后一次见到她之前不久，纳丁刚刚被任命为加利福尼亚州的卫生局局长，这是该州最高级别的医疗职位。但是，尽管享有如此的盛誉和权力，她告诉我，让她更感骄傲的是其他事情。最近，她见到了罗伯特和他的母亲。她看到，由于得到了广泛的帮助，他们都在慢慢改变着。罗伯特不再用服药的方式治疗注意力问题，也没有表现出集中注意力的困难。他们母子之间也正在发展出相互的同情心。他们正在深度疗愈中，而且是以一种药物治疗永远做不到的方式。罗伯特的母亲了解到，自己曾遭受的性虐待深切地影响了她，以致她无法保护自己的孩子，而且，有生以来，她第一次能够以不同的方式看待自己了，对自己也产生了同情心。这也就意味着，她能够对儿子产生同情心了。

纳丁说，从现在开始，他俩都"认识到故事的进展会不同于往常"。

**

纳丁看到了罗伯特遭受的严重创伤对他带来的毁灭性影响，但她也相信，湾景区普通人所过的生活，那种伴随着所有压力的生活，也在腐蚀着人们的注意力。她那些儿童期并没有受到虐待的病人，很多时候仍然在担心着被驱逐、忍饥挨饿或被枪杀。他们承受着持续不断的低程度的压力。

于是，我也想了解其他形式的压力也会影响人们的注意力吗？那些比遭受性虐待轻得多的压力呢？我发现关于这一点的科学证据有些复杂。从实验中得到的证据表明，如果让你承受一定程度的压力，短期内，你在某些任务上的表现会更好。我们都有过这样的经历：比如在上台演讲之前，我会感到有些压力，但这也会促使我清醒、振作起来，去尽力而为。

如果这种压力长期存在，会发生什么情况呢？一个科研小组发现，人处在这种情况下，即使压力较轻也会"极大地改变注意力的进程"。现在，关于这一问题的科学知识已经非常清楚，最近的一份摘要这样写道："现在，大家都已经认识到，压力会导致大脑的结构产生变化，还会带来长期的不良后果。"

我开始问一个问题：为何会这样？其中一个原因是，压力通常也会引发削弱注意力的其他问题。人类进化学家查尔斯·纳恩（Charles Nunn）教授对失眠现象的增加进行了调查，发现失眠通常与"过度唤起状态有关"，当我们体验到"压力和高度警觉时，这种状态会增强"。如果感到不安全，你就无法放松下来，因为你的身体告诉你：你面临危险了，要保持警惕。因此，他解释说，无法入睡不是功能不良，而是"在感知到威胁的情况下出现的一种自适应性特征"。查尔斯总结说，要想切实地对付失眠，"医生需要减轻病人的焦虑和压力源，这样才能有效治疗失眠"。也就是说，他们必须找到原因。

对此还存在哪些更深层的原因呢？这里就有一个例子：每十位美国公民中，就有六位用于应对危机的储蓄额不到500美元，西方世界的许多其他国家也都在朝着这一方向发展。由于经济结构方面发生的重大变化，中产阶层正在消失。我想知道的是：当人们面临更大的财务压力时，其清醒思考的能力会受哪些影响？芝加哥大学计算机科学教授塞得希尔·穆来纳森（Sendhil Mullainathan）对此进行过仔细的研究。他是研究印度甘蔗收割人的团队成员，该研究团队测试了这些人在收获甘蔗之前（经济破产）和收获之后（有足够的钱时）的思维能力。结果显示，当收成结束、有了财务保障时，他们的平均智商要高13个点，这是一个相当大的差距。为什么会这样呢？读过此书的人都会知道一部分答案。当你的财务状况变差，导致你为生存而担心惊受怕时，如果发生任何一件事，从洗衣机损坏到孩子丢失鞋子，都会对你度过一周的能力构成威胁。就像纳丁的病人一样，你会变得高度警觉。

**

在研究这个巨大的压力源的过程中，我一直在思考纳丁对我说的话：你必须"对提供的援助工具进行裁量，使其与人们所遇到的问题相匹配"。我想知道：如果我们将其应用于财务压力，会意味着什么呢？事实证明，有一个地方可以回答这个问题。2017年，在芬兰，由中间派和右翼政党组成的联合政府决定尝试一项实验。曾经，时不时地，世界各地的政客和公民都建议说，我们应该发给每个人每月有保证的少量基本收入。政府告知你：我们会提供给你少量资金用以支付基本费用（食品，住房，供暖），但不会更多了。你无须为此做任何事情，我们只希望你安全，能够拥有满足生存所需的最低基本需求的物质。从共和党总统尼克松到民主党总统候选人安德鲁·杨，都曾提出过这个想法。

芬兰决定停止只说不做，先试行起来。他们随机选择了2000名年龄在25岁至58岁之间的公民，告诉他们：在接下来的两年中，每个月我们将提供给你560欧元，没有附加条件。然后，政府制订了严格的科学计划，以了解接下来发生的事，俟项目一结束，就会发布结果。我采访了图尔库大学社会研究系教授奥利维·坎加斯（Olavi Kangas）博士和西格尼·乔西艾宁（Signe Jauhiainen）博士，他们是研究团队的两位主要科学家，他们就已发表的研究成果对我做了详细的讲解。

　　奥利维告诉我，就注意力和聚焦力来说，这样做带来的差异是非常显著的：一旦人们有了基本收入，他们的聚焦能力就会大大提高。西格尼说他们还无法弄清楚其确切的原因是什么，但是他们发现："金钱匮乏问题确实对集中注意力不利……如果你不得不担心自己的财务状况……这会消耗你大脑的很多思考能力。如果你不必为此担心，那么，它可以提高你考虑其他事情的能力。"

　　虽然这部分有保障的基本收入数额不大，但它确实能使接受者感觉到自己终于站稳了脚跟。目前世界上有多少人拥有这种感觉呢？任何能减轻压力的事情都可以提高我们的注意力。芬兰的实验表明，维持生存的基本收入是避免高度警觉的一个方法，人们的注意力也得到了改善，当然其数额达到能提供给人们安全的基础线即可，不能多到降低人们的工作效率。

　　这使我再次考虑我们面对的手机和网络方面的问题。20世纪90年代后期，互联网进入大多数人的生活，进入这样一个社会：中产阶级开始徘徊不前，金融不安全状况日益加剧，我们的睡眠时间比1945年的人们少了一个小时。在一个压力更大的社会，人们抵抗分心的能力也变弱了。抵制监视型资本主义对人挟持的复杂性本来就很困难，现在，它又正出现在我们看来已经很虚弱的时候，与以前相比，我们更容易被黑客入侵。于是，我打算去调查其他使我们变得越来越脆弱的原因。

**

在这里，想诚实地指出那些将使我在本书后面提到的论点变复杂的事情。根据我后来对压力的科学所做的更广泛的了解，纳丁所教给我的某种方式，挑战了我逐渐相信的某些事物。

正如你在本书前言中所读到的，尽管尚没有任何长期的研究跟踪人们随着时间的推移在聚焦能力上的变化，我还是相信并有理由去说：我们的注意力问题仍在变得越来越严重。我之所以得出这个结论，是因为我们可以通过几个因素加以证明，人们的聚焦力和注意力正在被损害，而且，这些因素还在增加。

不过，还存在着一个与此相反的论点。你可能会问：如果同时出现了相反的趋势，即我们的注意力在变得更好，又怎么说呢？纳丁已经说得很清楚，你过往的暴力经历会损害你的专注能力。但是，在过去的一个世纪中，西方世界的暴力活动大幅度下降了。我知道，这与我们在新闻中读到的内容背道而驰，但这也是事实。斯蒂芬·平克（Stephen Pinker）教授在他的《人性中的善良天使》（*The Better Angels of Our Nature*）一书中非常清楚地说明了这一点。与祖辈相比，你遭受暴力袭击或谋杀的可能性要小得多，这是事实。然而就在不久前，就暴力和恐惧而言，整个世界看起来更像是湾景区，或许还更糟。

被殴打或杀死的威胁无疑是任何人都可能面临的最大压力。既然这些都下降了，我们就能期待这种趋势会改善我们的注意和聚焦。我对此事实坦然承认。

那我是否就认为这个趋势会改善我们的关注点，其重要性超过所有其他因素呢？它是否能超越那种大量增加的切换、减少的睡眠、监视型资本主义的庞大机制、金融不安全感的增加所带来的影响呢？我认为事实并非如此。但这不是我们可以放入计算机去碰撞出数字结果的东西，我们很难去量化和比较每一种影响。也许爱讲道理的人可能不同意我的看法。但是，很可能纳丁的证据表明：作为一个社会，我们的注意力应该得到逐步改善。

但是我还了解到，还有另一种压力源削弱了我们的注意力，它也一直出现在我自己的生活中。

**

作为西方世界的一种文化，我们的工作时间每十来年就变得更长一些。我在纽约罗切斯特采访的心理学教授埃德·德基（Ed Deji）说，比起1969年，现在每个人每年要多工作一个月，才被认为是在做全职工作。同时，对于许多人来说，工作的压力也变得更大了。21世纪初，加拿大卫生部门决定研究其国民是如何度过工作时间的。他们研究了一百多个工作场所（公共场所、私人场所、大型和小型工作场所）中的三万多人，最终得出了一些研究结果，也是至今为止有关我们的工作方式最详细的结果。他们解释说，随着工作时间的增加和累积，人们分心得更厉害，生产力下降了，由此得出的结论是："这种工作负荷是不可持续的。"

我去了两个地方，在那里，他们试行了一些减少人们工作压力的方式。对此有所了解后，我才明白了工作方式对于我们注意力的全部含义。这两个地方相距一万英里，实验方式和实验内容也大不相同。但我认为，对于我们如何克服注意力危机，它们都具有重大意义。

11

深层解决方案（二）

安德鲁·巴恩斯（Andrew Barnes）从未消停过。1987 年，在对金融部门放宽管制之后，他在伦敦金融中心——英国华尔街工作，那时，许多公司正大放异彩。金融业务狂飙突进，西装革履的男人们边交易着数十亿的股票，边在证券交易所的地板上相互嘶吼。在这里，如果你早上七点半后才上班，你是个懦夫，如果晚上七点半之前就离岗，那你就是个傻瓜。因此，有半年的时间，安德鲁都是摸黑醒来，摸黑回家。他已忘记了阳光照在脸上的感觉。

在这个城市，每个人都认为工作量多就是工作得好，直到工作耗尽一生。他在各种需要人全力以赴的公司之间游走。在其中一个公司里，所有新员工在第一天就被叫来，在他们面前的桌子上，有一个已经打印好的辞职信，上面的告知事项是：如果你不能让老板满意，我们就会拿出这封信，那你就会被辞掉。所有人都要在上面签字。安德鲁慢慢意识到，他讨厌这种令人精疲力竭的生活。他告诉我："现在再回头看，我在那个野心的祭坛上，牺牲了自己 20 岁以后 10 来年的时光，在以后的生活中，我很有可能也会牺牲掉我的家庭。"这段刹不住车的超负荷的工作"代价是我一路丢失了某些重要的关系"，很多年后，"我现在不得不重新建立与孩子们的关系"。

于是，安德鲁离开了英格兰，前往澳大利亚和新西兰。随着时间的推移，他在那里取得了真正的成功，并拥有了一系列大型企业。我去采访他时，我们是在他的顶层公寓里会面的，从那里可以俯瞰奥克兰市。但是，伦敦那段见不到阳光的岁月在他的记忆中一直驻留着。

2018 年的一天，他偶然在一家商业杂志上看到一份有关工作效率的研究报告，那时他正在飞机上。这个报告中提到的一些数据吸引了他的注意，研究发现，一个普通的英国工人每天实际上投入工作的时间不到三个小时。这意味着，大多数时候，人们其实都在工作时间开小差。他们在办公室一待就是好几个小时，生命逐渐流逝，但其实他们并没有完成多少事情。

安德鲁一直在思考这一点。他在新西兰经营的公司名为"永久监护人"，拥有十几个办事处，雇用了 240 多名员工。该公司负责起草遗嘱、经营和管理信托。他想知道，这些难看的生产率数字是否也发生在了自己的员工身上。如果是这样，那每个人都输了，工人们感到无聊、分心，工作时担心着其他事情，尤其是没有得到他们应有照顾的家庭；同时，雇主也无法拥有专注于手头工作的劳动力。在安德鲁的脑海深处，还有一段关于他自己无法正常工作的回忆，那时，他感到自己的聚焦能力和判断力都被抛弃了。

所以，某天他自问：如果我想对整个公司做些改变，即从现在开始，让每个员工每周只工作四天，工资额保持不变，会有什么效果呢？这样应该能空出一些时间使他们得到休息、享有适当的社交生活、与家人相处吧，而这些通常都是他们只有利用工作间隙才能去做的。如果给他们提供这些条件，是否意味着工人们每天可以多花45分钟专注于他们的工作任务呢？根据他做的粗略估算，在这种情况下，公司的生产率实际上将得到提高。给人们更多的时间去休息并享受生活，可能意味着他们的工作效率将得到提高。

为了弄清楚这样做是否正确，他开始回顾历史上那些针对改变工作时间所做的实验。例如，第一次世界大战期间，英国有一家弹药工厂，原来人们每周工作七天。当工作时间减少到六天时，工厂实际上生产了更多的产品。安德鲁想知道，这个原则可以扩展到多大程度？

于是，他决定做一些大胆的尝试。他安排了一次电话会议，告诉所有员工，不久之后就要试行如下的方案：按目前每周五天工作量发给他们工资，但实际上只要求他们每周工作四天。但是，他说："作为回报，你必须找到能真正完成你工作量的方法。我的直觉是，这样做你会提高工作效率的，但你必须向我证明我是对的。我们将试行两个月。如果到那时生产力没有下降，我就会把每周四天的工作制度固定下来。"在离公司总部很远的一个名为罗托鲁瓦的小镇，该公司设立了一个办公室，我去拜访了那里的每个员工，其中一位叫安珀·塔里的人告诉我他当时的反应是："什么？我听到的这个消息确切吗？"工人们都很兴奋，但也对此既怀疑又警惕，这样的计划怎么会真正成功呢？是不是存在着看不见的陷阱？也在该办公室工作的杰玛·米尔斯告诉我："我起初不太相信它会起作用。"他的管理团队也非常怀疑。"我的人力资源主管真的惊趴下了。"安德鲁对我说。经理们感到，这肯定会降低生产力的，到时候责任又会归咎于他们。

安德鲁给公司一个月的准备时间，在这期间每个人都必须思考更好的工作方式。而且，他还召集了一批学术研究人员来检测实际成果。首先要找出并最终解决多年来一直困扰并损耗着生产力的事项。例如，某个人的一项工作内容是输入数据，但因为所使用的两个不同的系统无法相互沟通，使得她不得不重复输入数据，这就导致她每天多浪费一个小时的工作时间。现在，她去找IT部门，坚持要求他们予以解决。整个公司内都在进行着数百种这样的变化。在另一个办公室里，工作人员买了一小把旗帜，如果自己不想被打扰，就在办公桌上竖一面旗帜，表示自己此时正在集中精力地做事。

永久监护人公司的另一位雇员罗素·布里奇告诉我："让

大脑围绕这个概念运转起来需要一段时间，因为这太有挑战性了。如果你很久以来一直按照8点到5点的模式工作，你的大脑就会变得顽固不化。"但，改变依然发生了。对多出来的属于自己的一天空闲时间，人们各自以不同的方式度过。安珀每周将她三岁大的女儿带出去，自己陪她一起玩耍。杰玛说："这额外的一天休息时间，"结果"让我整体上感觉到更好了"。罗素开始在家中自己动手搞维修，以及"与家人共度美好时光"。他告诉我，这使他意识到："人类就是被设计为需要休息的，之后生产力才能更高。"他发现，回到工作岗位后，感觉到自己更加"精神饱满了"。

在与我交谈时，每个经历过此实验的人几乎都一致强调说，他们注意到了一个共同的变化。正如杰玛告诉我的："我分散注意力的时候很少了。"什么原因呢？她说，就她来说，这和压力得到减轻有关。"我认为，如果你一直不停地做事情，你的大脑不一定会那么容易地关机。你根本没有时间来让它关闭和放松……你的大脑习惯了不断地进行思考。"但是，她发现，"多休息一天"让她可以放松下来，因此，当她重新上班时，头脑也更加清晰了。

当然了，工人们已有现成的理由相信这一点，他们也想继续保有这多出来的一天，更重要的是要对此做更客观的测量。那么，研究这些变化的学者发现了什么呢？他们说，所有分散注意力的迹象都在急剧减少。例如，他们通过监控员工的计算机测量出：在工作时，人们花在社交媒体上的时间减少了 35％。同时，他们的敬业度、团队合作精神和在工作上的积极性提高了 30％ 至 40％，其中一些数据是通过观察员工测量到的，另一些则是通过他们的自我描述获得的。人们的压力水平下降了 15％。工人们告诉我，他们的睡眠时长、休息时间以及阅读量都增加了，人也更放松了。最初持高度怀疑态度的安德鲁的管理团队，得出了一个令人惊讶的结论：他们承认，公司在四天内取得的成绩与五天工作制一样。现在，公司已将这些改变固定下来。

海伦·德莱尼（Helen Delaney）博士在奥克兰大学商业与经济学院研究了这些变化。她笑着对我说："这不是一个可怕的失败。因为工作完成了，客户开心了，员工也快乐了。"当她深入采访这些人时，她发现"员工们真心喜欢每周四天工作制……他们爱这个。谁不爱呢？"海伦发现，这多出来的时间给了他们两件东西。首先，它"使人们能够与那些在现代生活的狂热中迷失的其他人培育人际关系"。一位高级经理告诉她，自己过去一直在想办法与儿子相处，但现在，他已经有大量的空闲时间与儿子共度了，并且"我意识到自己实际上很喜欢和儿子在一起，他非常喜欢我，这是我们在一起的好时机"。其次，人们也谈论了很多"属于自己的时间"。这些受访者告诉她："当周围没有其他人，没有孩子、伴侣陪伴时，我能够做自己想做的了。"

在其他许多地方也进行过类似的尝试，即使方式很不同，但他们都陆续地发现了相似的结果。20 世纪 20 年代，英国的谷物生产商 W.G. 克罗格先生将员工的工作时间从每天的八小时减少到六小时，工作场所的事故（这是测量注意力的好方法）随之减少了 41%。2019 年，在日本，微软分公司将工作时间改为一周四天，报告说公司生产力提高了 40%。大约在同一时间，在瑞典哥德堡，一个敬老院将一天八小时的工作时间改为每天六小时，同时不减工资，结果，员工的睡眠时间增加，压力减轻，请病假的时间也减少了。也在同一个城市，丰田分公司将每个工作周内员工每天的工作时间减少了两个小时，结果显示，机械师们的生产量是以前的114%，利润增加了 25%。

所有这些证据都表明，当人们工作时间减少时，他们的专注力也大大提高了。安德鲁告诉我，我们必须挑战这样的逻辑：工作量多就是工作得好。他说："有工作时间，就要有一段不工作的时间。"但今天，对于大多数人来说，"问题是我们没有时间。时间、思考和适当的休息，可以帮助我们做出更好的决定。所以，仅通过创造这种机会，我的工作质量和员工的工作质量都得到了提升。"安德鲁听从了自己的建议。现在，他每个周末都休息，回到附近岛屿上的家中，不将任何设备链接到互联网上，这在他一生中还从未这样做过。杰玛，那位告诉我说她刚开始时对此很警惕的工人对我说："你知道，与每天工作到晚上 12 点相比，我们还有更多的事情要做……你必须在工作之外有自己的生活。"

后来，在斯坦福大学，我与那里的组织行为学教授，研究科学工作方式的专家杰弗瑞·菲弗（Jeffrey Pfeffer）先生讨论了这些问题。他说，以上这些方法起作用的原因是显而易见的。他说，如果去问任何体育迷："如果你想赢得一场足球比赛，或者一场棒球比赛，你真的希望自己的球队拼到精疲力尽吗？"他对这个问题悬而不答。他问："为什么我们其他人会有所不同呢？"

**

有一天，我沿着奥克兰的海岸散步，想着自己所看到的一切。让我感到震惊的是，这竟然是我到过的第一个直接挑战我们日益加速的社会所遵循的逻辑的地方。我们生活于其中的文化一直促使我们走路更快、说话更急、工作时间更长，而且，我们还被教导要把这当作生产力和成功的源泉。但是，在这里，有一群人却说："不，我们要放慢速度，为休息和注意力创造出更多的空间。"

目前，对大多数人来说，这个明智的决定似乎依然是一种奢侈品，绝大多数人还无法放慢脚步。他们担心，这样做会失去工作或现有的生活状态。如今，甚至有 56% 的美国人每年只能休假一周。这就是为什么当你告诉人们说，做某些事能提高注意力，比如：一次只做一件事，多睡一会儿，多读书，让你的思维漫游，这一切可能就会轻易地陷入冷酷的乐观主义的原因。目前社会的运作方式意味着他们无法做到这些。但我们无须这样，我们的社会是可以改变的。在思考这些时，我感到有些不安，因为，在我以这种方式讲述新西兰发生的事情时，基于某些原因，我可能会给人留下在误导他人的印象。我非常喜欢安德鲁·巴恩斯，他是一个悟性很高且正派的雇主，但是，我不想让你有这样的印象：你也可以等自己的老板顿悟，这样你就可以一周只需要工作四天。如果我们希望这种改变发生，那你很可能不得不另辟蹊径。

想想享有周末这事吧。一百多年来，绝大多数工人都因此得到了一定的休息和思考的空间。事情是怎么发生的呢？在18世纪，随着工业革命的兴起，许多工人发现自己被雇主强迫着每周工作六天，每天工作10个小时。这使得他们身心俱疲。于是，他们开始团结起来，要求缩短工作时间。第一次罢工发生于1791年，就在费城。当时，警察殴打工人，许多人被解雇。但是，工人们没有放弃，他们更加努力地回击。1835年，他们组织了要求八小时工作制的大罢工。经过几十年的奋争，最终，现在几乎每个人都可以一天工作八小时，每周有两天周末可享受。

**

除了某些像安德鲁这样的令人尊敬的例外，公司的所有者不会自愿采用更短时间的工作制的，相反，他们只会要求比脸书公司还要长的工作时间。必须由我们去推动那些公司这么做。周末的引进就是有史以来对一个加速发展的社会所做的最大挑战，只有做同样的抗争才能让我们拥有每周四天的工作制度。

这个洞见与实现这一目标的另一个大障碍有关。四天工作制可以在领薪水的工人那里践行,但是,有越来越多的人进入"零工经济",即他们争先恐后地干着数份工作,根本没有签任何劳动合同,或者有固定的工作时间。之所以发生这种情况,是由一个非常具体的变化带来的:在美国和英国等国家,大政府崩解了,这在很大程度上摧毁了工会。这就使得工人越来越难以团结起来就签订工作合同和提供固定工作时间等方面提出自己的要求。对此,唯一的长期解决方案是坚定地重建工会,使人们有能力要求这些基本权利。这样的事情已经开始做了,例如,在美国各地,快餐店的工人们正在联合起来,要求每小时 15 美元的最低工资,他们取得了难以置信的成功。超过 2200 万工人的工资已得到增长。

我们不但要推动雇主这么做,还必须与自我内在的某一部分做抗争。当我与永久监护人公司的工作人员在一起时,我发现,他们讲述得很有说服力,但是,我一直在根据自己的直觉往后倒带,寻找他们所讲内容中的缺陷。起初我并不知道为什么会这样。后来,我意识到,在一天结束后,每当感到筋疲力尽时,我才会觉得自己的工作量足够了。在设计出第一代 Macintosh 计算机的团队人员穿的 T 恤上面,夸张地写着:"每周工作 90 个小时,这才是真爱!"对于职业阶层来说,这是很疯狂的口号。许多人已将个人认同建立在让自己工作至筋疲力尽上,我们把这称之为"成功"。在一个不断加速的文化中，放慢脚步是很难的，我们大多数人都会为这样做感到内疚。这就是我们所有人应该共同努力的一个重要原因：要把它当作是一个社会性的、结构性的改变。

**

当新冠肺炎疫情向世界各地扩散时，很多人都认为，从它带来的所有悲剧和恐怖中，至少会产生一个好的结果。许多人（并非所有人）都摆脱了日常通勤和上班的压力。因此，有个设想是，这可能会创造出一些空间让人们得到更多休息。但是，实际上，在疫情期间工作时间却增加了，仅在第一个半月的封锁期，美国工人平均每天增加了三个小时的工作时间。在法国、西班牙和英国，人们平均每天多工作两个小时。对此，目前尚不清楚其原因。有人认为，这是因为开 Zoom 视频会议花费了太长的时间。其他人则认为，在不安全的经济状态下，人们更急于证明自己是在工作，这样才不会被解雇。

这表明，并不存在能使我们从工作时间越来越长的车轮下解放出来的巨大的外部力量，甚至于连全球疫情大流行也不行。只有通过共同努力我们才能改变现有的规则，做到获得放松。

不过，疫情也向我们展示了与每周工作四天相关的东西。它表明，企业不但可以做到在很短的时间内从根本上改变他们的工作方式，而且还能继续正常运转。2021 年初，安德鲁·巴恩斯在 Zoom 上对我说："如果一家英国银行的首席执行官说'在家中我们就可以管理一家有六万名员工的银行'，一年半以前你会说不可能的，对吧？"然而，这种情况确凿无疑地发生了。"所以……你肯定可以用四天来打理生意，而不是五天，没错吧？"安德鲁告诉我，其他经理也曾经对他说，一周只工作四天是不可能做到的，理由是，如果经理们见不到员工的面，就无法信任他们。后来，安德鲁又给他们打了电话，让他们再考虑一下这个方案："现在，员工们不都在家工作吗？妙的是，工作还都圆满完成了。"

我们的工作方式看来似乎是固定的、不可改变的，然而，直到它改变为止，我们才意识到它原来根本不必如此。

**

在一万英里之外的巴黎，工人们想到了一项类似的有助于减缓生活节奏的建议。在智能手机兴起之前，一天的工作结束了，它就是结束了。唯一经常准备着被电话找到的人是医生、总统和总理。

但是，自从我们的职业生涯开始受到电子邮件的支配，人们就越来越期望员工能够不论白天和黑夜任何时间都做出回应。有一项研究发现，三分之一的法国从业人员认为，他们永远无法拔下计算机和手机的电源插头，担心会因此错过希望他们回复的电子邮件。另一项研究发现，只要有一个随时要待命的期待，就会引起员工的焦虑，即使实际上并没有人在任何指定的夜晚联系他们。

事实上，工作时间的概念已经被取消，我们一直都在待命中。2015年，法国的医生解释说，他们接待"精疲力竭"病人数量激增，选民们要求对此采取行动。于是法国政府委托电信公司橙子公司的负责人布鲁诺·梅特林（Bruno Mettling）去研究，并找出解决办法。布鲁诺得出的结论是，这种不断保持待命的工作方式，对人们的健康和工作能力造成了灾难性的影响。因此，他提出了一项重大改革。他说，每个人都应该有"断开链接的权利"。

这项权利很简单：你有权要求清晰地框定你的工作时间。在这段工作时间之外，你有权拔下插头，不必再查看电子邮件，或与公司有其他任何工作方面的联系。此后，在2016年，法国政府将此通过为法律条文。现在，任何拥有50名以上员工的公司，都必须与工人进行正式谈判，以商定可以联系他们的时间，除此之外的其他所有时间都是超范围的（规模较小的公司可以制定自己的章程，而不必正式征询工人的意见）。

从那以后，有几家公司因试图迫使人们在工作时间之外回复电子邮件而面临处罚。例如，害虫防治公司能多洁（Rentokil）曾抱怨一位当地的分公司经理，说他没有对工作时间以外的电子邮件做出回应，之后，能多洁公司不得不向该员工支付6万欧元（约合7万美元）的赔偿。

实际上，当我去巴黎与在公司工作的朋友交谈时，他们说，变革的进展还是太慢了。法律并没有得到严格的执行，大多数法国人还没有体验到多大的转变。但，这是我们所有人需要沿这个方向迈出的第一步。

坐在巴黎的一个咖啡馆里，我思考着自己所看到的那些。除非你赋予了人们这样做的合法权利，否则，没有理由向人们宣讲关于拔掉电源有何好处。实际上，向那些不被老板允许放松的人讲解放松的好处，是一种令人发指的嘲讽，这就像给那些饥荒受害者上课说，如果他们能在丽思酒店吃晚饭感觉会更好一样。如果你已经很富有，你现在就能够做这些改变。但是，对于其他人来说，还是需要让自己先成为集体抗争的一部分，以收回从自己手中夺走的时间和空间，这样，我们最终才能够休息、入睡，恢复注意力。

原因九与十

饮食与环境污染

在我的童年和少年时代，每年夏天，我都被赶出伦敦郊区的家中，到一个在我看来仿佛土星环一样陌生的地方。我父亲出生在那里，它是位于瑞士阿尔卑斯山区的一座木制农舍。他会对我大喊："你必须去农场！在那里，你会学到如何成为一个男人。"因此，在一年中的六个星期里，每个早晨，我都会在浓雾般的迷茫中，在父亲小时候与四个兄弟共住的小房间里，被公鸡的打鸣声叫醒。

我和瑞士的祖父母一起度过第一个夏天时我九岁。在他们的一生中，他们绝大多数情况下吃的食物都是自己种植、饲养或自己屠宰的。他们有一个巨大无比的园子，在那里，种植了水果和蔬菜，并饲养动物。但是，每当他们把食物放在桌子上时，我都会盯着看，极力地去辨认它们可不可以吃。在我自己的家里，母亲和外婆是苏格兰工人阶层的妇女，她们用薯片、油炸食品、超市购买的加工食品以及大量的巧克力喂养我。

大概在我七岁的时候，我们家有了微波炉，从那时起，我就以加热的比萨饼和炸薯条为生。所以，在瑞士的最初几周里，我会恳求他们给我买薯片、比萨饼，以及任何我看着是食物的东西，却拒绝吃祖母准备的东西。"Ce n'est pas nourriture！"我发自内心地说："这不是食物！"

我的祖父母感到很困惑。有一天，我的祖母投降了，带我去几个小时车程外的城市吃麦当劳。她用饱含同情心的厌恶看着我吃，没有为自己点任何东西。几年后，当我在拉斯维加斯偶然看到了一位精神状态不良的无家可归者，看着他从垃圾中扒拉已经腐烂、爬满虫子的食物充饥时，我想到了祖母的这个面部表情。我觉得，我当时的表情与那天祖母在苏黎世麦当劳里的表情完全一样。

从祖父母辈过渡到我的两代人中，那个对我们人类来说最基本的要素之一，我们摄入体内作为生命燃料的东西，发生了戏剧性的转化。我采访的世界各地的专家们都说，是的，大家都知道这种变化对腰围和心脏不利，而且也在造成糖尿病和其他疾病的大幅上升，但是，我们一直忽略了另一个关键的后果：它正在严重地损害着我们的注意力。

**

戴尔·平诺克（Dale Pinnock）是英国著名的营养学家。

和他在伦敦一起就餐时，我试图忽略菜单上多汁的汉堡包，点了豆腐和蔬菜，想让他对我印象深刻。他告诉我，如果想弄明白许多人难以集中精力的原因，你可能需要像我说的这样去想。他说："如果你将洗发水倒入汽车发动机中，一旦它失灵，你不会挠头迷惑不解。"然而，在整个西方世界，我们每天都在往自己的体内放入一些"与原本用来作为人类燃料的物质大相径庭"的东西。他说，获得持续的关注力就是一个物理过程，这需要你的身体配合。所以，如果你用剥夺它所需要的营养，或者用向它充塞污染物的方式糟蹋自己的身体，那么，你的注意力就会受到损坏。

戴尔，以及与我一起就此问题进行讨论的专家指出，有三种饮食方式，破坏了我们的聚焦能力。首先，我们目前所吃的饮食会导致频繁的能量激增和能量崩溃。戴尔说，如果你吃（比如说）一个奶油夹心蛋糕，你的"血糖就会一下蹿到峰值，然后再降下来。这将影响你集中注意力的程度。因为，如果你的能量太低，你就无法全神贯注于事情上"。

但是，现在我们大多数人在早晨吃的食物，都等同于一个奶油夹心蛋糕，尽管我们对此毫无觉察。"想想人们采用的这种模式吧：早晨，他们可能会吃一碗谷物和一片吐司，通常是香甜玉米片和白面包。"因为其中的纤维含量非常少，所以，能为你提供能量的葡萄糖"将非常快速地被释放出来。因此，你的血糖确实会上升得很高、很快，这样确实很棒。但它只能持续大约20分钟。"然后，"它会迅速下降。它下降时，也就是你变得疲乏时"，这时，"你的大脑如坠云雾之中"。

＊＊

这种情况发生时，你会坐在办公桌前努力尝试着进行思考。在学校的课桌前，你的孩子也有同样的经历，她无法再听老师讲课。因为这时，"她的能量已非常非常低，她不断感觉自己需要一支增能剂……那是血糖在急剧下降"。发生这种情况，你和你的孩子（就感到）需要吃更多的含糖和碳水化合物的零食，以使注意力再次集中。"如果每次进餐时你都吃那些便宜、低劣的碳水化合物，你就会一次又一次地经历这种坐过山车的感觉。"他补充说，如果你就着咖啡因吃这些食物，前者对血糖的影响则会被大大地增强。只吃一个牛角面包就会使血糖明显升高，但是，如果你同时还喝一杯咖啡的话，血糖会飙到更高，并且，之后会产生更具破坏性的血糖崩溃。

这些升高和崩溃在全天候地发生着，就会使我们感到非常耗竭，无法长时间地集中注意力。他略微改变了一下隐喻，说这就像"将火箭燃料放到了微型飞机上，飞机会很快烧毁、解体，因为它无法处理这些燃料。但是，如果注入专门为它设计使用的汽油，它就能很好地运转"。

在这方面已有科学共识，即我们目前的饮食会导致这些能量的崩溃，这也是经英国国家卫生局仔细核实过的事实，官方网站也对此发出了警告。因此，戴尔说，如果我们想提高孩子的聚焦力和注意力，我们第一步应该做的是"停止在早餐中喂给他们恶心的可乐、一碗糖和牛奶的混合物。先试着给他们适当的食物吧"。他说，一旦这么做，我们就能很快看到结果，因为"正在发育中的大脑对变化的反应非常灵敏"（他后来解释说，现在，家长们必须与一批试图让孩子吃糟糕食品的广告商和食品供应系统做斗争，后者就像脸书一样，被设计出来的目的就是挟持我们的弱点）。

**

饮食影响注意力的第二种方式是，我们大多数人目前吃的东西，导致我们失去了大脑发育和充分运作所需的营养。在人类历史中，我们吃的东西大概都和我祖父母辈吃的一样。他们食用的是他们了解其来源的新鲜食物。正如伟大的美食作家迈克尔·波兰（Michael Pollan）（他对戴尔产生了重大影响）所说的，就在他们和我之间的两代人中，食物经历了深刻的变革，这意味着，我们根本看不懂彼此的饮食了。20世纪中叶，从新鲜食品迅速转向在超市售卖的预先烹制、加工后的食品，就是为了可以重新加热。为此，这种食物必须以一种完全不同的方式准备出来。它们被加足了稳定剂和防腐剂，以确保摆放在超市的货架上不会变质。事实证明，这一工业过程流失了食品中的许多营养。

然后，由于我们越来越习惯与以前完全不同的食品了，食品行业开始寻找更多精准的方法，直接对标人们原始的以快乐为中心的自我，这些食品也因此失去了以前类似的食品所含的营养成分。他们将大量的从未在自然界中出现过的糖分、反式脂肪和各种前所未有的新发明塞进食物里。在美国和英国，我们现在所吃的大部分食物都属于"过度加工食品"类别，正如迈克尔·波兰指出的那样，它与天然食品的距离是如此遥远，以至于很难去弄清食物原来的成分了。

**

目前，虽然我们无法确切地了解它影响注意力的程度，但是，还是存在着一些很明显的可以寻找的线索。自20世纪70年代以来，科学家们进行了数项科学研究，旨在弄清饮食习惯改变时注意力发生变化的情况。2009年，一组荷兰科学家找到27名被确定难以集中注意力的孩子，然后将他们分为两组。给他们中的15人吃指定的所谓"寡抗原"饮食，即他们不会吃到我们大多数人每天都吃的垃圾：防腐剂、添加剂、合成染料等，而是必须吃我们的祖父母们能够认出来的那种食物。另外12个孩子继续吃平常吃的西式食物。然后，团队对他们进行了几周的监控。结果发现，超过70%的孩子在不吃含添加剂的食品后注意力得到了改善，平均而言，他们的注意力得到了50%的显著改善。

不过，这只是一项小型研究，该小组决定进行后续研究。

他们找了 100 个孩子再次进行实验，观察孩子们五个星期。结果再次证明，大多数坚持"寡抗原"饮食的孩子，其注意力和聚焦力都有很大的改善。超过一半的孩子的情况变得特别好。

　　进行这些研究的科学家们在调查验证这样的观点，即这些孩子是因对我们的日常饮食过敏而无法集中注意力的。这一点很有可能。不过，对我来说，他们的实验似乎更匹配我正在了解的一种更广泛的思考：如果你吃的食物正是我们人类进化到这一步所需要的，你的大脑会运作得更好。在纽约，我与"营养精神病学"开创者之一的德鲁·拉姆塞（Drew Ramsay）博士共进早餐。营养精神病学是一个研究饮食和心理挑战之间关联的领域。他说，如果有人怀疑这些见解，他会问对方"你们认为注意力来自哪里呢？……大脑是在吸收食物的基础上构建而成的。所以，它们之间存在着根本的联系"。他告诉我，只有获得广泛和关键的营养物质，你的大脑才能发育、增容。举一个经过了充分研究的例子：如果你吃的食物中缺乏 omega-3（它主要存在于鱼类中），你的大脑就会受损。仅仅用补充物代替这些食物并不够，相对于从胶囊中吸收营养，让你的身体从真实的食物中吸收营养会更有效。

**

　　第三个原因是，事实证明目前的饮食不仅缺乏我们需要的营养成分，甚至还含有更多的似乎像药物一样作用于我们大脑的化学物质。例如，2004 年，英国南安普敦的一组科学家找了 297 名发育正常的孩子，他们的年龄分别在三岁以及八九岁，然后，研究人员将他们分成两组。给其中一组孩子喝的饮料中含有饮食中经常使用的食品添加剂，给另一组孩子的饮料中则不含这些，然后观察他们的行为表现。喝了含食用添加剂的饮料后，孩子们变得爱动的可能性大大增加了。从其他研究中也得出了类似的发现。自从研究中得出这些明显且确切的证据之后，许多欧洲国家禁用了这些添加成分，但美国的监管机构却拒绝这么做。现在，在美国，大众每天仍在食用含添加剂的谷物和零食。我想，这是否可以解释欧洲和美国在注意力缺陷多动症患病率方面的差距。

戴尔告诉我，如果想了解有关的实际情况，应该到世界各地去看看，到那些人们的身体和精神比我们更健康、被诊断出的多动症和痴呆症更少的地方去。他说，如果你按我说的去做，你起初可能会对此感到困惑，因为他们所吃的饮食实际上是非常不同的：有些人大量食用鱼类，有些人则几乎不吃鱼；有些人吃很多植物，有些人则很少吃这些；有些人吃很多碳水化合物，有些人则根本不吃。你找不到共性。你不会找到它的。但是，"有一件事是共同的，即他们全都远离那些让我们生病的垃圾食品。他们不吃精制的碳水化合物、加工食品、垃圾油。他们都是以全面饮食为基础的……这就是关键。这就是那颗魔法子弹：回到全面饮食，也就是那些原本给人吃的食物上去"。他引用迈克尔·波兰的话说，我们应该只吃祖父母认为是食物的食物，我们应该只在超市的外圈购物，在那里，前面摆放的是水果和蔬菜，后面摆着肉和鱼。他警告说，超市中间部位摆放的东西根本不是食物。

然而，我们不但没有向儿童推广健康食品，反而经常向他们推销最糟糕的食物。在波士顿，另一位营养精神科医生乌玛德维·奈杜（Umadvi Naidu）博士告诉我，几年前，美国学校里用于午餐的资金被削减，然后，"食品公司搬了进来，并提供了自动售货机"。现在，"判断一个学校是不是在推销糟糕的食物，只要看眼前那些明显的线索就知道，比如，孩子们手里拿的是否有加工过的糖果和饼干。"她认为，这与儿童注意力问题的增加"绝对"有联系。基于以上的因素，再加上许多其他的原因，就验证了我在波特兰采访过的 ADHD（注意力障碍多动症）问题专家乔尔·尼格（Joel Nigg）教授所写的："巨大的变化正在发生……如果你认为孩子的多动症可能与食物有关，目前的科学研究是支持你的。"

**

我喜欢那些采访过的人们，但是，当我做这些交谈时，我并不舒服。我的许多情绪都与他们解释给我的那些杀伤注意力的食物有关。我被养育成一个在不健康的食物中寻找安慰的人。感到沮丧时，我会努力找寻它们。当我回顾这些食物对我的影响时，我再次想到我在普罗温斯敦的时光。那里没有快餐连锁店，没有麦当劳！没有肯德基！甚至没有汉堡王！那里只有一个比萨店。因此，在那三个月里，我几乎只吃健康、新鲜的食物，如同在瑞士度过的那些漫长的夏日。这三个月是我有生以来吃健康食品的最长久的时光。我想知道，这是否也对我在那里能如此轻松、如此出色地专注和聚焦起到了作用。

**

当我写到这里时，我一直在回忆上次见到我瑞士祖母的经历。我们一起步行到她的山上。那时，她年龄已有八九十岁了，走起路来步履比我还快。她带我进到她的大园子里，俯下身子清除杂草，观察胡萝卜和韭菜的生长情况，她养的鸡群就在周围自由自在地扒拉着。随后，她以轻快的动作，挑出我和她那天晚上要一起享用的食物，我看着她做饭。对她来说，这一切都很自然。而对于我呢？我现在觉得，这应该是一个启示。

然而，我可以想象到，向人们展示这一证据也会被认为是一种冷酷的乐观主义。你可以想象照片墙的博主们会抓住这些，然后发布：看吧！只要改变你吃的东西，你的注意力就会恢复！但事实是，这是一个结构性的问题。没有哪个人能像我祖父母那样拥有一座山和一个农场。他们必须在超市里采买食物。在那里，到处摆放着廉价的加工食品，根据巨额的广告预算在做推销。如果想克服这个问题，我们每个人都需要做一些个人层面的改变，但是，我们仍然需要应对其背后更大的力量。今天，就像特里斯坦教给我的，每当你尝试放下手机时，屏幕后都会有上千名工程师试图让你再次拿起它；每当你尝试放弃加工食品时，都会有一个团队的专业营销人员让你破防，你不得不回到原地。从你出生的那一刻起，他们就一直在努力使你将积极的感觉与不健康的食物联系起来。他们将我们完美地编程为一个替他们填补利润空间的人，而不是为自己的大脑健康负责的人。这个机器需要关闭了，免得它再去扭曲下一代的口味，偷走他们的注意力。

**

注意力危机的另一个因素很可能是我在本书中提到的所有导致注意力缺失的因素中最大的一个。我们都知道，暴露在受污染的空气中，或者如果我们购买的产品中含有工业化学物质，这对我们也很有害。如果你问我是何时开始为这本书做研究的，我本来可以说是空气污染导致了哮喘和其他呼吸问题的产生。但是，我很震惊地了解到，越来越多的证据表明，污染正在严重损害着我们对事物的关注能力。

为理解这一点，我广泛阅读了有关该问题的科学知识，并采访了一直在做相关的前沿研究的科学家们。法国著名的科学家芭芭拉·德梅内克斯（Barbara Demeneix）教授曾获得过多个重大奖项，她说："在生活的每个阶段，不同形式的污染都会影响人们的注意力。"这就是为什么"我们神经发育方面的疾病在呈指数性增长……多动症在全面蔓延"。她直言不讳地说，我们现在被如此多的污染物所包围，以至于"我们今天几乎不可能拥有正常的大脑了"。

为我们大多数人所知的每天都存在的污染形式是空气污染，于是，我采访了英国兰开斯特大学环境科学教授芭芭拉·马赫（Barbara Maher），针对这方面的影响，她一直在做着可能会改变游戏规则的研究。她向我解释说，如果你今天住在一个大城市里，那么，你每天都在吸入一杯化学汤料，它是许多不同污染物的混合物，其中也包括汽车发动机排放的污染物。你的大脑并没有进化到能吸收这些化学物质，也不知道该如何处理它们。因此，她说，仅仅生活在一个污染严重的城市中，你就在经受着"对大脑长期反复的折磨"，大脑就会以发炎来做出反应。我问她："如果这种情况持续数月，甚至数年，会怎样呢？"她说："这将导致大脑的神经细胞即神经元受到损伤。这取决于剂量大小（即污染的严重程度），取决于你的遗传易感性。最后，随着时间推移，你的脑细胞会受到损害。"

**

她发现，污染状况越严重，对大脑的损害也会越厉害。沉浸在这种损害中数年后，你更有可能患上最严重的一种脑退化症，即痴呆症。在加拿大，一项研究发现，生活在城市一条主街道 50 米内的人患痴呆症的可能性，比那些不住在主路边上的人增加 15%。不过，我问了芭芭拉这样一个问题：在发炎导致人完全痴呆之前，炎症对人的精神功能会带来什么后果呢？"如果影响是长期的，人很可能会变得具有攻击性，行为失去控制，产生注意力缺陷。"

她说，对于儿童的大脑而言，这尤其令人担忧，因为他们的大脑仍在发育中。"我们现在已经目睹了这样的事，在一个污染严重的环境中，在幼儿身上已经开始发生这些退化性疾病。那可是我们的下一代啊！我在墨西哥的同事一直在做核磁共振成像（MR）扫描，他们已经在受严重影响的年轻人身上看到了大脑组织的萎缩现象。"一个地区的污染越大，其危害性就越严重，以至于有些地方出现了"病灶"。即使在年龄很小的患者身上，你都会看到大脑中出现的斑块和扭结（就像痴呆症患者一样）。巴塞罗那的一位科学家乔迪·桑尼尔（Jordi Snnyer）教授测试了全市范围内学童们的关注力，他发现：污染越严重，孩子们的学习能力就越差。

**

这真的让人目瞪口呆。它告诉我，在我们周围确实有一个注意力杀手。对此我感到压力重重。我们该如何与之抗争呢？我随后从历史中获得了某些线索。我首先研究了一种特定污染物对我们注意力的影响——铅。早在古罗马时代，人们就知道铅对人类有毒。例如，建筑师维特鲁威（Vitruvius）曾请求罗马当局不要用它来建造城市的管道。然而，几个世纪以来，铅被用于油漆房屋和水管，随后，它还在 20 世纪初被添加到了汽油中，这意味着，它被泵入世界上每个城市的空气中，并被居民们吸入体内。当时，科学家们发出警告说含铅汽油很可能会带来灾难。1925 年，当通用汽车公司宣布在汽油中添加铅是"上帝的礼物"时，美国领先的铅研究专家爱丽丝·汉密尔顿（Alice Hamilton）博士就警告该管理者说，他这是在玩火。她说："哪里有铅，哪里迟早就会出现铅中毒的情况。"很明显，它可能会对人的大脑产生不良影响：大剂量铅中毒会使人产生幻觉、失去理智，甚至死亡。开发出含铅石油的工厂大面积爆发了其工作人员因接触铅而变得疯狂与死亡的事件。

其实一直存在着一种不会带来这些风险的无铅汽油，但大公司却强烈抵制它，似乎是出于商业原因：他们可以为含铅汽油申请专利，这样就能从中赚更多的钱。40 年来，铅行业资助了所有有关它是否安全的科学研究并向世界保证他们的科学家已经发现它是安全的。

**

事实证明，让含铅汽油主导市场的决定造成了从全世界的人们那里盗走大量关注力的结果。我去采访了加拿大西蒙弗雷泽大学的健康科学教授布鲁斯·兰菲尔（Bruce Lanphear）。他解释说，作为 20 世纪 80 年代的一名年轻学者，他在纽约州北部的罗切斯特市获得了一个职位，研究铅对儿童认知能力的影响。他知道，尽管1978年已禁止含铅涂料，但孩子们仍会接触到大量铅，因为数以百万计的人仍然生活在充斥着它的家庭中，并且到处都在使用含铅汽油。他想知道这对孩子们带来了什么影响。

作为研究项目的一部分，罗切斯特市的所有孩子都接受了血液检查，以了解他们接触铅的程度。当布鲁斯看到结果时，大吃一惊：镇上三分之一的孩子有铅中毒的症状。在黑人孩子们那里，这个比例高达二分之一。这种情况在罗切斯特并非异常。几年前做的一项研究发现，20世纪70年代的美国人体内的含铅量是工业化前人类的600多倍，美国环境保护署估计，自1927年到1987年，在美国就有6800万儿童因含铅石油而暴露在有毒水平的铅之下。

这些科学家发现铅会严重阻碍你集中注意力和聚焦。如果你从小时候就生活在含铅的环境中，那么，"你符合多动症诊断标准的可能性会高达2.5倍"。如果还存在着其他形式的污染后果会更严重。例如，如果母亲在怀孕期间暴露于含铅环境中而且还抽烟，那么，孩子被诊断出多动症的可能性会高八倍。

在布鲁斯到达之前，该镇的母亲们已被警告存在着铅中毒的危险。当局对她们说，你的孩子暴露于铅环境中，是因为你作为母亲没有很好地清理家中的灰尘。你多做些家务劳动，让孩子多洗手吧。这也是带来更大范围后果的其中一部分原因，铅行业本身声称问题主要在于那些"无法教育的黑人和波多黎各人"父母"未能"保护他们的孩子免受家中的铅毒害。

但是，当布鲁斯做研究时，他发现，这与除尘和洗手没有任何关系。整个城镇都已经中毒了，居民们还在被告知错在他们，因为他们没把清洁工作做好。有些科学家更过分，他们甚至抱怨起这些受害者。他们说问题不在于这些家庭生活在高水平的脑损伤金属中，而在于孩子们患有精神疾病。他们说孩子们有一种叫作"异食癖"的心理障碍，这使得蹒跚学步的孩子不可理喻地把大块的含铅油漆放进嘴里。这些孩子被贴上了"食欲不振"的标签，并且他们（再次）声称这个问题似乎主要集中在那些黑人和棕色儿童身上。

**

自20世纪20年代以来，在每个阶段，领先行业都创造并鼓励了这些影响注意力的策略。他们还收买了一些科学家的忠诚，使得他们系统性地对铅损害人类大脑的证据表示怀疑。在那时，一位名叫托马斯·米格里（Thomas Midgley）的科学家在新闻发布会上宣布，使用含铅产品是十分安全的。他并没有告诉聚集在一起的记者们他刚刚从可怕的铅中毒中恢复过来，这正是由他现在所推销的产品引起的。实际上，在每个阶段铅行业都坚持，即使对铅的危险性有任何疑问，也应该允许继续将铅泵入人体内。

在为本书做研究的整个过程中，我一直努力在我的脑海中清晰地抓住我们注意力危机的结构性本质。我们不断地被迫将所有问题视为个人的失败，进而寻求个人的解决方案。你无法集中精力？超重？贫困？抑郁？在这种文化中，我们被迫去想：这是我的错，我应该找到一种方法去提升自己，摆脱这些环境问题。我只要出现这个感觉，我就会想到那些生活在罗切斯特市的母亲们，当她们的孩子被铅毒害时，她们只是被简单地告知：要经常打扫自己的房屋，或者他们的孩子有一种"变态"的想吃铅块的渴望。我们可以清楚地看到，目前在这个环境中，存在着一个根植于深层原因的巨大问题，而对此最重要的反应却是去告诉人们要将所有精力投入什么都改变不了的、疯狂的重置个人的行动中去，而这根本起不到什么作用；更有甚者，还要让人们抱怨她们已经受到毒害的孩子！

当问题的出现被归咎于孤立的个体并告知他们每个人需要通过简单地调整自己的行为去解决问题时，问题只会变得更糟。随后我做了一番探寻：到底人们做了什么才解决了这个问题呢？我了解到仅有一件事，而且是唯一的一件事。当普通公民了解到有关科学证据并联合起来要求政府修改法律以阻止这些公司毒害他们时，这个问题就不再存在了。例如，在英国，反对含铅汽油的运动是由一位名叫吉尔·洛耐特的家庭主妇领导的，她成功地让政府在 1981 年将汽油中的铅含量减少了三分之二（后来铅被完全禁止）。她这样做是为了保护自己的和社会上的孩子们。

在我看来，在某种程度上，这就像是针对我们整体的注意力危机所做的隐喻。巨大的外力使我们的注意力和聚焦受到侵袭、掠夺和毒害，而我们却被告知，只需要做相当于为房屋除尘和勤洗手的事。我们要做的，应该与禁止使用含铅油漆和汽油一样。在许多方面，对抗铅中毒的故事都是我们现在可以效仿的榜样。几十年来，危险是显而易见的，爱丽丝·汉密尔顿博士在 20 世纪 20 年代中期就准确地记录了这些危险。但是，只有当普通公民发起一场专门的民主运动去对抗夺走他们注意力的力量时，情况才发生了变化。1975 年，美国人血液中的含铅量平均为每分升 15 微克，今天是每分升 0.85 微克。美国疾病控制和预防中心的科学家估计，由于实施了禁铅令，学龄前儿童的平均智商提高五个百分点。这证明，在与注意力杀手做斗争方面是很有可能取得重大进展的。

**

但是芭芭拉·德梅内克斯警告说，"市场上还有许多其他破坏注意力的化学物质……正在出现"，这使禁铅成果大打折扣。我问她：我们正在接触的、可能会对注意力产生潜在影响的化学物质还有哪些？她说："让我们先说说这些主要的罪魁祸首吧，农药、增塑剂、阻燃剂、化妆品。""在欧洲市场上销售的 200 多种农药中，约有三分之二会影响大脑发育或甲状腺激素信号的传导。"如果让猴子与人类一样，暴露在能接触到的含有等量污染物多氯联苯的环境中，它们的工作记忆和智力发育也会出现严重问题。根据一个母亲所接触的双酚 A（一种用来涂刷 80% 的金属罐的污染物）的量，就能预测她生的孩子将来是否会出现行为问题。

芭芭拉从事发育性神经毒性测试已经有近 20 年的时间了，这是一门旨在研究化学物质如何影响胎儿和婴儿发育的科学。她受欧洲议会的委托，对其进行大规模研究，并协调了许多其他的研究项目。在她做这些工作的过程中，有一个领域最令她担心。她向我解释说，从受孕的那一刻起，一个人的发育就受到荷尔蒙的影响，而荷尔蒙是从受孕期开始就"调节早期发育"的。她发现，我们每天接触的许多化学物质会产生类似于"无线电干扰"的效果，影响着促进人类成长的系统，特别是大脑，它们会导致大脑中的这一区域误入歧途。她解释说，因为这个系统是指导人的大脑的发育的，如果你的大脑无法正常发育，你的注意力就会受到损害。

在 2005 年至 2012 年间，她测试了我们周围的许多常见物质。她的团队测试的物质越多，她就越相信，我们当前的环境正困扰着人体的内分泌系统。她警告说，孩子出生的时候就被"有毒的鸡尾酒""提前污染"了。

**

对这一点也存在着争议，一些科学家认为，这些危险被夸大得太厉害了。例如，美国科学与健康委员会就嘲笑了芭芭拉的说法，他们认为，你得接触大量的芭芭拉所担心的这些化学物质，才会得到她所描述的那种效果。这个组织是由在这场辩论中享有既得利益的化学品公司和大型农业公司秘密资助的，这意味着，我们应该用自己的怀疑态度来应对他们的怀疑态度，虽然这并不一定意味着他们一定是错误的，我们还需要投入更多的资金去资助对这些问题的详细研究。

目前看来，与铅有关的故事似乎也发生在其他损害注意力的化学物质上。从使用这些化学物质中获利的行业资助了绝大多数对它们的研究，他们也会系统地促进对这些可能性危害的怀疑，他们还争辩说，如果对他们的产品的危险性有任何疑问，也不应该影响人们继续使用它们。

在听到这些消息时，很想问我采访的那些科学家：Okay，现在哪些产品中含有这些污染物呢？我又该如何将它们从生活中剔除呢？你说用BPA涂刷的金属罐头是污染物，那我应该避免使用金属罐头吗？芭芭拉·德梅内克斯告诉我，在一个充斥着化学物质的环境中，如果你想尝试在个人层面上避免污染物，这在很大程度上属于愚人的行为。"我们可以吃有机食品，我们可以尽可能多地打开房间通风，或者我们也可以住在乡下。"但是，就这些影响内分泌系统的干扰物来说，"我们实在无法逃脱，无处可逃"。作为一个孤立的个人，根本做不到。

**

为了解我们到底需做什么才能真正解决污染对注意力的损害，在一个起雾的日子，我去了加拿大西海岸的马蹄湾，在此处的山上，我与布鲁斯·兰菲尔见了面。他刚刚划皮划艇回来。在我们面前的水域周围，一群海豹拍打着海水，消失在波浪下。"瞧瞧那里，"他说，"瞧那些云朵、海水、绿色植物。"

从对话中我了解到两个方面。首先，对新出现的化学物质我们需要新的视角。需要弄清每天接触到的化学物质对我们的影响。他告诉我，目前的做法是："人们先假定它们无毒，直到一个又一个的研究表明它们确实有毒。"目前，如果你想在市场上投放含有新化学物质的产品，你可以使用任何化学物质，然后获得很可怜的一点资金支持的科学家们再争先恐后地证明它是否安全。"这种情况下由谁主导呢？当然是工业界。"他说，"我们需要采用不同的方式去做。""基本上，我们对待新的化学品，新的污染物，就应该先把它们当作毒品。"在使用该化学物质之前，就必须经过安全性测试，只有通过了严格的测试，该化学物质才能最终到达你的家中，到你的血液中。

其次，对那些已经被广泛使用的化学物质，我们应该做测试，而这些研究应该由不是通过该行业资助的科学家们去实施。一旦我们知道某种污染物是有害的，作为公民，我们就需要团结起来，要求禁止使用它，就像我们对铅所做的那样。芭芭拉·德梅内克斯告诉我："我们必须尽快将这些化学物质的使用置于控制之下。"

芭芭拉·马赫告诉我说，在她的专业领域，即空气污染方面，我们应该对政府施压，推动向电动汽车的过渡，因为电动汽车可以大大减少这一问题。她强调说，我们还可以采取其他步骤，如果我们在污染热点地区种树，它们会吸收大量的污染物，并净化空气中的许多毒素。

我一直思考着芭芭拉·德梅内克斯对我说的话："今天的我们不可能拥有正常的大脑了。"从现在开始算起的一百年后，当未来的人们回望并探究我们为什么会困扰于注意力问题时，他们会说：这些人当年被那些污染物和化学物质所包围，使得他们的大脑发炎，从而损害了他们的注意力。他们四处走动，暴露在双酚 A 和多氯联苯之中，还吸进大量金属颗粒。他们的科学家是知道这些对他们的大脑和专注力的影响的，为什么他们还对自己难以集中注意力感到惊讶呢？我们的后代了解这些之后就会明了，我们是曾经团结起来保护过大脑，还是让它继续退化下去了。

13

原因十一

多动症的错误应对

··

 大约 15 年前，我的侄子还很小的时候，在他身上陆续
发生了一些奇怪的事情。他的任课老师觉得班上的许多孩子
正在变得越来越躁动不安，无法集中注意力。他们都不能安
静地坐在那里，无法把注意力放在课堂上。大约也就是在这
个时候，一个在我小时候并不存在，或者至少是非常罕见的
概念，开始在全国范围内传播。一些研究人员和医生认为，
这些孩子患上了某种生物学疾病，这就是造成他们注意力缺
失的原因。这个概念以惊人的速度传播到了整个英语世界，
仅在 2003 年至 2011 年，在美国诊断出的多动症患者就猛增
了 43％，而在女孩子中，这个比例高达 55％。现在，情况
已恶化到：美国有 13％的青少年被诊断出有这个症状，其中
的大多数人被开给了药力很强的兴奋剂。

 在英国，这种增长也异乎寻常，在我七岁时的 1986 年，

每有一个孩子被诊断出患有多动症，相当于现在有 100 个孩子处于这种情况。仅在 1998 年至 2004 年间，被开给兴奋剂进行治疗的儿童人数就增加了一倍。

对于成年人的注意力问题，我们往往能意识到造成一系列影响的原因是什么。例如，侵入性技术的出现、压力大、睡眠不足等。但是，在过去的 20 年中，当孩子们遇到同样的问题时，被简单地归因为很大程度上来自基因上的缺陷。我希望对此做深入的调查。在本书的所有章节中，我发现这是最难写的一部分，因为，这是连最严谨的科学家们都不容易达成共识的话题。通过采访他们，我了解到，即使在关于这个问题最基本的层面上，他们都不曾达成共识，其中包括是否像大多数人被告知的，多动症作为一种生理疾病存在着。围绕这个话题，我采访的专家最多，总共有 30 多名。此外，很长一段时间以来，我还持续不断地回访他们，提出更多的问题。

但是，我想在本章开始时就说明几件事，我与之交谈的每位专家都是同意的，对于每个被诊断出患有多动症的人，这都是一个真正的问题。他们不是在伪装或装病。无论何种原因，如果你或你的孩子都难于集中注意力，那不完全是你们的错。这不是因为你没有能力或不能自律，那些可能被套用到你身上的带有偏见的标签也不适合你，你应该获得同情和实际的帮助，去找到解决方案。绝大多数人认为，对于某些孩子来说，专注力低下有可能是生物学上的原因，尽管他们对这种因素所占的分量尚无一致意见。如果将这些真相牢记于心，我们应该能够针对多动症有所争议的其他方面进行冷静而坦诚的交谈。

＊＊

关于不能集中注意力的孩子是否有基因缺陷的问题是一个相当新的争论，情况在过去几年中也有很多变化。1952 年，美国精神病学协会首次撰写了一份指南，里面对一个人的精神健康方面的可能发生的所有问题进行了描述，但并未将这个考量写进去，即某些孩子难以集中精力是因为他们患有身体疾病。1968 年，这个想法已经被很多精神科医生接受，在指南中增加了这个概念，但仍然认为这个描述仅适用于极少数儿童。随着一年年过去，被识别为有此问题的孩子数量猛增，以至于在美国南部的许多地区，已有 30％ 的男孩在 18 岁之前被诊断出患有多动症。在我写下这些内容时，数字还在进一步膨胀着，现在，有许多成年人也被告知患有这种疾病，其中有超过 300 万人已经被开出了兴奋剂处方。目前，此处方兴奋剂的市场价值至少达到了 100 亿美元。

随着这种爆炸式的增长，围绕它展开的争论到了两极分化的程度。一方面，有人说多动症主要是一种由于个体的基因缺陷和大脑内部病变引起的疾病，因此，对很多患病的儿童和成年人都应该用某些兴奋剂进行治疗。在美国，这一说法已占上风。另一方面，有人说注意力问题是真实而痛苦的，但将其视为需要大量处方药的生物性疾病是不正确的，也是有害的，我们应该提供其他形式的帮助。这样的后面的这种意见在芬兰占了上风。

＊＊

让我们从纯粹生物学的角度以及为什么这么多人会在其中寻找真相和释怀来开始。一天，在美国铁路公司的火车上，我和一位女士聊天，她问我做什么工作。当我告诉她，我正在写一本关于人们为何难以集中注意力的书时，她向我讲述她儿子的事情。她儿子的经历很典型。几年前，他确实在学校苦苦地挣扎着，他无法在课堂上全神贯注，也遇到了很多麻烦。她对儿子很担心。最后，学校的老师敦促她带儿子去看医生。医生跟她的儿子交流后告诉她，经诊断，他患有多动症。医生告诉她说，与其他孩子相比，她儿子有不一样的遗传基因，他大脑的发育不同于绝大多数人。这就意味着，对他儿子来说，要做到安静地坐下来并集中注意力会比其他人困难得多。斯坦福大学心理学教授史蒂芬·欣肖（Stephen Hinshaw）也告诉了我类似的话，说遗传基因因素占多动症的"75%至80%"，这是一个基于大量科学研究得到的数据。

被告知自己的孩子有残疾，这是很令人沮丧的。这位女士感到很震惊，但在他们向她传达此消息的同时，与那些和她情况类似的父母一样，她也被告知：你儿子的行为不是你的过错。实际上，你应该得到同情，你一直在应对非常难以处理的事情。而且，最重要的是，我们是有一个解决方案的。于是，医生开给她儿子利他林等刺激性药物来治疗。一旦开始服用，躁动不安停止了，他也不再一直头对着墙撞来撞去了。但他说，他不喜欢这种药物带给自己的感觉。曾有一个我认识的孩子告诉我，服药时，他感觉自己的大脑好像被关闭了一样。我遇到的这位母亲内心也非常矛盾。最终，她决定继续给儿子服用兴奋剂，直到他年满18岁为止，因为她觉得，至少这将阻止他被赶出学校。这个故事并没有什么戏剧性的进展，他没有心脏病发作，也没有因此去服用冰毒。一番平衡下来，她认为自己这么做是对的。

我很同情她。但是，还有几个原因也让我担心，因为，现在有越来越多的人像她那样，也认为这是一个压倒性的遗传问题，需要用兴奋剂来解决。我认为，对其成因进行解释的最好的方法是先远离它一会儿，去看看当多动症的概念从儿童到成人逐步传播开来直到覆盖了我们的认知，成为一个全新的事物，这中间都发生了什么。

**

20世纪90年代的某一天，一只名叫爱玛的九岁小猎犬被带到兽医的手术室里。她那个压力爆棚的主人解释说爱玛有问题：它一直很焦虑，不断地进食，有时还会突然弹跳起来，跑到墙外不断地吠叫。如果让它独自待在房子里，这只狗会显得更害怕。这个主人不停地用一个词来形容艾玛：太活跃了！她向兽医求助。

兽医名叫尼古拉斯·多德曼（Nicholas Dodman），是一位来自英国的移民，有30多年的职业经历，目前已经成为美国领先的兽医专家之一，也是塔夫茨大学的教授。最初，尼古拉斯要爱玛和她的主人到狗训练营去，在那里，他们俩都可以学习互动的新技能。这方法奏效了，但并非完全有用。主人说，爱玛的问题减少了大约30%。尼古拉斯听到这个消息时，便认为爱玛实际上患有多动症，这种理念直到他在解释动物行为方面取得突破之后，才被真正应用于人类。他为爱玛开了兴奋药利他林，并告诉它的主人：每天两次将药捣碎，放入食物中让爱玛吃下去。不久后再回来看兽医时，主人激动得不能自持。她说，问题已经得到解决。那只狗已经停止在房子周围弹跳，还停止了持续不断的进食行为。真实情况是，当主人离开时，爱玛仍然很大声地狂吠，但无论如何，主人现在有了一只自己想要的爱犬。

当我在马萨诸塞州尼古拉斯的家里见到他时，他在诊所里的一天一般是这样度过的：他经常向被他诊断出患有多动症的动物开具利他林和其他兴奋药处方。尼古拉斯是一位先驱，他也被称为是一个为患有精神症状的动物开药物处方的"花衣吹笛手"。

我很好奇他是如何担任目前这个职位的。他告诉我，就像许多科学突破一样，也属事出偶然。在20世纪80年代中期，作为兽医的他被叫去问诊一匹名叫"扑克"的马。它持续地"怪癖"发作，那是一种可怕的强迫行为。如果一天中的大部分时间都把马儿们关在马厩中的话，大约有 8% 的马会产生这种行为。这是一个怪异的重复性的动作，马会用牙齿咬住一些坚实的东西（例如它前面的篱笆），然后弯曲脖子，做吞咽状，并用力地咕噜一声。它会一次又一次重复做这些动作。当时，所谓的治疗方式残酷得令人震惊。有时，兽医会在马的脸上钻几个洞，使它无法吸入空气，或者他们会在马的嘴唇上戴上黄铜圈，使得他无法咬住栅栏。尼古拉斯对这些做法感到震惊，在寻找替代品时，他突然有了一个主意：如果我们给这匹马服药会怎么样？他决定给马注射纳洛酮，这是一种阿片类药物。他告诉我："几分钟后，马就完全停了下来。""店主的反应是：'噢，我的天哪！哦，上帝啊！'"大约 20 分钟后，这匹马会再次表现出这种怪癖。"随后我们对不同的马分别根据其情况重复注射了很多次，得到的镇定效果完全一样。"他说，"令我着迷的是，你可以通过改变大脑的化学性质来如此显著地改变其行为……你知道，这促使我转行了。"

从那时起，尼古拉斯开始相信，通过这种刚开始应用在人类身上的方法去治疗动物，可以解决动物的许多问题。例如，当卡尔加里动物园就一头强迫性地踱步的北极熊向他咨询时，他建议给它服用大剂量的百优解。从此，北极熊停止了踱步，开始温顺地坐在笼子里。如今，部分地区基于尼古拉斯的观点带来的转变，有些鹦鹉正在服用赞安诺和地西泮，也有很多物种，从鸡到海象，被开给了抗精神病类药物，还有些猫也在吃百优解。美国一家大型动物园的一位工作人员告诉记者，精神类药物"绝对是一种出色的管理工具，这就是我们看待它们的态度。只要能让它们免于崩溃，就能使我们感到些许轻松"。现在，几乎有一半的美国动物园都承认，它们在为动物提供精神类药物。来到尼古拉斯诊所的宠物主人中，有50%至60%的人也在为其宠物寻找精神类药物。有时候，这听起来像电影"飞越疯人院"的现实版本。

在我去见尼古拉斯之前，我期待他会以一种特殊的方式来合理化动物有多动症这种事。我以为他会这样告诉我，像很多医生告诉那些有注意力问题的孩子的父母的：这是一种生物学原因引起的疾病，所以也就需要采用服药这种生物学形式的解决方案。但是，他并没有那么说。实际上，他的解释是从他自己踏入这个科学领域旅程的起点开始的：一匹有怪癖的马。"没人会在野外看到一匹马这样做。这是'驯养'的处境带给它们的，这使马匹处在了一种不自然的情况下。"他告诉我说，"如果从来不把它们关在马厩里，它们就永远不会在早期受到这种心理压力，也就不会发展出这种行为了。"

当他描述在这些马身上发生的事情时，他用了一个让我印象深刻的短语。他说，这些马正遭受着"沮丧的生物学客体"的折磨。马儿需要的是漫游、奔跑和吃草。当它们无法展露自己的天性时，它们的行为和注意力就会出现偏差，继而表现出来。他告诉我，"拥有一个挫败它的生物学客体所带来的压力是如此之大，以至于潘多拉的盒子被打开了"，所以它会尝试寻找任何可以"减轻心理压力或无能为力的感觉……的行为。马儿一般大约需要60%的时间放养在野外，因此，毫不奇怪，能让它们感到放松的事情就是假性放牧了，也就是啃咬东西"。

他坦承，为动物那些所谓的"动物病"——关在笼子中经常会发疯——进行药物治疗作用是极其有限的。我问他，给北极熊下药是否解决了它的问题呢？"并没有，"他回答，"这只相当于创可贴。问题来自你将北极熊从极地环境中带走，然后将其困在动物园中……自然界中的北极熊要在北极苔原上行走数英里去寻找海豹，它们要游泳、吃海豹。把北极熊困在笼子里展览，这与它们真正的生活完全不同。因此，就像监狱中的人需要散步来安抚被剥夺现实生活的内心痛苦一样……笼中的动物们也都拥有这些完好无损的本能，而现在却无法利用。"

他说，长远的解决办法是关闭动物园，让所有动物都生活在与其天性相匹配的环境中。他告诉我，曾经有一只狗无法专注于任何事情，它将所有的时间痴迷在追逐自己的尾巴上。它就住在曼哈顿的一间小公寓里。然后，有一天，它的主人们分手了，它被送到美国北部某个州的农场里，之后，它的追尾行为和注意力问题就消失了。他告诉我，所有的狗每天都要在不带牵引绳的情况下溜达至少一个小时，但是在美国，"没有多少"宠物狗能做到这一点。所以它们很沮丧，这就带来了问题。

他无法想象自己能在这样的世界里生存下来。在没有长期解决方案的情况下，他想知道，我希望他做些什么呢？我们就此讨论了很长时间。我试图向他解释，当我了解到他职业生涯的起步原因时，我本能地感到不舒服。这些动物用某些行为来表达苦恼，名叫"扑克"的马讨厌被关起来，叫"爱玛"的小猎犬讨厌被孤独地扔在一边，只因为马儿需要奔跑，狗则需要被人拍打抚摸。我担心，通过用药物抵消它们发出的信号，可能是在鼓励其主人产生一种幻想，那就是，他们可以收养一种动物，忽略其天性，让其过上满足其主人而非动物自己需要的生活，而且还不用付出任何代价。我们需要倾听动物的烦恼，而不是去压抑它。

他若有所思地听着，随后，他向我描述那些在残酷的工厂化的农场中生活和死亡的猪的生活。那些猪自婴儿期起就被从母亲那里带走，一生都住在无法转身的猪圈里。他问："如果我将百优解放在饮水线上，从而使这头猪感觉好些，使它能够忍受这种难以忍受的情况，减少心理上的痛苦，你会反对这样做吗？"但是，我说，他面质我的这些选择本就不应该存在。他的假设中有太多的认可，把一个功能失调的环境认为是理所当然的，然后假设，我们所能做的就是尝试适应它并超越它。我们需要比这更好的选择。他回答说："我的意思是，我们无法选择现实……这就是我们所拥有的，你知道吗？所以，你必须与现实合作。"

＊＊

我问自己：那些难以集中注意力的孩子，是不是有可能也像小猎犬爱玛一样，都在被开药治疗，而实际上，这是一个由环境带来的问题？有科学家对此持强烈的反对意见。被诊断出注意力问题的儿童人数在急剧增加，与儿童生活方式上发生的其他几项重大变化不谋而合。现在，孩子们被允许奔跑的时间要少得多，几乎在所有的时间段，他们都待在家里或学校的教室里，而不是在街上和相邻的地方玩耍。现在，给孩子们吃的也是一种截然不同的饮食，它缺乏大脑发育所需的很多营养，还富含对注意力产生负面影响的糖和添加剂。对儿童的教育方式也发生了变化，现在，教育几乎全部聚焦在让他们为压力很高的测试做准备上，几乎没有足够的空间去培养他们的好奇心。在这些大变化发生的同时，诊断出的儿童多动症也在上升，这是偶然的，还是存在着相互联系呢？我在前面已经讨论过一些证据，关于饮食结构的急剧变化和污染的加重引起了儿童注意力问题增加的证据。在下一章节中，我要谈论其他方面的变化会如何影响儿童注意力。

在这里，我还是想从一位先驱开始讨论，他用了另一种不同的方法应对儿童多动症。在过去的三年中，我数次拜访过萨米·蒂米米（Sami Timimi）博士，他是英国的儿童精神病学家，也是在当今世界上对我们谈论多动症的方式做出最直言不讳的批评的、最有名望的人之一。我在林肯市访问了他，该市建于一千多年前，市中心有一座大教堂。自从建成后，它似乎就一直在向地球发出叹息。老城区已由向员工支付最低工资的某个连锁店接管，萨米搬到那里去开业，发现他的诊所里挤满了苦苦挣扎的人们，不是因为他们自己有过错才如此，而是他们拿到手的工资很低，几乎看不到什么希望。他知道林肯市的人们需要大量实际的帮助，但他也惊讶地发现，人们似乎只期望他做一件事。他说，人们认为"精神病医生基本上就是开药的人"，所以，他被当作了药片分发者。他接下了 27 名因多动症被开给兴奋剂处方的孩子，当地学校正在施压，要求给更多的孩子开药。对于萨米而言，继续采用这种方法会很容易。

但是，他对此忧心忡忡。他认为，要想认真地对待这些孩子，自己就得花点时间深入探究他们的生活和环境。萨米的前任曾给一个被诊断出患有多动症的孩子开了兴奋药。他是一个 11 岁的男孩，为了保护他的隐私，就叫他迈克尔吧。在迈克尔的母亲将他拖入萨米的办公室后，他几乎拒绝与萨米交谈，他只是坐在那里，愤怒、闷闷不乐。他的母亲说，作为家长，自己也不知道该怎么办。她说，迈克尔一直在逃学，无法集中注意力，很有攻击性。在她解释这些时，迈克尔一直在打断她，很不开心地要求离开诊所。

萨米拒绝仅根据一次见面就做出决定，他还需要继续了解，因此，在几个月的时间内，他不停地与这位母亲和儿子面谈。他想知道这些问题始于何时。随后，事情变清晰了：两年前，迈克尔的父亲搬到了另一个城镇，从那时起，他几乎就再也没和儿子谈过话了。也就是在这之后，迈克尔开始在学校有了以上的行为。萨米猜测他可能感到了被拒绝。萨米告诉我："当你还是个孩子时，你并没有在智力上发展到从一个更理性、更客观的角度看待事情……当父亲说他会来看你，但他又从不出现的时候，你会想象并感觉到：这都是因为你有什么不对劲，因为他们就是不想见你，因为你没那么好，因为你有问题。"

于是，某天，萨米决定给迈克尔的父亲打电话。这位男士同意来医生的办公室见萨米，就迈克尔的情况做一次交流。父亲遭到了萨米的责备，随后，他同意了定期地、持续地重返儿子的生活中。然后，萨米也让迈克尔进来，告诉他在这之前，他父亲没参与他的生活不是他的错。他也没得什么病，是他父亲让他失望了，那并不是他的错。从这以后，事情开始出现变化。在迈克尔与父亲重新联系上的几个月后，他们就不再给他吃药了。萨米是慢慢地在做这些工作的，因为，撤药的影响可能是严重而可怕的。随着时间一点点过去，迈克尔身上有几件事在发生变化：他有了一个男性榜样，他知道自己不是那个把爸爸赶走的坏人，他停止了在学校里的那些行为并重新开始学习。萨米觉得，他已经找到了根本的问题并解决了它，所以迈克尔的注意力问题就逐渐消失了。

被带到萨米这里的另一个孩子，是一个九岁的男孩，名叫亚丁，在家中表现得不错，但在学校的表现似乎很差。老师说他很活跃，一直在课堂上分散其他孩子的注意力，于是就敦促医生给他开兴奋药。萨米决定参观学校。随后，他对自己在这里看到的一切感到震惊。在课堂上，亚丁的老师几乎在用所有时间让学生们保持安静，还惩罚了亚丁和其他几个她似乎不喜欢的孩子。教室里一片混乱，亚丁为此受到了老师的指责。最初，萨米试图帮助老师修正她所说的亚丁的故事，但她不想听，于是，他帮助亚丁的父母将亚丁转到了一所新学校，一个并不是那么混乱的学校。一待安顿下来，亚丁就开始蓬勃向上，注意力问题也逐渐消失了。

偶尔，萨米还是会继续给孩子们开一些兴奋剂，但已经很少了，开的不但是短期用的剂量，还是在尝试了所有其他选择之后才开的。他说，对于进入他办公室的绝大多数有注意力问题的孩子，只要他认真倾听他们的诉说，并为改变这些孩子们的环境提供实际的支持，几乎总是能减少或消除他们的注意力问题。

他告诉我，当人们听到一个孩子被诊断出患有多动症时，他们通常会想象这和对肺炎的诊断差不多，即医生已经确定了潜在的病原体或疾病，接着就开药物。但是，对于多动症，医生无法进行任何身体检查。他所能做的就是与孩子以及认识孩子的人们交谈，看看孩子的行为是否符合精神科医生制定的症状清单标准，仅此而已。他说："多动症并不是一个疾病诊断。它不是诊断。它只是对某些伴随而来的行为的描述。这就是这个概念的本质。"当一个孩子被诊断出患有多动症时，它要表达的，就是这个孩子在注意力方面有困扰了。"它并没有告诉你有关'为什么'的任何信息。"这就像你被告知一个孩子咳嗽了，你听了下他的咳嗽声，然后确定说：是的，孩子是咳嗽了。如果医生发现孩子有注意力问题，那应该是处理过程的第一步，而不是最后一步。

我被萨米的经历所感动，但是，我们如何才能知道，除了这些动人的逸事之外，这种先听孩子说然后尝试解决其潜在问题的方法，会真的有效呢？我对这个问题做了深入的探讨。事实证明，有大量研究调查过，当你给孩子服用兴奋剂时会发生什么情况。还有一些对给父母开课讲解如何设置边界、如何给予不断的反馈后的效果（你会发现有些微改善）所做的研究。但是，我想知道的是：就萨米采用的干预方式带来的效果，做没做过什么研究呢？

事实上，在全世界范围内，我只在一个地方找到对这项问题进行了相当长一段时间研究的科学家。于是，我来到明尼阿波利斯市，与这些科学家见面。1973 年，儿童心理学教授艾伦·斯劳夫（Alan Sroufe）发起了一项大规模的集体研究项目，旨在回答：生活中的哪些因素真正塑造了你。我们在城市郊区花园中心的一个咖啡馆碰面。艾伦是一个文雅、温和的科学家，在我们对话结束时，他去学校接自己的孙子。在 40 多年的时间里，艾伦和他的团队研究了出生在贫困家庭中的 200 人，一直追随到他们的中年生活，测量了出现在他们生活中的大量因素：从身体情况到家庭生活，从个性到父母。研究团队想弄清楚的是：个人生活中的哪些因素会导致他们出现注意力问题。

一开始，艾伦对要找到的答案很有信心。与当时的大多数科学家一样，他认为，多动症完全是由孩子大脑中某些先天性的遗传因素引起的，因此，他确信，他们要采取的措施之一，就是测量孩子出生时的神经系统状态。他们还测量了婴儿在刚出生后的几个月中的脾性（气质），然后，随着他们逐渐发育，还测量了其他各项指标，例如，其父母的生活压力有多大，家庭获得的社会支持有多少。他的眼睛当时紧紧地盯在了对这些神经系统的测量方面。

到孩子们三岁半时，他们预测哪些孩子可能发展出多动症。他们想知道：哪些因素使得这个症状更有可能出现。结果，艾伦被他们的发现吓了一跳：随着孩子们的长大，其中一些人确实被诊断出注意力不集中问题。他们出生时的神经系统状况和早期气质都无助于预测他们是否会患上多动症。到底是什么预示了这个呢？他们发现"周围环境是最重要的原因"，艾伦告诉我，有一个关键因素，就是"生活环境中的混乱程度"。如果孩子是在压力很大的环境中被抚养长大的，那么，他就很可能会发展出注意力问题，并被诊断为多动症。事实证明，先是其父母的生活压力增强了，随后，这些孩子们出现多动症的风险就会升高。他告诉我："你甚至能亲眼看到它在慢慢出现。"

　　但是，为什么在压力大的环境中成长的孩子更容易出现这个问题呢？我自然地想到了我从纳丁·哈里斯那里所了解的情况。艾伦向我提供另一层解释，而这与纳丁的发现很匹配。他解释说："在你还很幼小时，当你感到忧虑或愤怒的时候，你需要一个成人抚慰你，使你安静下来。随着你逐渐长大，如果你得到了足够的安抚，你就会学到如何安抚自己。你会内化你的家庭给予你的确定和放松感。但是那些压力重重的父母们，却很难提供这些给自己的孩子，因为他们自己一直很惊慌忙乱。这就意味着这些孩子没有学会用同样的方式自我平静，自我安放。其结果就是，这些孩子更有可能用愤怒和压抑来应对困境，而这些情绪是会破坏注意力的。"他说："给你举一个极端的例子吧，试想一下你自己某天被逐出了公寓，然后，当晚你还要尝试给予孩子需要的抚慰。导致这个问题出现的原因，不仅仅是贫穷，中产阶级的父母也在压力下苦苦挣扎着。"他告诉我："目前，许多父母因生活境遇而压力重重，所以无法为子女提供稳定、安宁和支持性的环境。"对于这一发现，最糟糕的反应是"将矛头指向父母"。这只会给他们带来更多的压力，给他们的孩子带来更多的问题，而且，也会导致忽略这样一个事实：那些父母们都在尽力而为着，他们确实是爱自己的孩子的。育儿需要在一定的环境中进行，如果该环境使父母充满压力，那将不可避免地影响到他们的孩子。

　　在围绕这方面收集了数十年的证据后，艾伦得出结论：

"我最初认为的因素没有一个是对的，后来被诊断为多动症的孩子中的绝大部分，并非生来就是多动症患者。他们之所以会发展出这些问题，其实是对他们的生活境遇做出的反应。"

艾伦说，有一个关键问题对于父母是否能克服这些障碍很重要。在我看来，这个问题也告诉了我们很多关于萨米的工作的实质。那就是："有人在支持你吗？"他们研究的家庭有时会得到周围人的帮助，通常不是来自专业人士，他们只是找到了一个支持性的伙伴或一群朋友。当他们的社会支持以这种方式增加时，他们发现"孩子们在下一阶段出现问题的可能性会变小"。为什么会这样呢？艾伦写道："父母承受的压力越小，对婴儿的回应就会越多，婴儿就变得更有安全感。"这种影响是如此之大，以至于"对出现积极变化的最强有力的预测因素，是在随后的几年中父母可获得的社会支持的增加"。社会支持就是，萨米为那些孩子们在注意力方面挣扎的家庭所提供的主要服务。

**

但是，在此处我们面临着一个挑战。毫无疑问，在给孩子服用阿德拉、利他林之类的药物后，他们的注意力会在短期内得到显著改善。我采访的所有专家，无论他们处于这场辩论的哪一方，都同意这一点，我自己也亲眼见证了这一点。我认识一个小男孩，他不断地跑来跑去、大喊大叫、从墙上跳下，服用利他林后，他就会坐着不动，目不转睛地看着那些成年人。这个证据表明，这种效果是真实的，是药物带来的。我有很多成年朋友，当他们不得不突击某项工作时，也会使用兴奋剂，这对他们也有一样的作用。2019年，在洛杉矶，我认识了我的朋友劳丽·彭妮，她是在当地的各种电视节目上都出镜的英国作家，她就告诉我，在她写长篇大论的文章时，也会服用处方兴奋剂，因为这可以帮助她集中精力。成年人做的这些选择我认为是负责任的。

但是，世界各地的大多数医生在为儿童开处方兴奋剂时都非常谨慎，这是有原因的。没有一个国家（除了以色列之外）像美国那样，医生可以如此自由地开此处方。

当我遇到一位名叫纳丁·埃扎德（Nadine Ezard）的女士时，我对此的担忧变得越来越清晰了。纳丁是澳大利亚悉尼市圣文森特医院酒精与药物服务部的临床主任医生，一位与成瘾问题患者一起工作的医生。2015年，我们见面时，澳大利亚正处于对甲基苯丙胺（冰毒）上瘾的极端高峰期。有一段时间，医生们也不知道对此该如何回应。在澳大利亚，为治疗海洛因成瘾，他们可以合法地为瘾君子们开出一种替代药物，就是美沙酮，但对于冰毒来说，它不是唯一的替代品。因此，纳丁与另一组医生一起，组织实施了一项来自政府许可的重要实验。他们给沉迷于冰毒的人开一种兴奋剂，在美国，每年为患有多动症的孩子开此处方次数高达一百万次，这就是右旋安非他明。

在我和她聊起这个时，他们已经在 50 个人身上进行了试验，在我这本书出版后，他们将发布更大规模的实验结果。她告诉我，当开给这些兴奋剂时，那些沉迷于甲基苯丙胺（冰毒）的人们似乎不那么渴望它了，因为这种药搔到了一些类似的痒处。他们报告说，第一次服用时，很久以来的第一次，他们的大脑不再完全聚焦于冰毒了。他们突然感到了这种自由。在谈到其中一名患者时，她回忆说，他那时在不断地想着冰毒。他会在超级市场中或者任何地方，不断做出这样的判断："我有足够的钱来买冰毒吗？"服用右旋安非他明后，他得以解脱出来。她将这与把尼古丁贴片发给吸烟者相比较。

她不是唯一一个发现甲基苯丙胺（冰毒）与在美国经常开给儿童的苯丙胺具有相似性的科学家。后来，我去见了哥伦比亚大学的心理学教授卡尔·哈特（Carl Hart），他在实验中将阿德拉开给对冰毒上瘾的人。当在实验室中以类似的方式开给他们这些药物时，这些长期对冰毒成瘾的人，对阿德拉的反应几乎与对冰毒的反应是一样的。

在实验项目中，纳丁采用了周到又富有同情心的方法治疗冰毒成瘾者，但当我得知给孩子服用的药物被证明是冰毒的合理替代品时，我感到非常不安。萨米告诉我："当我开始意识到，我们合法开出的处方，与你所说的在其他情况下服用属于非法，但其实又是相同的东西时，这种感觉很怪异。它们的化学属性是类似的，它们也以类似的方式在起作用。它们都作用于非常类似的神经递质上。"不过，正如纳丁向我强调的那样，它们还是有一些重要的区别的。与用于对儿童多动症进行治疗的药物相比，他们开给冰毒康复病人的剂量更高些。他们开给后者的是药丸，与吸烟或注射相比，它们是以更缓慢的速度释放到人的大脑中的。因为街头毒品属于违禁品，而且一般都是由犯罪者出售的，所以，它会包含各种药剂师开的药丸所不含有的污染物。但是，这仍然使我下决心，更多地去研究那些开给儿童的药物处方。

**

多年以来，很多父母被告知说，有一个很直接的方式可以让你了解自己的孩子是否患有多动症，那就是看他们服用这些药物后的反应。这个方法据说是这样的：如果给正常的孩子服用这些药，他们会变得躁狂而且情绪高昂，但是，多动症的孩子服药后会慢下来，能做到聚焦和集中注意力。但是，实际上，当科学家将这些药物同时给予有注意力问题的孩子和没有注意力问题的孩子时，事实证明这种说法是错误的。不光所有儿童，其实是所有人，在服用利他林后都能在一段时间内更好地集中注意力。用这种药物有效的事实并不能证明你一直以来都有潜在的遗传问题。它只证明了你正在服用兴奋剂。这就是为什么在第二次世界大战期间，军队让雷达操作员服用兴奋剂的原因，因为，这可以使他们更容易持续地、专注地盯着几乎一直不动的屏幕，因为这个工作本来就非常无聊。这也是为什么那些服用了兴奋剂的人过后会感到非常无聊，会长时间地自言自语，变得非常专注于自己的思路，而过滤掉了你脸上出现的对此无聊到想哭的表情。

有科学证据表明开给孩子这些药物会带来一些风险。第一个风险，是躯体层面上的。有证据表明，服用兴奋剂会阻碍孩子的生长发育。以三年的时间长度计算，服用标准剂量的孩子与不服药的孩子相比，前者身高矮了约三厘米。一些科学家还警告说，兴奋剂增加了孩子出现心脏问题以及致死的风险。显然，心脏病在儿童中很少见，但是，当数百万儿童服用这些药物时，即使只增加了很小的风险，也意味着死亡人数会实实在在的增多。

但是，在我去位于麦迪逊的威斯康星州立大学访问心理学助理教授詹姆斯·李（James Li）先生时，他向我讲述了至今为止让我感到最令人担忧的事情。他说："我们根本还不知道（药物带来的）长期影响。这是事实。"大多数人，包括我自己都认为，这些药物已经通过了测试，并被证明是安全的。但是，他解释说："关于它对大脑发育会产生的长期后果，并没有做过很多研究。"他说，这尤其令人担忧，因为"我们这么快就把它开给了年幼的孩子。孩子是脆弱的，因为他们的大脑还在发育中……这些药物是直接作用于大脑的。它不是抗生素啊。"

他告诉我，我们做过的最好的长期研究是在动物身上的研究，从中得出的发现很令人震惊。于是，我就去阅读这些资料。研究结果显示：如果你给未成年的老鼠服用利他林三周，这相当于给人类服用数年，你会发现，在老鼠大脑中负责体验奖励的关键组成分——纹状体，在接近于成年的老鼠中——明显萎缩了。在另一项研究中，还发现了海马体的坏死，那意味着大脑关键部位细胞的死亡。他说，尚不能说这些药物会像影响老鼠一样影响人类。他强调，服用这些药物是有一些好处，但是，我们需要意识到"有好处的地方也有风险"。我们目前所做的只是基于短期获益。

**

当我采访其他科学家时，我还了解到，这些药物具有积极作用虽然是真实情况，但其作用也有限到令人惊讶的程度。在纽约大学，儿童和青少年精神病学教授夏克维尔·卡斯特罗（Xavier Castro）向我解释说，科学家们发现：兴奋剂改善了孩子做需要重复的任务时的行为，但并没有改善他们的学习能力。坦率地说，我不相信他说的，但是后来我去查看了有关研究，它被作为多动症研究的黄金标准，是那些支持兴奋剂处方的人将我引导至这个方向的。这些研究的结果是：经过14个月的兴奋剂刺激后，孩子们的学业成绩提高了1.8%。但是，在相同时间段内，那些得到相关学业辅导的孩子们，其行为改善程度提高了1.6%。

与以上结果同样重要的是，这些证据表明，兴奋剂最初的积极作用并不能持续。任何服用兴奋剂的人都会对这种药物产生耐受性，身体会逐渐习惯它，因此，要服用更多的剂量才能获得与最初阶段相同的效果。最终，就会达到允许孩子所能服用剂量的最大上限。

我与之交谈过的最令人警醒的一位科学家，是哈佛医学院的睡眠专家查尔斯·蔡斯乐（Charles Czeisler）博士。他告诉我，兴奋剂最主要的后效之一是睡眠的减少。他解释说，这对年轻人的大脑发育具有很令人担忧的影响，特别是那些他见过的所有服用了此药的年轻人，目的都是想借此延长学习时间。他说："将安非他明推销给这些孩子们，使我想起了阿片类药物危机，不同之处仅仅在于，对于前者，现在没有人谈论它。""当我还是个孩子的时候，如果有人给我开安非他明，还将它们出售给孩子们，他们是会入狱的。但是，就像曾经的阿片类药物危机一样，现在还没有人对此做任何事情。这是存在于我们这个社会的一个肮脏的小秘密。"

我在美国采访过的绝大多数科学家们，以及我与之交流过的许多有声望的多动症专家们，都纷纷告诉我说，他们相信开处方兴奋剂不但安全，其好处也多于风险。确实，许多科学家认为，提出反对意见，正如我在这里所做的，是非常危险的。这将使父母不再可能带他们的孩子去开处方兴奋剂，结果就是，这些孩子会不必要地遭受痛苦，在生活中也会表现得更糟。他们还认为，这可能会造成某些人突然停药，这样很危险，因为他们可能会经历可怕的躯体化退行。在世界上的其他地方，对此的科学意见分歧更大，听到怀疑或完全反对这种方法的声音也更普遍了。

**

为什么许多人（例如，我在美国铁路公司的火车上遇到的女人）会被说服，进而也认定他们孩子的注意力问题很大程度上是身体疾病带来的，有一个决定性的原因存在。因为他们一直都被告知，这是一个主要由孩子的基因组成引起的问题。正如我之前提到的，斯蒂芬·欣肖教授曾告诉我，基因之说可解释问题的"75%至80%"，甚至还经常会冒出更高的比例数字。如果这是一个主要的生物学问题，从直观上讲，提供一个主要的生物学解决方案是有道理的，而萨米与其他人所主张的干预措施就永远只能是额外的选择。当我深入研究这个问题时，我开始相信事实很复杂，并不完全符合这场两极分化的辩论双方的强烈声明。

我很想知道：这些统计数据在何处表明了高比率的多动症是由遗传疾病引起的？从提出这些统计数据的科学家那里，我惊讶地发现，这些数据很少来自对人类基因组的任何直接分析。几乎所有这些结论都来自一种更简单的方法：他们取一对同卵双胞胎，如果其中的一位被诊断出患有多动症，他们会问另一位是否也被诊断出患有多动症。然后，他们取一对异卵双胞胎，如果其中的一位被诊断出患有多动症，他们会问另一位是否也被诊断出患有多动症了。他们如此重复多次，直到有足够多的样本为止，然后再对这些数字进行比较。

他们这样做的原因很简单。这些研究项目中的所有双胞胎，不论他们是否同卵，都是在同一套住房、同一个家庭中长大的，于是，研究人员认为，如果发现两种类型的双胞胎在注意力方面存在差异，那么，这不可能归结于他们的环境。这个区别应该由它们的基因来解释。同卵双胞胎在遗传上比异卵双胞胎更加相似，因此，如果你发现同卵双胞胎之间有些现象更常见，科学家得出的结论就是：这来自遗传成分。你可以通过查看差距的大小确定基因参与决定的多少。此研究方法已被各个领域的知名科学家们采用多年。

每当科学家以这种方式调查多动症时，他们总是发现，同卵双胞胎比异卵双胞胎更容易被诊断出来。超过20项研究得到了这个一致的结果。这就是让人极感困惑的多动症基因论结论的由来。

但是，有少部分科学家一直在怀疑这种研究技术是否存在着严重问题。我与提出这一案例的最著名的人物之一杰伊·约瑟夫（Jay Joseph）博士进行了交谈，他是加利福尼亚州奥克兰市的一名心理学家。他将事实详细讲给了我听。在一组不同的科学研究已经证明，同卵双胞胎和异卵双胞胎实际上并没有经历相同的环境。同卵双胞胎在一起的时间比异卵双胞胎在一起的时间更多。他们的父母、朋友和学校对待他们更一致（实际上，人们常常无法区分他们）。他们更有可能对自己的身份感到困惑，感到与另一个人之间的界限很模糊，在心理上更接近。杰伊告诉我，在大多数方面，"他们所处的环境更相似……也会更多地模仿对方的行为"。他们受到的待遇越来越相似。所有这些都会导致他们有更类似的行为，无论这些行为是什么。

因此，他解释说，除了基因以外，也可以归因为"同卵双胞胎比异卵双胞胎更多地成长在塑造其相似行为的环境中"。他们的注意力问题可能更相似，不是因为他们的基因更加相似，而是因为他们的生活更加相似。如果环境中存在造成问题的因素，那么同卵双胞胎比异卵双胞胎更有可能在相同的程度上经历这些。因此，他解释说："研究双胞胎做不到完全排除基因和环境这两方面的潜在影响。"这意味着，我们经常听到的统计数据（例如，多动症的75%至80%是遗传因素造成的）是不可靠的，是"误导人的，也会令人产生误解"。

如果这项技术有这么大的缺陷，而这么多科学家却利用这种技术，这在我看来很难以置信。我想起在我以前的书中，我自己也借鉴了双胞胎研究的证据。但是当我询问一些科学家是谁在研究中认为多动症主要是由基因导致的缺陷时，他们中的许多人以一种颇为放松的方式欣然承认这些批评具有一定的合法性。通常，他们会简单地将谈话转移到我们为何应该相信这是一个基因问题的其他原因上。（我稍后会谈到这些。）于是我相信双胞胎研究是一种僵尸技术，即使人们知道他们无法完全捍卫它，也会继续引用它，因为它告诉了我们想听到的内容，即这个问题主要出在孩子们的基因上。

当搁置这些双生子研究时，詹姆斯·李教授告诉我，当探究任何个人基因在引发多动症中所起的作用时，"一次又一次地，每一个研究"都发现"无论你如何测量它，其作用总是很小的"，环境的影响总是比它更大。这是否意味着基因在多动症中不起作用呢？有些人对此也有相同的疑问，也就是在这里，我认为多动症怀疑论走得太远了。

詹姆斯向我解释说，尽管双胞胎研究过高估计了基因的作用，但是，有一种名为 SNP 遗传力的新技术，可以找出遗传对个体的影响程度。这种研究不比较双胞胎的类型，而是比较两个完全不相关的人的基因组成。比如说你和我，看看我们之间的基因组成是否与我们两个人都可能患有的同一个病症相关，例如抑郁症、肥胖症或多动症。目前，这些研究发现，20%至30%的注意力问题与基因有关。詹姆斯告诉我，这是研究问题的一种新方法，它只研究常见的变异基因，因此，最终由我们的遗传造成的基因变异比例可能会比这更多。基于这点，排除遗传成分是错误的，但是，说问题的全部或大部分是由基因导致的，也是错误的。

**

帮助我了解这些问题的某些方面的最佳人选是乔尔·尼格（Joel Nigg）教授，我在位于波特兰市的俄勒冈州立健康与科学大学采访了他。他是国际儿童和青少年精神病理学研究学会的前任主席，也是世界多动症领域的权威专家。

他告诉我，我们过去曾经以为，就是由于先天基因的因素，有些孩子才很不一样，大脑发育也很不同。但是，正如他所写的，现在"科学已经发展了"。最新的研究表明，"基因非命运，只是对概率有所影响。"对导致产生多动症的因素进行了长期研究的艾伦·斯劳夫也表示："基因不是在真空中起作用的。这是我们从基因研究中学到的主要知识……基因会根据输入的环境因素打开和关闭。"正如乔尔所说，"我们的经历才是真正深植于我们骨髓的东西"，是它改变了我们的基因表达方式。

他解释说："如果你的孩子累得倒下了，那么，在冬天她会更容易在学校感冒，也就是说，她更容易受到影响。"但是，"如果没有感冒病毒，一个筋疲力尽的孩子和一个休息良好的孩子都不会感冒的。"同样，你的基因可能使你更容易受到环境中触发因素的影响，但环境中仍然必须存在这些触发因素。他写道："从某种意义上说，对于当今有关多动症研究的真正重大的新闻是，我们的兴趣已经重新回到环境因素。"

乔尔认为，兴奋剂有一定的作用。他说，在糟糕的情况下，有兴奋剂总比没有好，它可以给孩子和父母带来一些症状的缓解。"（这就像）我在战场上给某处骨折的骨头上夹板一样。我并不是在治疗它，但是，至少这个受伤的人可以走路了，即使在余生中他可能有一条腿一直是弯曲的。"

如果我们不得不开药，至关重要的是，我们还必须问："问题出在哪里呢？我们需要看看孩子们面对的是什么？"

他说，目前，孩子们面临着各种我们已知的会损害他们注意力的更大的因素，如压力、贫穷、营养不良、污染，在对此有些了解之后，我还要进行更多的相关调查。"要我说，我们不应该接受这些东西。比如，我们不应该接受让孩子在那些化学汤（污染物）中长大。我们不应该接受他们必须与那些几乎不卖任何真正食物的杂货店一起长大。这必须改变……对于某些孩子来说，他们确实出现了问题，这是因为周围的环境伤害了他们。在那种情况下，仅仅说'让我们用药物安抚他们吧，这样他们就可以应对我们创造的这种破坏性环境'，这是有罪的。这和给坐牢的人一些镇静剂使得他们能更好应对坐牢有什么区别呢？"他认为，这需要同时努力解决更深层的问题。

他神情忧郁地说道："曾经有个古老的比喻：……有一天，村民们正在河边，他们注意到有一具尸体从上游漂下来。然后他们做了一件正确的事：把它打捞出来，埋葬了它。第二天，又有两具尸体从河流上游漂下来，他们也做了适当的事情，将尸体掩埋了。这种情况持续了一段时间，最后他们开始怀疑：这些尸体是从哪里漂流下来的？我们是否应该采取措施制止这种情况？于是，他们沿着河流往上寻找。"

他在椅子上倾身向前，说道："我们可以治疗这些孩子，但是，我们早晚需要弄清楚为什么会发生这样的事。"我意识到，是时候到上游去寻找了。

14

原因十二

儿童身心的禁锢

几年前，在某个日落时分，我坐在哥伦比亚的一个小村庄里喝咖啡，这个村子位于该国西南部考卡山谷省的森林边缘。那里有数千名居民，他们种植含咖啡因的植物，将此制作成饮料后再卖到全球各地，人们靠饮用它以保持清醒。我目睹他们在一天将尽时慢慢放松下来。成年人把桌子和椅子放在大街上，然后，在葱郁的绿色山脉的阴影下谈天说地。看着他们从一张桌子走到另一张桌子时，我注意到了在西方世界很难再见到的一种景象。在整个村子里，孩子们都在自由地玩耍，并没有大人照看他们。有些孩子组成一队，在地面上滚着一个铁环。有些孩子在森林的边缘互相追逐，比谁有胆子敢跑进去，30秒后，跑进去的人又冲了出来，一边尖叫一边大笑着，甚至那些很小的孩子们，看起来只有三四岁的样子，也在跑来跑去，旁边只有其他孩子在照看着他们。

有时，某个孩子跌倒了，他会爬起来跑回母亲身边。其余的孩子们会在晚上八点左右，在父母的要求下才回家，最后，街道上空无一人。

在我看来，这就是我父母分别在不同地方曾度过的童年：一个在阿尔卑斯山下的瑞士村庄里，一个在工人阶层的苏格兰住所中。从很小的时候起，他们大部分时间都在自由地奔跑，父母不在身边陪伴，只有回来吃饭和睡觉时他们才在家。实际上，据我所知，这就是我所有祖先童年的样子，即便追溯到数千年前也一样。某些时候，有些孩子过不上这样的生活，比如，当他们被迫在工厂工作时，但是，从人类漫长的历史来看，那只是极端的例外。

但在今天，我不知道哪些孩子还在这样生活着。在过去的 30 年中，童年的情形发生了巨大改变。在当今的美国，普通情况下，在一周里，在 9 岁至 13 岁的儿童中，只有 10% 的孩子独自在户外玩耍。现在，大多数情况下，他们的儿童时代是在室内度过的，或盯在屏幕上，或玩耍时由大人监督着。他们待在学校里的时间也大不一样了。政治家们对美国和英国的学校系统做了重新设计，使得教师们被迫将大部分时间花在为孩子们的考试做准备和训练上。在美国，现在只有 73% 的小学有课间休息时间。自由玩耍和自主学习的时间已经大大减少。

这些变化如此之快，而且同时发生，以至于很难科学地衡量这种转变对孩子的注意力和聚焦能力产生的影响。我们做不到去随机分配一些孩子到考卡省的那个村庄里自由地生活，而让另一些孩子住在美国郊区的住宅内，然后再回头查看他们的专注程度。但是，我相信，有一种方法可以让我们着手弄清这种转变带来的影响。如果将这种巨大的转变分解成较小的组成部分，我们可以了解有关科学研究的结果。

我被雷诺·斯基纳齐（Lenore Skenazy）的故事启发。她不是一位科学家，而是一名社会活动家。她受某种力量的驱使，试图了解这种转变是如何影响孩子的，这个力量来自她个人生活中一次令人震惊的经历。这使得她开始与研究这些问题的社会科学家们一起工作，她们共同针对恢复孩子们的注意力提出了一些开创性的实用建议。

**

20 世纪 60 年代，在芝加哥郊区，一个五岁的女孩独自一人走出家门。到学校只需 15 分钟，每天，雷诺都是自己走过去的。当她来到学校附近时，另一个孩子会帮助她安全地横穿马路，那是一个 10 岁的男孩，胸前挎着黄色带子，他的工作是让汽车停下来，然后护送较小的孩子穿过斑马线。放学后，雷诺走出学校大门，没有大人陪同她。她会和朋友们在附近逛逛，或者尝试寻找四叶草，她收集这个。在她的房子外面，经常有孩子们不时地自发组织踢球比赛，有时她也会加入。

九岁时，当她觉得高兴的时候会骑上自行车，到几英里外的图书馆挑选书籍，然后缩在一个安静的地方阅读。其他时候，她会敲开朋友的门，看看他们是否想一起玩耍。如果乔尔在家，他们会扮演蝙蝠侠；如果贝蒂在家，她们将扮演公主和女巫。雷诺总坚持要当巫婆，最后，当她饿了或者天黑了，就回自己家。

**

对我们许多人来说，这样的场景让人震惊。在过去的十年中，在美国各地，一个九岁大的孩子在街上无人陪伴地走着时，会被当作是父母忽视儿童的案例举报给警方。但是，在 20 世纪 60 年代，一个孩子这样做在全世界都是很普遍的。几乎所有孩子的生活都是这样的。做小孩就意味着你自己走出家门，逛到邻居家，找到其他的孩子，然后设计自己的游戏玩耍。大人们并不知道你在哪里。但是，如果有父母一直让孩子待在室内，或者陪着他去上学，或者玩耍时站在他们的身旁并干预游戏，这些父母将被看作是疯子。

然而，在 20 世纪 90 年代的纽约，当雷诺长大并有了自己的孩子时，一切都变了。作为父母，她要送自己的孩子上学，等着孩子们穿过学校大门再离开，然后，在放学时去接他们。从来没有人让孩子在无人看管下出去游玩。除非有大人照看，否则孩子们一直都要待在家里。一次，雷诺带着家人到墨西哥的一个度假胜地休假，每天早晨，孩子们都会聚集在沙滩上玩耍，通常他们会玩自己设计的游戏。这是她唯一一次看到儿子在她之前起床。他会跑到海滩上去寻找其他孩子。她从未见过儿子如此高兴。雷诺告诉我："我意识到，在这一个星期中，他才拥有了我整个童年时期就拥有过的东西，那就是独自出门、结识朋友和开心玩耍。"

雷诺想，她九岁的儿子伊兹要想变得成熟，必须体会到一些自由的味道。因此，有一天，当儿子问她是否可以带他到纽约某个还从未去过的地方，然后让他自己回家时，她被点醒了，觉得这是一个好主意。于是，丈夫和儿子一起坐在地板上，计划了儿子要走的路线。在一个阳光明媚的星期天，她带儿子去了布鲁明戴尔商店，然后，心中怀着一丝忐忑，互相告别。一个小时后，儿子出现在自家公寓的门口。他是一个人坐地铁和公共汽车回来的。她回忆说："他非常高兴，我想他都有点忘乎所以了。"作为记者，雷诺写了一篇文章讲述这个故事，这对她是很正常的。雷诺想让其他的父母也可以有信心做同样的事情。

**

然而，雷诺的文章引来的是恐惧和憎恶。在美国许多热门新闻节目中，她被谴责为"美国最糟糕的妈妈"。她的行为被指责为是（对孩子）可耻的疏忽，并被告知她是在把自己的孩子置于可怕的危险之中。她被邀请参加电视节目，与一位孩子被绑架然后被谋杀的家长一起出镜，这仿佛意味着：你的孩子乘坐地铁很安全，但他有可能会被杀死。主持人问她："如果你儿子从此不再回来，你会感觉如何呢？"

当我们一起坐在她位于纽约杰克逊高地的家中时，雷诺告诉我："我一直对此感到很震惊。"她试图向人们解释，我们现在正生活在人类历史上最安全的时期之一，针对成年人和儿童的暴力犯罪已急剧下降，相对于被陌生人杀害，你的孩子遭受雷击的可能性是其三倍。她问：你会监禁你的孩子以防止他们被雷击中吗？从统计学上讲，被雷击中的可能性更大。然而，人们却以厌恶的态度面对这种说法。母亲们告诉她，每当自己从孩子身上转过头去，就会想象他们被抢劫了。在听了很多这样的说法之后，雷诺意识到"那就成了我的罪过。我的罪过就是我不是像她们那样想的。我没有先去最黑暗的地方试试，然后决定说：'哦，天哪，这样做是不值得的。'现在，要成为一个好的美国妈妈就得这样想"。她意识到，在很短的时间内，我们已经变得相信"只有一个坏妈妈才会将目光从自己的孩子身上移开"。

她注意到，在20世纪60年代后期，当"芝麻街"早期剧情的DVD发行时，在屏幕一开始就推出了一条警告。剧情展示着五岁大小的孩子们自己走在街上，与陌生人聊天以及在空地上玩耍的情景。警告说："以下内容仅供成人观看，可能不适合年龄最小的观众。"

她意识到，变化是如此巨大，以至于到现在，似乎孩子们都不被允许看到自由是什么样子的了。雷诺对这种"巨大的转变"发生之快感到困惑。孩子们的生活已经被"非常激进和崭新的想法"所支配。这种"孩子们在外面玩耍不可能没有危险"的概念，在人类历史上从来没有过。孩子们都是一起玩耍的，在大多数情况下并没有成人的直接监督……整个人类社会一直都是这么做的。但现在却突然说：不，这太危险了！这就和说孩子应该头朝下睡觉一样荒唐。这是对以前的人类社会认识的颠倒。

**

随着我和雷诺在一起度过越来越多的时间，我开始相信，要了解这种变化带来的后果，我们需要将其分解为五个不同的组成部分，看一下每个后果背后的科学证据。

第一个证据最显而易见。多年来，科学家们持续地发现了大量的证据，表明人们在到处跑动或进行不论任何形式的锻炼时，他们的注意力会得到提高。例如，调查研究发现，运动为儿童的注意力提供了"非凡的助推力"。我在波特兰采访过的乔尔·尼格教授清楚地概括了该证据。他解释说："对于发育中的孩子，有氧运动可促进大脑链接、额叶皮层以及支持自我调节和执行功能的大脑化学物质的生长发育。"锻炼带来的变化"使大脑得到更多的发育，变得更有效率"。证据再清楚不过了：如果阻止孩子们按照他们想四处跑动的自然愿望行事，那么，一般情况下其后果将是"他们的注意力和大脑的整体健康状况会受到损害"。

但是雷诺怀疑，这样做还有另一个可能，即对儿童的伤害会更深。于是，她向研究这些问题的著名科学家们求助，包括心理学教授彼得·格雷（Peter Gray），进化灵长类动物学家伊萨贝尔·本珂（Isabella Behncke）博士和社会心理学家乔纳森·海德（Jonathan Haidt）教授。他们告诉雷诺，实际上，孩子们正是在玩耍中学到了他们一生所需的最重要的技能。

为了理解已发生的变化的第二个组成部分，即对玩耍的剥夺，就请再次想象一下雷诺住在芝加哥郊区的时候走在街道上的那个场景，或者我在哥伦比亚看到的那个场景吧。

孩子们在一起自由玩耍时学习到了什么技能呢？如果你是一个孩子，而且是自己一个人与其他孩子在一起，那么"你会想做点什么？"雷诺说，你必须利用自己的创造力去构思一个游戏。然后，你必须说服其他孩子，让他们接受这是他们可以玩的最好的游戏。接着，"你会想方设法地读懂别人，从而使游戏得以继续进行下去"。你必须学习如何谈判，来确定何时轮到你，何时轮到别人。因此，你必须了解他人的需求和欲望，以及如何满足这些。你要学习如何应对失望或沮丧。你学到这些是"通过先是被其他孩子排斥，然后你想出了一个新游戏，但迷路了，不得不爬树，却不断有人催促你'爬得再高些呀！'你无法确定自己能否做到，可是，你后来还是勇敢地去做了，你为此感到振奋，于是下次你爬得更高了一点。或者，你爬得更高了些，但还是因害怕而哭了出来……但最后，你终于爬到了树顶。这一切都是注意力最重要的体现形式"。

在苏格兰，当我与雷诺的导师，智利游戏专家伊萨贝尔·本珂博士坐在一起时，她告诉我："科学证据表明：在儿童发育的三个主要领域，游戏都对儿童产生了重大影响。第一个领域是创造力和想象力，在这里，你学习如何思考问题、解决问题。第二个领域是社交纽带，在这里，你学习如何与他人互动和社交。第三个领域是活力，在这里，你学习如何体验快乐和愉悦。"伊莎贝尔解释说，我们从游戏中学到的东西，不是在部落中成为一个功能正常的人的加分项，而是它核心的东西。游戏为稳定的人格奠定了基础，成年人可以坐下来耐心地向孩子们做解释都是以此为基础的。她告诉我，如果你想成为一个可以全神贯注的人，就需要有这种自由玩耍做基础。

雷诺说，我们"把所有这些都从孩子们的生活中拿走了"。如今，即使孩子们终于可以玩了，也主要是在成年人的监督之下。成年人为他们制定了规则，并告诉他们怎么做。小时候，在雷诺住的大街上，每个孩子都打垒球，并自己制定规则和监督执行。而今天，孩子们去参加已组织好的活动，旁边的成年人一直在干预他们，告诉他们规则是什么。自由玩耍已转变为在监督下的玩耍，像加工食品一样，它已被抽掉其中大部分有价值的东西。这就意味着，现在的孩子，"你并没有获得发展这些技能的机会。因为，你被人开车送去游戏，在那里有人告诉你应该站在什么位置，何时接球，何时该你击球；谁负责带零食，你不能自己带葡萄，因为葡萄必须是切成小方块的，而这是你妈妈的工作……这是非常不一样的童年，因为你无法经历生活中的那些得到与失去，而这是为你的成人生活做准备的"。

结果，孩子们"从没经历过什么问题，也没经历通过自己解决问题而获得的乐趣"。一天，加利福尼亚州立大学尔湾分校的认知科学系副教授芭芭拉·萨拉内卡（Barbara Sarnecka）对雷诺说："成人们对孩子说这就是（你待的）环境，我已经到处查看过了，你就不用再探索了。然而，这与童年的本质相违背。"

＊＊

雷诺想知道：既然孩子们已经被软禁了，那他们是如何度过在以前是属于他们玩耍的时间的呢？对此所做的一项研究发现，他们的大部分时间都花在了做功课（1981 年至 1997 年间激增了 145％）、（看电脑或电视）盯屏幕以及与父母一起购物上。2004 年的一项研究发现，与 20 年前相比，美国的孩子每周在学业上花费的时间增加了 7.5 个小时。

伊莎贝尔告诉我，那些将孩子们的游玩时间挤占了的学校"犯了一个巨大的错误"。她说："首先我想问他们，你们的教育主旨是什么？你们想达到什么目标？"可以猜得到的是，他们希望孩子们学习。"我不知道这些人的见识是从哪里来的，因为所有证据都显示应该是另一种情况：当我们有机会'从游戏中学习'时，我们的大脑会更灵活、更有可塑性、更具创造力。学习的主要方法是游戏。人们是从游戏中学会学习的。在这个瞬息万变的世界中，为什么要用信息去填满他们的头脑呢？我们并不知道20年后的世界会怎样。所以，确切地说，我们希望的是锻炼出适应力强、能评估情境并能进行批判性思考的大脑。所有这些事情都是通过游戏训练得来的。所以说，剥夺孩子玩耍的理念非常误导人，简直令人难以置信。"

这使得雷诺去探索这一变化的第三个组成部分。著名的社会心理学家乔纳森·海德教授认为，在儿童和青少年中间，焦虑情绪大幅上升，部分原因来自玩耍和游戏被剥夺了。当一个孩子玩耍时，他会学习一些应对意外情况的技巧。如果你剥夺了孩子要面临的这些挑战，随着他们的成长，他们会感到惊慌失措，很多时间下都无法应对。他们会感到自己无能为力，或者在没有年长者指导的情况下什么都做不了。海特认为，这就是焦虑飙升的原因之一。而且，强有力的科学证据也表明，如果你焦虑不安，你的注意力就会受到损害。

雷诺认为，还有第四个因素在起作用。要了解这种影响是什么，科学家埃德·德基（Ed Deji）和理查德·瑞安（Richard Ryan）会告诉你答案。埃德·德基是我在纽约州北部罗切斯特市采访过的心理学教授，理查德·瑞安是他的同事。他们发现，对于所有人来说，有两种不同的动机在驱使我们去做一些事情。

假设你是一名跑步爱好者吧。如果你喜欢在早晨跑步是因为你爱那种感觉：风吹动着头发，你感到了自己身体的力量，这种感觉在带动着你前进，那就是一种来自"内在"的动机。你这样做并不是为了获得其他奖励。你这样做只是因为你喜欢它。现在，再想象一下你出去跑步并不是因为你喜欢它，而是因为你有一位像军士长那样的老爸，他强迫你早上起来与他一起跑步。或想象一下，你是为了将自己赤裸上身的视频发布到照片墙上而奔跑，你想得到的只是来自他人的点赞，以及"好极了，你身材好热辣"的评论。这就是你跑步的"外在"动机。你之所以这样做，不是因为这种行为本身给你带来了愉悦感或满足感，而是被迫的，或者你想从中获得一些其他的东西。

理查德和埃德发现，如果动机来自内在，那么专注于某件事并坚持下去就会容易得多，这就是说，你做某事是因为它对你有意义；如果你的动机来自外界，你这样做是因为你被迫着去做，或者事后能从中得到一些东西，这很难坚持。你的内在动力越强，就越容易做到保持注意力。

雷诺怀疑，在目前这种新的、截然不同的童年模式中，儿童是否已被剥夺了发展内在动机的机会。她说："大多数人通过做一些对他们来说非常重要或非常有趣的事情来学习如何聚焦。"你"学习到聚焦的习惯，是通过注意到正在发生的事情并对它产生了足够多的兴趣，然后对其进行处理来达到的。如果有什么东西让你感兴趣、被吸引，甚至让你感到惊悚，那你就会自动变得专注起来"。

但是，如果你是生活在今天的一个孩子，你就几乎全部按照成人所告知的在生活。雷诺问我："如果从早上七点直到晚上九点上床睡觉这段时间都被占据了，况且，什么对你才是重要的也是由别人告诉你的，你怎么能找到活着的意义呢？……如果你没有空闲时间去弄清楚是什么（情感上的）东西使你兴奋，我不确定你会找到意义。因为你没有被给予任何时间去寻找意义。"

小时候，当雷诺在住宅区游荡时，她有自由去弄清楚下面哪些事情会让她感到兴奋：阅读、写作、玩装扮游戏，她还能在自己乐意时去追求它们。其他孩子则学习到：原来自己爱踢足球，爱爬树，或喜欢做少量的科学实验。这就是他们学习聚焦和集中注意力的主要方式。现在，这些在很大程度上已被切断。她问我：如果你的注意力一直在别人的掌控之下，它还如何发展出来呢？你将如何知道哪些东西会令你着迷？你如何能找到对于培养注意力非常重要的内在动机呢？

**

她环游全国，敦促父母们允许孩子以一种自由的、散漫的、不被监督的方式玩要。她成立了一个名为"让孩子成长"的小组，旨在促进孩子们的自由游戏和自由探索。她会对父母们说："我希望每个人都能回想一下自己的童年"，并描述一下"你自己曾非常喜欢做，甚至绝对喜欢做，但你却不让自己的孩子做的事情"。他们的目光会随着记忆而闪烁。

这些父母会告诉雷诺："'我们曾修建过堡垒。我们曾玩过猎人游戏。'前几天我遇到了一个玩大理石球的家伙。我说：'你最喜欢的大理石是什么？'他回答，'哦，是勃艮第色的，是带漩涡纹的那种。'从他那里，你可以看到那种很久以前对某种东西的热爱。这使他充满了喜悦。"父母们承认："我们都骑过自行车，也都爬过树。我们也都曾跑到城里，买到了糖果。"但是，他们接下来就会说，现在让孩子们做同样的事情太危险了。

雷诺会向他们解释儿童被绑架的风险很小的，现在的暴力行为也比他们年轻时少多了。父母们同意这点，但仍然继续将孩子留在室内。她向他们解释自由玩耍的好处，父母们也会点点头，但仍然不会让孩子出去。

雷诺得出结论：即使是那些支持我们的人，或者不清楚真的会发生什么的人，他们全都做不到放手。她意识到"你不能成为放手的人，如果那样的话，你就成了一个让孩子独自出门的疯子"。

于是她自问：如果我们不再去尝试改变父母的想法，而是开始尝试改变他们的行为，会怎么样？如果我们不试图把他们作为一个孤立的个体而是作为一个群体去改变，会有什么结果呢？带着这些想法，雷诺继续探索。

**＊＊

有一天，位于长岛的一所学校——罗阿诺克街道小学，决定参加"全球游戏日"的活动，此活动在每年的某一天举行，孩子们可以自由玩耍并创造自己的乐趣。在四个教室里的空盒子里，老师们装满了乐高和一些旧玩具，然后告诉同学们说："去玩吧！你自己去选择想做什么。"任教20多年的唐娜·韦贝克看着孩子们，期望看到他们欢笑的场面。但她很快意识到哪里出了点问题。正如她所期望的那样，一些孩子蹦跳着进来，立即开始玩耍了，但是，仍有很多孩子却只是站在那儿。他们盯着那些盒子、乐高玩具和少数几个在即兴玩耍的孩子，却没有动弹。他们就那么长时间呆呆地看着。最终，有一个孩子因对此经历感到困惑，不确定该怎么办，就躺在了角落里，睡觉去了。

唐娜后来对我解释说，突然间，她意识到："那些孩子根本不知道该做什么。他们不知道在别人玩耍时如何参与进去，或者如何一个人自由地玩耍。"校长托马斯·佩顿补充说："我们不是在谈论一个或两个这样的孩子。有很多这样的孩子都如此。"唐娜感到了震惊和悲伤。她意识到，这些孩子从来没有被放任去玩过。在他们成长过程中，注意力都被家长管理着。

于是，罗阿诺克街道小学决定成为第一批签约参加由雷诺领导的项目的学校之一。这个项目被称为"让孩子成长"。

它基于这样的想法：如果想要孩子成为可以自己做决定并能集中注意力的成年人，那么，他们在整个童年时期就需要体验越来越多的自由和独立。学校在签注项目参与书后承诺，在每周或每月的某一天，布置给孩子的"家庭作业"将是：回家后，在没有成年人监督的情况下，独立做一些从未做过的事情，然后回校汇报。他们将选择自己要完成的任务。每个孩子在走出家门时都会得到一张卡片，给任何阻止并询问其父母在何处的成年人展示。卡片上说："我没有走丢或被父母忽视。如果你认为让我独处是不对的，请阅读《哈克贝利·菲恩历险记》（*Huckleberry Finn*），并请访问'让孩子成长'（letgrow.org）网站。请回忆一下你自己的童年。你父母每秒钟都不曾离开过你吗？如今犯罪率已降到了 1963 年的水平，户外玩耍比你在我这个年龄时更安全。让我长大吧！"

我去拜访了罗阿诺克街道小学里参加这个项目超过一年的孩子们。学校位于一个贫困的社区中，有很多父母经济上很困难，还有许多父母是新移民。我遇到的第一个小组的成员们年龄只有九岁，他们激动地向我讲述。其中一个孩子在他家门口的街道上摆了一个柠檬水摊。另一个孩子来到河边，收集堆积在那里的垃圾，因为她说这会"拯救乌龟"。（当她这么说时，其他几个孩子也加入进来，并大声喊"救救乌龟！救救它们！"）一个小女孩告诉我，在参加此项目之前"好吧，我确实整天都坐在了电视前。它并没有真正往我的脑海里装点什么"。但是，在"让孩子成长"项目中，她第一件

事是独自为母亲做饭，几乎让她不敢相信的是，她发现自己
可以做点什么。

我还想和那些没有马上讲述自己故事的孩子们交谈，于
是，我就去和一个脸色苍白、表情严肃的男孩聊天。他沉静
地告诉我说："我家的后院里有一根拴在树上的绳子。以前
我从来没有想过要攀爬上去。不过我终于对自己说'好吧，
你至少可以尝试去爬一下。'"他成功地往上爬了一段。在
他描述第一次攀爬的感觉时，他露出一丝狡黠的笑容。

**

在唐娜的课堂上，有一个我称他为 L.B. 的男孩，他学习
成绩不好，常常在上课时分心或感到无聊。为了让他阅读、
做作业，他和妈妈之间一直在斗争着。在"让孩子成长"的
项目中，他选择了造一艘船。他将一块木头，一个泡沫芯，
一支热胶枪以及一些牙签和线组装在一起。连续几个夜晚，
他都坐在那里，紧张地忙碌着。他尝试了一套工艺，但造出
的船散了，于是他一次又一次地再去尝试。等他成功地建造
了这艘小船并将其展示给朋友们后，他决定建造一件更大的
东西：一节真实尺寸大小的车厢，他可以放在院子里，睡在
里面。他用了车库里的一扇旧门，还有他父亲的扳手和螺丝
刀，然后，他开始阅读关于如何将这些东西组合在一起的书。
他说服邻居给他一些花园里丢弃的旧竹子，用来做框架。不
久之后，L.B. 就有了一节车厢。

　　之后，他决定去做一件更雄心勃勃的事：建造一节更大的车厢，他想把它推到海里去。于是，他开始阅读构建可漂浮物的说明书。当我与 L.B. 交谈时，他详细描述了建造的过程。他告诉我，他接下来将要制造另一节车厢："我必须弄清楚如何切割呼啦圈让它保持滚动，然后再将它包裹起来。"我问他，这个项目带给他的感受是什么。"这种感觉很不一样，因为我是在亲手处理这些材料……我认为与在屏幕上看到某个东西却不能真正触摸它相比，现在能把手放在它上面是很酷的感觉。" 后来，我去见了他从事医疗计费工作的母亲，她对我说："作为父母，我没有想过他自己能做些什么。"她看到儿子改变了："我能看到他现在充满信心，他想做越来越多的事情，而且是靠他自己弄清楚如何做。"她的双眼因骄傲而闪闪发光。她自己为使儿子喜欢阅读而做的挣扎已经结束，因为他现在一直在阅读有关如何制作东西的资料。

　　这让我很受冲击，当 L.B. 被不断告知要做些什么的时候，即当他被迫按照外在动机行事时，他无法集中精力，还一直觉得无聊。但是，当他有机会通过游戏找到自己感兴趣的东西，也就是去发展自己内在的动力时，他的专注力蓬勃发展，可以连续几个小时不停地工作，造出了自己的小船和车厢。

　　唐娜告诉我，在那之后，L.B. 在班级里也有了改变。他的阅读能力大大提高了，"他自己不认为这是'阅读'，因为这是他的爱好。这是他真正非常喜欢的东西"。他在孩子中也有了自己的位置，每当有人想要建造什么东西时，他们会去找 L.B.，因为他知道该怎么做。她告诉我，与所有最深入的学习一样，"没有人教过他……他仅仅运用了自己的头脑，而且是真正地在自学"。学校里的另一位老师加里·卡尔森告诉我："对于这个孩子来说，这种学习所带给他的，将比在学校里由我们教给他的对他更有用。"

**

当我与 L.B. 交谈时，我想到了科学家们传授给我的关于注意力的另一个方面，我认为这也是阻碍孩子们的注意力发展的第五种方式。在丹麦的阿尔胡斯，心理学教授扬·托内斯万（Jan Tonnesvang）告诉我，我们都需要有一种他称为"精通什么"的感觉，即我们对某些东西很擅长。这是人类的基本心理需求。当你觉得自己擅长某事时就会发现，专注于此事会容易得多。如果你觉得自己没这个能力，你的注意力就会像腌制的蜗牛一样萎缩。当我听 L.B. 讲述他自己的故事时，我意识到学校教的东西范围太偏狭了，以至于很多孩子（尤其是男孩，我认为）觉得自己对任何事情都不擅长。他们在学校的经历不断在使他们感到自己无能。但一旦 L.B. 感到自己能掌握什么，即他擅长某事的时候，他的专注力就形成了。

**

为了解该计划的另一个方面，我开车半小时去了位于长岛较富裕地区的一所中学。在那里，乔迪·莫里奇老师告诉我，在 200 名年龄在 12 岁至 13 岁的学生中，有 39 名在一年内都被诊断出患有焦虑症，而且这一数字比以往任何时候都要多，这时她才意识到，这些孩子们也需要加入"让孩子成长"项目。然而，当乔迪向父母们解释说，他们 13 岁的孩子应该独立地做某事的时候，很多人都生气了。"有一个孩子告诉我，在他表示想自己操作洗衣机洗衣服时，（她的）妈妈说'绝对不行。你不能洗衣服，你可能会弄坏洗衣机的'。这个孩子当时就觉得自己被打击了……当我说孩子受打击时，我的意思是这就是对他们的打击。"这孩子对乔迪说："他们甚至都不相信我能试试。"乔迪说："所以孩子们才缺乏信心啊，因为做小事情是可以让人逐步建立起信心的。"

在与乔迪的学生们的交谈中，我吃惊地听到，他们在计划开始时是感到非常恐惧的。一个高大、魁梧的 14 岁男孩告诉我，他对绑架事件和"所有不时出现的提醒声"一直感到很害怕，以致自己无法进城。他住在与一家法国面包店与橄榄油商店隔街相望的地方，但他的焦虑程度足以适应在战区中的生活了。"让孩子成长"计划使他一步步尝到了独立的味道。首先，他自己洗衣服。一个月后，他的父母让他围绕着街区跑个来回。在不到一年的时间里，他就与朋友们组成了团队，一起在当地的树林里筑了一座堡垒，现在，他们会在那里度过很多时光。他告诉我："我们会坐在那里聊天，或者会搞点小型的比赛。妈妈不在身边。我们不再说，'嘿，妈妈，你能给我们拿这个吗？'像那样是起不了什么作用的。

这感觉很不一样。"我和他聊天时，想到了作家尼尔·唐纳德·沃尔施（Neale Donald Walsch）写的一句话："生活开始于舒适区的边缘。"

雷诺和我一起见了这个男孩，过后她说："想想过去的历史，还有史前阶段吧。那时，人们必须自己追逐要吃的东西。人们必须躲避那些想要吃掉自己的东西，人们必须找寻东西。人们需要建造庇护所，每个人都是这么做的，一直做了一百万年，而就这一代人来说，我们已经把这些从他们那里全部拿走了。孩子们不再需要去建造自己的庇护所，去躲起来，或与其他孩子一起独自寻找食物了……而那个男孩，当给他一个机会时，他走进了树林，建造了一个庇护所。"

**

经历一年的成长、建造，以及全神贯注之后，某天，L.B. 和他的母亲一起走到大海边，带着他建造的水陆两栖车厢。他和母亲把它推到了海里，看着它漂浮了片刻，然后沉没。接着，他们转身回家。

"我曾对它感到失望，但我决心让它浮起来。所以这次我给它填充了硅脂。"L.B. 告诉我。他们再一次回到大海边。这次，车厢漂起来了，L.B. 和他的母亲看着它逐渐漂远。"我感到很自豪，" L.B. 告诉我，"我很高兴能看到它漂浮起来。"

然后，他们回家了，他开始专注于他想建造的下一件东西。

**

起初，许多父母对于让孩子参加"让孩子成长"项目感到非常紧张。但是，雷诺说："当孩子回家时是自豪、快乐、兴奋的，也许还觉得又累又饿，不过是因为他看到了一只松鼠、遇到了一个朋友甚至发现了一枚 25 分硬币。"父母们看到"他们的孩子是将身心投入于其中的"。当这种情况发生时，"这些父母们感到非常自豪，所以，他们也重新看待这些事了。父母像是在说：'看吧，那是我的儿子。'父母也因此而有了改变。无须再由我来告诉他们这将对你的孩子有好处……真正改变那些父母的唯一一件事是，他们看到，孩子们在没有他们看护或帮助的情况下，自己也能做某些事情……人们必须亲眼看到这些才能相信它。看到自己的孩子绽放了，过后他们也想不通，自己为什么没有早一点信任孩子。所以，你必须改变人们头脑中的图像。"

**

在我从雷诺以及与她一起工作的科学家那里了解了以上所有情况之后，我开始疑虑：是否孩子们不仅在家中受到约束，在学校中也更受约束呢？目前，我们学校的建构方式是在帮助我们的孩子培养健康的专注力，还是在阻碍它呢？

我想到了自己所受的教育。11 岁时，我坐在一间寒冷的英国教室里的一张木桌前，那是我上中学的第一天，它大约相当于美国的初中。一位老师在班里的每个孩子面前放了张纸。这张纸上有一个网格，上面画满了方格子。"这是你的时间表，"我记得他说。"它告诉了你每天什么时间你必须在哪里。"我看着它。那上面说，星期三上午9点，我将学习木工；上午10点学历史；上午11点学地理；等等。我感到一阵愤怒，然后环顾四周。这是怎么回事？这些告诉我星期三早上9点要做什么的人是谁？我没有犯任何罪行，为什么却被当成囚犯来对待？

我举起手来问老师，为什么我必须上这些课，而不是去学些我觉得有趣的事情。他说："因为你必须学这些。"我觉得，这并不是一个令我满意的答案，所以我问他这是什么意思。"因为我就是这么说的。"他说道，有点慌乱。在那之后的每一节课中，我都问为什么我们要学习这些东西。答案总是一样的：因为要测试你学到的东西；因为我告诉你必须如此。一周后，我被告知"闭嘴，好好学习吧"。于是，在家里，我选择自己的学习资料，能够连续读上好几天。而在学校，我勉强只能读五分钟（这还是在多动症的概念传播到英国之前，所以我没有被开给兴奋剂，尽管如此，我也怀疑，如果是在今天的学校里，我是否也会有这样的待遇）。

我一直很喜欢学习，但也一直讨厌学校。很长时间以来，我一直认为这是一个悖论，直到我认识了雷诺。在我接受的教育中，对我有意义的东西很少。况且，自从我25年前上学以来，教育就失去了更多的意义。在整个西方世界中，学校系统已被那些政治家进行了彻底的重新建构，优先考虑的是对孩子进行更多的测试。从游玩、音乐到休息，几乎所有其他内容都不断地被排挤出去。当大多数学校都采用渐进式教育后，并没有出现一个黄金时代，但在这之前，曾有过一段朝着狭隘效率观的学校系统摇摆的时候。2002年，乔治·W.布什总统签署了《不让任何孩子落后》法案，该法案在美国范围内大大增加了标准化的测试。在随后的四年中，被诊断出的儿童严重注意力问题增加了22%。

　　我将自己了解到的那些可以使孩子们培养注意力的因素做了回溯。对比之下，现在的学校只允许孩子们做少量运动，给孩子们很少的玩耍时间。他们用疯狂的测试制造了更多的焦虑。他们不去创造条件让孩子们找到自己的内在动机。而且，对于许多孩子来说，我们没有给他们机会去让他们精通什么，即带给他们那种擅长某事的感觉。一直以来，很多老师都在警告说，将学校朝这个方向拖是一个坏主意，但政客们坚持要这么做。

**

　　在20世纪60年代后期，有一群对孩子的学业不满意的马萨诸塞州的父母们决定做些看起来很疯狂的事情。他们开设了一所学校，里面没有老师，没有教室，没有课程表，没有家庭作业，也不进行考试。其中一位创始人告诉我，他们的目标是创建一种全新的学校。50多年后，我来到他们的创建地。它的名字叫萨德伯里山谷学校（Sudbury Valley School），从外面看，它像电影《乱世佳人》里的塔拉镇，有一个很大、很宽敞的老式豪宅，周围是树林、谷仓和小溪。在这里，你会感觉自己走进了森林中的一片空地，松树的香味飘溢在你进入的每个空间。

一位名叫汉娜的 18 岁学生主动走过来，给我介绍学校的情况。我们先是站在钢琴室旁边，孩子们在我们周围自由地嬉戏着。她说，在来这里之前，她进的是一所标准的美国高中。"我很害怕学校。我不想起床。我太焦虑了，但是我得去上学，就那么熬过一天后，我就尽可能快地溜回家。"她说，"我真的很难坐下来学习一些我认为对我没有用的东西。"她告诉我，她四年前来这里，"这里的一切真是令人震惊"。在萨德伯里学校，除了与同学们一起创建的课程之外，并没有其他的课程安排，没有时间表或课程表。你学习的是你想学的东西。你可以自由选择如何度过自己的时间。教职工们一直都在学生们周围走动着，并与孩子们交谈。如果你愿意，你可以向他们请教，他们会教你的，但没有压力让你非这么做不可。

我问，孩子们整天都做些什么呢？她说，那些 4 岁到 11 岁的孩子在大部分时间里都在玩自己精心创作的游戏，这种游戏会持续好几个月，会逐步发展成为史诗般的神话，犹如儿童版的《权力的游戏》。在故事里，他们有自己的部族，与妖精和巨龙做斗争。在学校宽阔的地面上，他们还建造了要塞。汉娜边朝岩石上的孩子们挥手边说通过这些游戏，"我认为他们正在学习解决问题的方法，因为他们要一起建立这些要塞，然后团队内部可能会发生一些冲突，他们必须想办法解决冲突。他们正在学习如何才能变得更有创造力，如何以不同的方式进行思考"。

年龄较大的学生倾向于组队一起学习，学习内容可以是烹饪、陶艺或音乐。她说，大家会跨过学习障碍的。"我会发现我真正感兴趣的某个主题，将其锁定，然后对此进行研究，或阅读有关书籍一周或者几天，然后继续学习其他的事情……比如，我对医学感兴趣，所以我会深入地学习医学方面的专业知识，针对它进行大量的阅读，学习我能学到的一切。然后，我会去关注蜥蜴，因为蜥蜴是我最喜欢的动物，我读了很多有关蜥蜴的书。现在，有很多人整天都在做折纸，这真的很酷。"在一位老师的帮助下，汉娜过去一年一直在自学希伯来语。

当我们走过操场时，她告诉我，在这里，你必须为自己创建秩序，但这并不意味着这里根本就没有秩序。相反，学校的所有规则都是经由每天的会议所制定并投票通过的。任何人都可以推翻它，如提出新的建议，任何人也都可以对其进行投票。从四岁的孩子到成年员工，每个人都有相同的发言权，都拥有自己的投票权。多年来，学校制定了详尽的法规。如果你违反了规则，那么陪审团将对你进行裁判，陪审团成员包含了学校所有年龄段的孩子们，如何处罚也由他们决定。

比如，如果你折断了树枝，他们可能会判决禁止你在几周内靠近树木。学校是如此民主，以至于孩子们甚至对每年是否重新聘用个别员工进行投票。

我们穿过舞蹈室、计算机室，墙壁摆满书本。很明显，在这所学校里，孩子们只做对他们有意义的事情。汉娜告诉我："我认为，如果你不能发挥自己的想象力和创造力，你在这里真的会陷入困境的。对于学习每件事，我没有感到太大的压力。我相信，那些重要的想法或最重要的事情会留在我的大脑中，不再有考试就能让我自由地利用我的时间去学习。"在传统教育系统中成长的我很想知道，有了无所事事的自由，大多数孩子会不会发疯且感到迷茫呢？在萨德伯里，甚至没有正式的阅读课程，尽管孩子们可以要求工作人员或其他同学告诉自己如何阅读。这会不会出现半文盲呢？

我想知道这种教育的结果是什么，于是我去采访了波士顿学院的心理学家彼得·格雷（Peter Gray）教授，他追踪了萨德伯里山谷学校的校友们，他们成为在现实世界中无能而没有自律精神的废人了吗？结果显示，超过50%的人接受了高等教育。几乎所有的人都"成功地找到了令他们感兴趣并能够谋生的工作。他们都成功地进入了广泛的职业领域，包括商业、艺术、科学、医学、其他服务行业以及技术性行业"。在其他地方的类似学校也有这个结果。彼得的研究发现，从这样的学校里得到教育的孩子，比其他孩子更有可能接受高等教育。

这怎么可能呢？彼得说，事实上，在人类历史中，孩子们的学习方式与在萨德伯里山谷学校所采用的一样。他研究了在狩猎和采集式社会中收集到的有关儿童的证据，说明人类的生活方式，用进化论的观念来说，一直持续到现在。事实证明，在那个时候，孩子们会嬉戏，四处游荡，模仿成年人，问很多问题，随着时间的推移，他们逐渐学到各种能力，虽然在所有的事情上他们并没有受到太多正式的指导。因此，成为异类的不是萨德伯里山谷学校，而是那些现代化的学校，它们是在不久前，即 19 世纪 70 年代设计出来的，目的是训练孩子们静坐、闭嘴、按照指示去做，好为他们在工厂里打工做准备。他告诉我，在成长过程中，孩子们就是要变得好奇，要去探索周围的环境。他们自然而然地想去学习，当他们能够去追求自己感兴趣的事情时，他们就会自发地去学习。他们主要通过自由玩耍来学习。他的研究发现，实际上，萨德伯里中学的教育方式对那些已被告知有学习问题的孩子特别有效。他研究了 11 名学生，在到达萨德伯里之前他们都被断定有"严重的学习困难"。现在，其中的四人在继续攻读大学学位，第五个学生也已被高校录取了。

这些发现很重要，但需要用谨慎的态度来对待。萨德伯里山谷中学每年收取的费用在 7500 美元到 1 万美元，因此，送孩子到那里的父母已经比其他人具有了更多的经济优势。这也意味着，无论哪种情况，他们的孩子都已很有可能继续接受高等教育，而这些父母本人也很有可能在家中教给孩子一些东西。因此，萨德伯里山谷中学的孩子们的成功，不能仅仅归功于学校。

但是彼得认为，这种模式确实可以促进真正的学习，而传统学校却无法做到。为什么会如此，他说，我们可以从动物被剥夺游戏的研究中得到答案。第一组老鼠被完全阻止了与其他老鼠一起玩。第二组允许每天与其他老鼠玩一个小时。随后，科学家们进一步观察，看它们长大后是否会出现差异。到它们成年时，那些被剥夺了玩耍资格的老鼠体验了更多的恐惧和焦虑，而且它们处理突发事件的能力也大大降低了。被允许玩耍的老鼠更勇敢些，更有可能去做探索，也能够更好地应对新情况。他们测试了这两组大老鼠解决新问题的能力：研究人员做了一些设置，使得老鼠们为获取食物必须去找出新的方法。事实证明，小时候被允许玩耍的老鼠要聪明得多。

在萨德伯里，汉娜告诉我，一旦她摆脱了标准化学校里让她感到漫无目的且毫无意义的煎熬，她发现"我真的更喜欢教育了，我对学习也感到很兴奋，我也想尝试不同的事情。因为我不觉得自己是被强迫的，我更有动力去做这些事"。这也与更多的科学证据相吻合：对于成年人和孩子来说，事情越有意义，就越容易去关注和学习。标准化的学校教育常常去掉了学习的意义，而渐进式的学校教育则会尝试将意义渗透到所有事物中。这就是为什么在渐进式的学校中学习的孩子，从长远来看，更有可能保留他们所学的知识，更有可能继续学习，更有可能将他们所学的知识运用到解决新问题上。在我看来，这些都是最珍贵的注意力形式。

站在萨德伯里学校的外面，汉娜告诉我，她以前很渴望快点结束一天的学习，但现在"我不想回家了"。与我交谈的其他孩子告诉我，他们也有类似的想法。现在，我发现，你几乎可以扔掉所有我们认为是学校教育的那些东西了：测试、评估，甚至是正规的教学。扔掉这些，你仍然可以培养出能读会写、在社会上功能良好的人。这让我感到震惊。这也告诉你，我们曾神经质地让孩子们经历的事情是多么地无意义。

我的直觉是萨德伯里山谷学校走得太远了。我去了其他进行渐进式教学的学校，看看是否有一种方法可以将更多的自由与成人指导相结合。我最喜欢的一个学校位于柏林，名为柏林福音学校。在那里，孩子们共同决定他们想调查的主题，我参观时，这个主题恰好是：人类是否可以在太空中生活。在整个学期中，有一半的课程都是围绕探究这个问题而组织的：他们研究了如何制造火箭的物理学、登月的历史，以及在其他行星上可以种植什么的地理知识。这逐步发展成为一个大型集体项目：他们在教室里制造火箭！那些被拆解的、要死记硬背的、显得枯燥无聊的课程，通过这种方式，为这些孩子注入了意义，促使他们想对此做更多的研究。

因为我是在传统教育系统中长大的，所以我一直对这些替代方案持怀疑态度。但是，我不断地回想到一个重要的事实：芬兰，这个经常被国际排行榜评为拥有世界上最成功学校的国家，比我们所意识到的任何国家更接近于这些渐进式的教育模式。在那里，孩子们直到七岁才上学，在那之前，他们只是玩耍。在 7 岁到 16 岁之间，孩子们会在上午九点到达学校，在下午两点离校。他们几乎没有任何家庭作业，也没有什么考试，这种情况一直持续到他们高中毕业。

自由玩耍在芬兰儿童生活中占据着最重要的位置：根据法律，老师们每上 45 分钟课，就要给学生留出 15 分钟休息玩耍的时间。其结果如何呢？只有 0.1% 的孩子被诊断出注意力不集中，而且，芬兰人也是世界上识字最多、最聪明和最快乐的人群之一。

在我要离开的时候，汉娜告诉我，当她回想起自己高中时的情景时，"我看到自己坐在一张桌子前面，周围的一切都是灰色的。这是一个很奇怪的图像。"她告诉我，她担心那些仍然留在这种教育系统中的朋友们。"他们讨厌这样，但我感到很遗憾的是，他们没有机会做其他选择。"

**

当成年人注意到，今天的儿童和青少年似乎都在困扰于集中注意力时，我们往往带着一种令人厌恶和愤怒的优越感。其隐藏的意思是：看看这些退化了的年轻一代吧！我们不是比他们更好吗？他们为什么不能像我们一样呢？孩子们有需求，作为成年人，我们就要创造一个能够满足这些需求的环境，这是我们的工作。

在这种文化下，在许多方面，我们并没有在满足这些需求。我们不允许他们自由玩耍；我们将他们囚禁在家中，除了通过屏幕互动外，他们几乎无所事事；我们的学校系统在很大程度上使他们变得死气沉沉和了无兴趣；我们给他们喂食会导致能量崩溃的食物，其中含如毒品那样有害的添加剂，却没有提供他们所需要的营养；我们使他们暴露在饱含损害大脑的化学物质的空气中。因此，他们才会困顿于注意力上。这些并非来自他们自身的缺陷，这是我们为他们打造的世界所具有的缺陷。

**

现在，每当雷诺与学生们的父母交谈时，她依然让他们谈论自己童年时最快乐的时刻。这样的时刻一直是他们感到自由的时候：筑堡垒，和朋友一起在树林里漫步，在街上玩耍。雷诺对他们说："你们现在所做的，却是自己努力攒钱将他们送去参加舞蹈课。"结果却是，"你没有给他们你曾经最珍爱的那些东西"。但是，我们不必再继续这样了。她告诉这些父母，会有一个不一样的童年在等待着孩子们，如果我们一起致力于重建它的话。身处其中，他们也能像 L.B. 那样，学会建造自己的船只，重新深度聚焦。

结语
注意力逆转

如果这是一本自助书，我会为这个故事呈献一篇轻松愉快又简单的结语，其结构会非常令人满意。作者找出了一个问题，通常来说也是他自己遇到的一个问题，然后，他向你详细叙述自己是如何解决这个问题的。末了，他会说：我亲爱的读者们，现在，你们也可以像我那样去做，这样可以让你摆脱此问题。但是，这不是一本自助书，我下面要对你说的内容会更加复杂一些。我应当在本书的开始就承认我自己还没有完全解决这个问题。实际上，就在此刻，我在世界因疫情而停摆的状态下写这些话时，我的注意力从未像现在这样糟糕过。

对我来说，这个崩溃发生在一个奇怪的如同做梦一样的月份。2020 年 2 月，我走进希思罗机场，即将登上飞往莫斯科的航班。我在去采访詹姆斯·威廉姆斯的途中。他是谷歌的前工程师，大家在本书中也看到我引用了他的一些话。当我匆匆通过机场的导流黄灯，向登机口奔去时，我发现了一些奇怪的现象。有些机场工作人员戴着口罩。我当然读过在中国武汉出现了新病毒的有关新闻，但正如我们大多数人一样，我也认为，它就像几年前的猪流感或埃博拉病毒危机，在成为大流行病之前就很快得到遏制。当我目睹工作人员的恐惧时，我感到一阵不舒服，随后，我登上了班机。

**

我降落在俄罗斯一个异常温暖的冬天。地面上没有积雪，有人穿着 T 恤衫兜售皮草外套，希望能获得些收益。漫步在怪异、无雪的街道上，我感到自己很渺小，也分不清东西南北。莫斯科的一切都很宏大：人们生活在公寓巨大的水泥块中，在堡垒中工作，在八车道的高速公路上跋涉。这座城市设计得让集体显得如此庞大，让个人感觉自己就像风中之沙那样渺小。詹姆斯住在莫斯科一栋 19 世纪建成的公寓楼里。当我们坐在一个摆满了俄罗斯经典作品的巨大书架前时，我感到自己跌跌撞撞地闯入了托尔斯泰的小说中。他之所以住在这里，部分原因是他的妻子在本地的世界卫生组织工作，另一部分原因是他热爱俄罗斯的文化和哲学。

经过多年对聚焦的研究，他认为，注意力有三种不同的形式，现在，所有这些形式都被搞砸了。

他说，注意力的第一层是你的追光。这就是你要"立即行动"时的注意力，例如我要走进厨房煮一杯咖啡。再比如，你想找到眼镜吗？你想看看冰箱里有什么吃的吗？你想结束阅读本书的这一章吗？等等。之所以称之为"追光"，是因为如我之前解释的，它所做的是缩小你的聚焦范围。如果你的聚光灯光束被分散了或受到了干扰，你就无法立即行动。

注意力的第二层是星光。这是你将重点放在"长期目标，即长远项目上"的聚焦能力。比如，你想写一本书，想成立一家公司，想成为好父亲或好母亲。之所以称为"星光"，是因为在你迷失方向时，你通常会抬头仰望星空，然后记住你行进的方向。如果你从星光上分心出去了，你就失去了长期目标的视野。这意味着，你忘记了自己前进的方向。

注意力的第三层是日光。这种聚焦方式可以使你了解，自己的长期目标究竟是什么。你是怎么知道你想写一本书的呢？你怎么知道你想成立公司的呢？你知道成为好父母意味着什么吗？如果无法清晰地回忆和思考，你就无法弄清楚这些。之所以使用这个名称，是因为只有充满日光时，你才能清楚地看到周围的事物。詹姆斯说，如果你分心到失去了对日光的感觉，"从很多方面来说，你甚至可能无法弄清自己是谁，想做什么，或者想去哪里"。

他认为，失去日光是"分心的最深层形式"，甚至，你可能已开始"解体"。这时，你对自我不再有感知，因为，你已没有足够的精神空间去创建关于自己的故事。你会沉迷于琐碎的目标，或者依赖外部消息（如转送推文这样的）所提供的简单信号。你将自我迷失在注意力分散下的迷雾中。只有在持续不断的反思、思维漫游和深思熟虑下，你才能找到属于你的星光和日光。詹姆斯相信，注意力危机正在剥夺所有这三种形式的关注。我们正在失去光明。

他还说，另一个隐喻有助于我们理解这一点。有时，黑客会以特定的方式攻击网站。他们用大量的计算机同一时间集中登录该站点，"使网站管理流量的能力超过负荷，造成其他人都无法访问站点，这样它就无法工作了"。最后，网站瘫痪了。这种方式被称为"拒绝服务攻击"（Denial-of-service）。詹姆斯认为，我们所有人都在精神上经历过类似的拒绝服务攻击。"我们就是那台服务器，外部所有的事情都想通过向我们抛掷信息来吸引我们的注意力……这就削弱了我们做出回应的能力。它使我们处于要么分心，要么瘫痪的状态。"我们被淹没于其中，"它充斥着你的世界，以致你无法找到一个空间去了解所有发生的事情，你会感觉到，自己已经分心到不能想办法应对。它侵占你的整个世界。"他说。你的剩余资源非常枯竭，以至于"不再有足够的空间与此对抗"。

我离开了詹姆斯的公寓，走在俄罗斯首都的街道上，想着是否还存在着第四种形式的关注。我将其称为"体育场灯光"，这是我们能看到彼此、互相倾听、共同努力去制定和争取集体目标的能力。眼前，我就能看到一个令人毛骨悚然的例子。此刻，我身在冬天的莫斯科，因为天气太暖和，人们就穿着 T 恤在外面走来走去。此刻，一股热浪正在西伯利亚聚集，而我从未想过会写下这句话。气候危机已经显而易见，十年前，莫斯科城就被严重的山林大火的烟雾呛住了。但是，在俄罗斯几乎没有任何针对糟糕气候的抗议活动，而且，哪怕危机到了如此严重的程度，在世界上任何地方也都没人抗议。我们的注意力被其他次要的事情占据了。我知道，比起其他事，在这件事上我更感到内疚，我想到了自己可怕的碳排放量，它们也为气候变暖添加了燃料。

**

在飞回伦敦的旅途上，我感到在这段漫长的旅程中，我学到了很多关于注意力的知识，并且还可以一点点地、逐步地修补我的问题。飞机着陆时，我注意到每位机场工作人员现在都戴上口罩了，报摊上摆满了医院的图像，那里的人们正躺在地板上或走廊上死去。那时，我还不知道，这是航空旅行在世界各地几乎全部被叫停之前的最后几天。不久之后，希思罗机场便空无一人，仅存回声。

几天后，当发现自己的牙齿在打战时，我正走在回家的路上。在伦敦，这里也是一个温和的冬天。我以为自己感冒了，但是，半小时后回到家，我却浑身发抖。我蜷缩到床上，除了去洗手间，三个星期里我再也没有出过门。我的体温很高，身体变得灼热，甚至出现了幻觉。就在我明白发生了什么事时，英国首相鲍里斯·约翰逊（Boris Johnson）出现在电视上，告诉所有人必须待在家里。随后不久，他自己就躺在了医院里。这就像在做一个噩梦，梦中，现实的墙壁开始坍塌。

＊＊

到目前为止，我一直在运用自己在这次旅程中所学到的知识，稳定地、一步一步地改善着自己的注意力。在生活中，我做了六项重大改变。

第一，我运用"预先承诺"的方法，停止在太多任务中做切换。预先承诺是指，你意识到，如果想改变自己的行为，就必须立即采取措施，锁定你的渴求，使它以后很难被撬动。对我来说，关键的一步就是购买 K 型保险柜，正如我之前粗略提到的那样，它是一个带有可移动盖子的塑料保险柜。你将手机放进去，盖上盖子，然后，将拨盘转动到你想要的最长时间（从 15 分钟到两周不等）刻度，之后，它就会根据你选择的时间一直锁着。在这之前，我对它的使用是不彻底的。现在，我每天都按设定的时间长度使用它，这使我获得了长期的注意力。我还在笔记本电脑上使用了一个名为"自由"（Freedom）的程序，它可以在超过我选择的上网时间之后断开互联网（在我写这句话时，我设定的时间是三个小时）。

第二，我改变了应对自己分心的方式。我曾经自责：你很懒，你还不够好，你到底怎么回事呢？那时，我试图用羞辱自己的方式让自己集中精力。现在，根据米哈里·契克森米哈赖教给我的，我的自我对话截然不同了。我问的是：现在，我要怎么做才能进入心流状态，去充分利用自己的思维能力进行深度的专注呢？我还记得米哈里教给我的关于心流的主要组成部分，于是我问自己：什么事情对我有意义呢？我的注意力的边缘是什么？现在，我该如何以及去做哪些事情才能符合这些条件呢？我学习到，找出心流要比用自我惩罚来羞辱自己有效得多。

第三，根据我所了解到的社交媒体用以挟持我们注意力范围的方式，现在一年中有六个月，我不去使用它了（此段时间分为几部分，通常为一次几个月）。为了确保能坚持下去，我总会在下线时发推文说我要离开一定的时间，这样，如果我突然离开，然后一周后又返回，我会觉得自己像个傻瓜。我也让我的朋友利兹为我更改登录密码。

第四，基于了解到的思维漫游的重要性，我对此采取了行动。我意识到，让自己的思维漫游起来并不代表着注意力的崩溃，事实上，这是注意力的一种形式：让思维漫游到过去和未来，将你学到的不同事物进行链接。现在，我每天不带手机或其他任何东西去散步一个小时，将它变成了我生活中很重要的一件事。我让我的思绪漂荡，寻找那些意想不到的联系。因此，我的思维变得更敏锐了，我想到的点子更有创意了。

第五，我曾经将睡眠视为一种奢侈，甚至更糟糕的是，我将其视为敌人。现在，我严格限制自己，每天晚上要睡足八个小时。我用一个小仪式让自己放松下来：在上床睡觉前两个小时，我不去看手机屏幕，而是点燃一支香薰的蜡烛，试着把白天的压力放在一边。我买了仪器测量我的睡眠，如果我的睡眠时间少于八个小时，我会让自己再回到床上。这确实产生了很大的变化。

第六，我自己还没有做父母，但我高度参与着我的教子和其他年轻亲戚们的生活。我经常花大部分时间与他们一起做事，为此，我会提前计划好我繁忙的活动。现在，我将我的绝大部分时间花在和他们自由地玩耍上，或者，就让他们自己去打球，而不去管理、过度监督乃至禁锢他们。我已然明白，他们获得越多的自由发挥，就越能为他们的聚焦和注意力打下坚实的基础。我会尽量给他们创造这些条件。

我还做了其他学习到的事情来改善我的聚焦力：放弃加工食品，每天进行冥想、瑜伽等其他的慢速动作锻炼。还有，每周多休一天假。但真相是：目前我仍感到很挣扎的是，我如何处理将吃得舒服和超负荷工作绑在一起而带来的日常焦虑。

但是，我估计，通过这六项改变，到我去莫斯科时，我已经将自己的注意力提高了15%到20%，这是一个不错的结果。它对我的生活产生了显著的影响。所有这些改变都值得尝试，况且，基于你在本书中所读到的内容，你可能正在考虑对生活进行调整。我坚决支持一个人在自己的生活中做出力所能及的改变。我也赞成，对它到底可以带你走多远的事实，持有一个诚实的态度。

**

在我从新冠肺炎症状恢复的过程中，我发现自己陷入了此旅程开端的一个怪异的镜像中。我用去普罗温斯敦三个月来逃避互联网和手机开始这个旅程，而现在我被关在公寓里三个月，除了上网和手机外几乎什么都没有。普罗温斯敦解放了我的聚焦力和注意力，而新冠肺炎疫情危机使这些能力处在了更低落的位置。几个月来，我没法专注在任何事情上。我从一个新闻频道换到另一个新闻频道，看到恐惧和焦灼遍及世界各地。我常常花几个小时的时间无精打采地观看所有的网络视频，里面所拍的都是我为写本书作研究时曾到过的地方。不论是在哪里，孟菲斯或墨尔本，纽约的第五大道或普罗温斯敦的商业街，情况都一样：街道几乎是空的，仅仅能看到少数蒙面人在急匆匆地走过。

此时，并不是只有我一个人发现自己无法集中精力了。这些图像对我大脑的某些影响，就像是病毒带来的生物学影响一样。但是，许多未被病毒感染的人也报告说有类似的问题。在谷歌上搜索"如何使你的大脑专注"的人数增加了300%。在社交媒体上，人们都在说他们无法集中注意力工作。

一个充斥着毁灭性的事件的环境，可能会使你在提高注意力上做出的个人努力相形见绌。在新冠肺炎疫情暴发之前的几年中一直是这样，疫情期间更是如此。压力会分散注意力，而现在，我们的压力比以前更大了。有一种我们看不到也不完全了解的病毒，正在威胁着所有人。经济正在滑坡，我们中的许多人突然在财务上更加不安全了。基于所有这些原因，我们中的许多人突然变得高度警觉了。

**

我们是如何应对的呢？相对于历史上的任何时候，我们都更加依赖由硅谷控制的屏幕，这些屏幕在等待着我们，为我们提供疫情链接，或者至少是它的全息图。随着我们越来越多地使用它们，我们的注意力也似乎越来越差了。在美国，一项 2020 年 4 月做的统计结果表明，普通民众每天花 13 个小时观看各种屏幕。每天看屏幕超过六个小时的孩子人数增加了六倍，孩子们看 App 的流量也翻了三倍。

从这个意义上说，新冠肺炎让我们瞥见了我们正在滑向的未来。我的朋友纳奥米·克莱因（Naomi Klein）是一位政治作家，他对未来 20 年进行了多项预测。他对我说："我们正逐渐滑入这样一个世界，在那里，我们每个人的关系都由网络平台和屏幕来调节。由于新冠肺炎的发生，这一过程越来越快了。"科技公司正计划在 10 年之内，使我们沉浸在如此极端的世界中。她说："他们做的这些计划本来并没想达到这个飞跃。这种飞跃对他们是一个机会，因为当你如此快速做事时，会给整个系统带来冲击。"我们并不是在慢慢地适应它，从而被它不断提高的强化模式钩住的。相反，我们是被一巴掌拍进了那个未来的愿景，此时我们才意识到："我们讨厌它。这对我们的健康并没有好处。我们都绝望地想念对方。"

在疫情之下，我们比以往任何时候都生活在模拟的社交生活中，而非真实的情景下。可以肯定的是，有总比没有好，但它让人感觉，这种生活更肤浅了，也更不可能维持我们的注意力。一直以来，监视型资本主义的算法每天都在用越来越长的时间校正着我们、跟踪着我们、改变着我们。

在疫情大流行下，环境发生了变化，从而破坏了我们的聚焦能力。对于我们中的许多人来说，这个病毒大流行并没有创造出破坏我们注意力的新因素，而是加剧了那些因素，因为多年以来，它们一直在腐蚀着我们的注意力。当我与我教子亚当交谈时，我看到了这一点。他的注意力已经恶化了一段时间，现在它几乎崩溃了。在每段醒着的时间里，他都在打电话，主要通过抖音（TikTok）看世界。与抖音相比，快拍看起来就像一本长达 800 页的亨利·詹姆斯的小说。

纳奥米告诉我，整天被锁定在 Zoom、脸书和屏幕时间平台上的感觉很糟糕，但"这也是一种礼物"，因为，它向我们如此清晰地描绘了我们未来的图景：更多的屏幕，更大的压力，更多中产阶级的崩溃，工人阶级更加不安全了，更具侵入性的技术。她称这种未来版本为"屏幕新政"。"所有这一切带来的一线希望是，我们对这些刚刚开始试运行的未来图景感到非常不满……我们不会再搞试运行了。我们要逐步退出来。但是，我们得上一堂速成课。"

现在，有一件事对我来说很清楚了。如果我们继续生活在一个由这样的人组成的社会中：睡眠不足，工作超负荷；每三分钟要切换一次任务；被那些社交媒体网站追踪和监视，而网站的设计目的只是为了发现人们的弱点以操纵他们不断地去滚动屏幕；因高度警觉而特别焦虑；吃那些会导致能量猛增继而崩溃的饮食；每天都在呼吸着会导致大脑发炎的含有毒化学物质的混合物。其结果就是：我们的社会将继续成为一个有严重注意力问题的社会。但是，我们还有另一种选择。那就是组织起来，与那些破坏注意力的力量做斗争，用疗愈我们的力量去取代它们。

想象一下，你买了一棵植物，你想促进它生长。你会怎么做呢？你先得确定某些它需要的东西是存在的：阳光、水以及含有适当营养物质的土壤。你还得保护它远离那些可能会损害或杀死它的事物，将其种植在远离虫害和疾病以及被践踏的地方。我相信，你培养自己的注意力也要像种植植物一样。想培育和增强你的注意力，使它充分发挥潜能，以下的事情也是必要的：让孩子们玩耍，让成年人找到心流状态，多阅读书籍，找到你想关注的有意义的活动，有足够的思维漫游的空间感知自己的生活，做运动，有适当的睡眠，吃有营养的、能使大脑发育健全的食物，使自己有安全感。而且，你还需要让你的注意力远离下面这些因素，因为它们会使你的注意力萎缩或者遭到破坏：过快的速度，过于频繁的切换，过多的刺激，让你上钩的侵略性的技术，压力、疲惫以及会让你发胖的含添加剂的加工食品，还有被污染的空气。

很长一段时间以来，我们都将注意力的存在视为理所当然，仿佛它是在最干燥的气候下也会生长的仙人掌一样。现在，我们明白它更像兰花，一种需要很多照顾的植物，照顾不好它，它就会枯萎。

**

脑海里有了这个图像，我现在开始理解可以帮助恢复注意力的运动是什么样的。我将从三个宏大、大胆的目标开始。第一，放弃监视型资本主义，因为被它挟持和有意钩住的人无法集中注意力。第二，引入每周四天工作制，因为长期精疲力竭的人们无法聚焦。第三，让孩子们在住所附近或在学校里自由玩耍，从而重建他们的童年，因为，被囚禁在家里的孩子无法培养出健康的注意力。如果我们实现了这些目标，随着时间的推移，人们聚焦的能力将会得到极大的提高。然后，我们将有一个坚不可摧的注意力核心，借助它，我们可以将未来的抗争推进得更长期、更深入。

但是，在我看来，有时仍然很难确切地描述推动这场运动的想法。因此，我想与一些组织里的人们交谈，他们针对那些看起来远大的、不可能实现的目标，不但发起了运动，还达成了目标。我的朋友本·斯图尔特（Ben Stewart）曾担任过数年的英国绿色和平组织（Greenpeace UK）的通信负责人。我 15 年前第一次见到他时，他就告诉了我他正在与其他环保主义者一起拟订有关计划。他解释说，英国是工业革命的发源地，而这场革命正是围绕一件事推动的：煤炭。由于煤炭对全球变暖所起的作用超过其他任何一种燃料，因此，他的团队草拟了一项计划，迫使政府停止对英国所有新煤矿的开采，停建新的发电厂，并迅速采取行动，将全国现有的煤炭留在地下，确保永远不会被烧掉。当年，在他给我解释这些时，我不由得放声大笑了起来，对他说："祝你好运！我支持你，但你在做梦吧？！"

但是，在这之后的五年内，英国每一个新的煤矿和新的燃煤电厂都被叫停了，政府还被迫板上钉钉地计划了要关闭现存的那些。作为抗争活动的结果，在那个将全世界推上全球变暖这条路的地方，现在，已在开始寻求一条超越的路径了。

**

我想与本谈谈我们的注意力危机，以及我们如何从过去其他成功的运动中学到经验教训。他说："我同意你的看法，这确实是一场危机。这是全人类的危机。但是，我不认为它像结构性种族主义或气候变化那样，正在被人们识别出来。我认为我们还没有到那一步……我不认为大家已将它理解为是一个社会问题，是由企业参与者的决定引起的，而且还可以改变。"

　　他说，想想我们在禁煤这件事上所做的吧。人为的全球变暖是一个迅速蔓延的灾难，但是，就像我们的注意力危机一样，它很容易被视为抽象、遥远、难以着手。即便你确实理解了它，也会因为它看起来庞大到令人难以置信而让你对此无能为力。当本最初制订斗争计划时，在英国有一个名为金斯诺斯的燃煤发电站，政府计划授权在其旁边建造另一个燃煤站。本意识到，这就是整个全球性的问题在微观世界中的体现。因此，经过与盟友们的多次计划，本闯进了电站，溜到了它旁边，在那里刷上了一幅警告牌，警告说：燃烧煤炭排放的烟霾经过这个地方扩散到了世界各地，从而引起了极端的天气事件。

　　本和盟友们都被捕了，被投入监狱，这也是他们计划的一部分。他们打算利用司法程序，用一种柔术式的动作把它作为对燃煤进行审判的绝好机会。他们在世界各地召集了一批领先的科学专家，让他们作证和解释煤炭燃烧对整个地球带来的影响。在英国，有一项法律规定，在紧急情况下，你可以违反一些规则，例如，如果你闯入一座燃烧的建筑物去挽救生命，你就不会受到入侵的指控。本和他的法律团队认为，这就是紧急情况：他们正在试图防止地球着火。12名英国陪审员考虑了这些事实，本和其他抗争者被无罪释放。这是一个轰动一时的故事，全世界都对此做了报道。在审判后，出现了对煤炭的负面宣传，之后，英国政府就放弃了所有建造新燃煤发电站的计划，并开始关闭剩余的燃煤发电站。

然后，本问道：人们应该去包围脸书总部吗？或者包围推特？这里要做的现场抗争是什么？我们要从哪件事开始？这是需要社会活动家们论证。在撰写本文时，我知道，有一个小组正在考虑放映大屠杀幸存者的视频，他们在谈论，脸书公司总部推出太过分的右翼理念会带来哪些危险。本强调说，现场抗争本身并不能带来胜利，它们起到的作用，是让公众清晰地认识到危机的存在，从而吸引更多的人参与这场运动，这样，大家就可以在许多不同的层面以不同的方式进行抗争了。至于注意力，本说，一场现场抗争就是向人们解释：这是一个"关于个人解放"的斗争机会，是"从未经我们同意就控制我们的事情中解放自己"。那是"人们可以团结在它周围的东西，而且，它也很有激励作用"。这就会变成数百万人可以参加的运动，随后，该运动就可以在许多不同的层次上进行。其中一些将在政治系统内部，如政党内部或游说政府的组织里；另一些将继续放在政治体制之外，可用采取直接行动和说服其他公民的形式。要想成功，这两个方面都需要。

我与本交谈时，我想知道，是否可以将实现这些目标的运动命名为"逆转注意力"。听到我的建议，他笑了。他说："这是一场逆转注意力运动。"我意识到，这需要我们转变自我认知。我们不是中世纪的农民，在扎克伯格国王的法庭上乞求关注。

有时，在我看来，这是一项很难起步的运动。但后来，我想起了所有改变你和我生活的运动都是艰难地起步的。当工会在为工人争取周末权利开始抗争时，人们曾遭到警察的殴打，领导人被枪杀或绞死。在许多方面，我们当前面临的挑战比他们当年要跨越的鸿沟小得多了。他们并没有放弃。他们站起来抗争，直到赢得胜利。通常，当一个人主张社会变革时，他们会被称作"天真"。事实恰恰相反。假如认为作为公民我们无能为力，不如让有权势的人去做他们想做的任何事，这样我们的注意力将幸存下来，这才真的是天真。

我意识到，我们现在就必须做出决定：我们是否诊视自己的关注力和聚焦力呢？深入思考的能力对我们是否重要？我们想让孩子们拥有它吗？如果答案是 Yes，那么，我们就必须为此而奋斗。就像一位政治家所说的那样，你无法获取自己不曾为之奋斗的东西。

**

但是，尽管要去做什么对我来说已经变得比以前更清晰了，仍然还有一些未解决的想法困扰着我。在我了解到的、为数众多的造成这个危机的原因中，似乎还有一个更大的原因，但是，我不太情愿去面对它，因为它是如此之大，所以现在我就在犹豫着要不要描述它。还是回到丹麦吧，对于世界的加速发展正在缩小我们的集体关注范围，苏涅·雷曼已经展示给我一些证据。他表明，社交媒体是主要的加速剂。但他也明确指出，这已经发生了很长时间了。他研究的年代始于1880年，自那时以来，每10年，世界都在运转得越来越快，而我们聚焦于任何一个主题上的时长则变得越来越短了。

我一直对此很困惑。为什么是这样呢？为什么已经发生了这么长的时间？这种趋势远远早于脸书，或者我在这里写到的大多数因素的出现。追溯到19世纪80年代，那些根深蒂固的原因是什么？我与很多人讨论过，最有说服力的答案来自社会人类学教授，挪威科学家托马斯·海兰德·埃里克森（Thomas Hylland Eriksen）。他说，自工业革命以来，我们的经济就一直围绕着一种全新的、激进的理念——经济增长。这种理念是，每一年，我们的经济，以及参与的每个公司，其规模都要变得越来越大。这就是我们现在定义成功的方式。如果一个国家的经济增长了，它的政治家们就有可能在选举中连任。如果一家公司成长了，它的首席执行官们就可能属于有才干的。如果一个国家的经济或公司的股价缩水了，它们就会面临更大的被淘汰的风险。经济增长是我们社会的中心组织原则。这是我们看待世界的最核心的东西。

托马斯解释说，经济增长可以通过两种方式中的任何一个实现。第一个是，公司可以通过发明新产品或将某些产品出口到世界上还没有这些产品的地方，从而找到新的市场。第二个是，公司可以说服现有的消费者去更多地消费。如果能让人们多吃、少睡，那么，你就找到了实现经济增长的其中一个方式。他认为，大多数情况下，我们今天主要通过第二个选项去实现增长。公司正在不断寻找在相同的时间内塞满更多东西的途径。举一个例子：他们希望你看电视，并在社交媒体上跟踪该节目。这样，你会看到关于这个节目的两次广告。这就不可避免地加快了你的生活。如果经济必须在没有新兴市场的情况下还能保持每年的增长，那么，它就必须使你和我在相同的时间内做更多的事情。

**

当我更深入地阅读托马斯的著作时，我意识到，这是 19 世纪 80 年代以来我们的生活每十年就会有一个加速发展的关键原因之一：我们生活在一个经济大机器中，它需要更高的速度才能继续前进，随着时间的流逝，这不可避免地会降低我们的注意力。实际上，当思考到这点时，我了解到的许多导致注意力不集中的因素，如：不断增加的压力，工作时间的加长，更具侵略性的技术，缺乏睡眠，以及不良的饮食习惯，其实都在它的推动之下，对经济增长的需求似乎才是更深层的力量。

我回想起了查尔斯·蔡斯乐博士在哈佛医学院告诉我的事情。他说，如果我们所有人都恢复到大脑和身体需要的最好睡眠水平，那么"这对我们的经济体系来说将是一场地震，因为，它现在已经很依赖那些缺乏睡眠的人们了。注意力的失败只是路途中的杀伤而已。那只是做生意的成本"。这就是睡眠的真相，而这又不仅仅是关于睡眠的真相。

当意识到，随着时间过去，我们生活方式中最根本的事物变成了腐蚀我们注意力的东西，这是很令人感到恐惧的。我们不必再这样生活了。我的朋友杰森·希克尔（Jason Hickel）博士是伦敦大学的一名人类经济学家，他也许是世界经济增长概念的最主要的批评者之一。长期以来，他一直都在告诉我们还有另一种选择。他认为，我们需要超越增长的观念，转向"稳定态经济"。我们要放弃将经济增长作为经济驱动力的原则，而选择其他一系列目标。目前，我们认为为购物而奋力工作才是经济繁荣，但我们买到的大多数物质其实并没给我们带来快乐。他说，我们可以将经济繁荣重新定义为：有时间陪伴孩子，与大自然为伍，拥有充足的睡眠，能够安然做梦，有一份安全的工作。大多数人都不想过快速的生活，而是想过美好的生活。没有人会在临终前想到他们为经济增长所做的那些贡献。稳定态经济可以让我们去选择那些不会破坏注意力，也不会破坏地球资源的目标。

**

在新冠肺炎危机期间，某次我和杰森在伦敦的一个公园里交谈，这是一个工作日的中午，我环顾四周，人们正坐在树下，享受着大自然。我意识到，这是我一生中唯一一次经历的、一个真正放慢了脚步的世界。一场可怕的悲剧迫使我们不得不这样做，但是，对于我们中的许多人来说，这也是一种释放。这是几个世纪以来，这个世界上的人们第一次共同选择了：停止比赛，休息片刻。作为一个社会，我们决定去诊视速度和增长以外的其他东西。我们确实抬起头来，看到了森林。

我担心，从长远来看，在一个被每年都要保持增长和加速的信念所主导的世界，最终将不可能挽救注意力和聚焦能力。如何对此进行改变，我还无法告诉你我已掌握了所有答案，但我相信，如果一场"逆转注意力"运动开始了，我们迟早将不得不面对这个非常深层的问题：这个增长机器本身。

但是，基于另一个原因，无论如何，我们都必须这样做。这个增长机器正在将人类推向精神的极限，它也会将地球推向其自身的生态极限。我相信，这两个危机是交织在一起的。

**

如今，还有更大的一个原因，使得我们也需要一场逆转注意力运动。人类从来没有像现在这样需要集体专注力，它是我们作为一个物种生存下来的超级能力，因为此时，我们正面临着一场前所未有的危机。

当我写下这些文字时，我正在观看拍摄于旧金山的一段摄像，里面播放着我与特里斯坦·哈里斯一起走过的那些街道。那时，就在一年多以前，他告诉我，他对注意力被破坏所怀的最大忧虑，就是这将使我们无法应对全球变暖问题。现在，就在这些街道上，正午时分却看不到太阳，因为，遍及加州的大规模野火燃烧的灰烬把一切都遮住了。在该州，每 33 英亩土地就有 1 英亩被烧坏。在不远处，特里斯坦从小住的房子也被大火所吞没，他的所有个人物品都被烧没了。

在我和他曾进行有关气候危机对话的街道上，灰烬覆盖，天空透出暗沉的深橙色光线。

＊＊

我写这本书的三年，一直是漫溢着火光的岁月。在我曾分别度过一段时光的所有城市中，有几个已被大规模的、史无前例的野火的浓雾所笼罩：悉尼、圣保罗和旧金山。像很多人一样，我阅读关于大火的消息，但是每每只阅读到一小部分，我马上就不知所措了。当它变得对我真实、可感的时候，也是我一边描述着它，一边觉得它不过是小事一桩的时候。

从 2019 年开始，澳大利亚经历了所谓的"黑色夏天"，这段时间里，一系列野火燃烧的范围如此之大，令人难以描述。30 亿只动物不得不逃离或者被烧死，许多物种因此而灭绝，植物学家金斯利·迪克森教授称之为"生物学上的世界末日"。该国的许多地方经历了有记录以来的最高温度。一些澳大利亚人不得不蜷缩在被火圈包围的海滩上，他们犹豫着，想着自己是否应该试着爬上船逃生出去。他们能听到大火越来越近的声音。目击者说，这听起来像是咆哮的瀑布，烧到房屋时，里面的瓶子一个接一个地破裂，打断了这种瀑布声。在 1200 英里外的新西兰，人们可以看到，燃烧着的大火散发出的烟雾，将南岛上空的天空染成了橙色。

在这场火灾燃起大约三个星期后，我正在给悉尼的一个朋友打电话，我在电话中听到了一声刺耳的尖叫，那是他公寓里的火警器在响。在整个城市的办公室里、家庭中，这些警报声已经次第响起。这是因为，空气中冒出来的大量野火烟雾窜进了室内，烟雾报警器认为每个建筑物都着火了。

这就意味着，许多悉尼人得一个接一个地关闭烟雾报警器，然后，坐在静寂和烟雾中。在我与瑞士作家朋友布鲁诺·朱萨尼（Bruno Giussani）交谈时，我才明白我对此感到特别困扰的原因。他对我说，人们正在关闭用于保护房屋的预警系统，因为，在我们的社会中，那个旨在保护所有人的更大的预警系统不起作用了，而它本可以使我们专注于科学家警示的事情并以此采取行动。

气候危机可以得到解决。我们需要迅速地从使用化石燃料过渡到使用清洁、环保的能源，来为我们的社会提供动力。但是，要做到这一点，我们需要能够集中精力，理智对话，清晰思考。混乱的人群无法实施这些解决方案，因为他们每三分钟切换一次任务，始终在算法引起的愤怒中朝彼此互相尖叫。只有解决了注意力危机，我们才能解决气候危机。

现在，当我在布满灰尘的网络摄像画面上，看到旧金山上空橙色的、布满火光的天空时，我一直在回忆那个夏天，没有电话或互联网，我在普罗温斯敦享受的阳光，看起来多么纯净和完美。詹姆斯·威廉姆斯是对的：我们的注意力是一种光，它使世界变得清晰，使我们能够看到它。在普罗温斯敦，我比以往能够更加清晰地看到自己的想法、自己的目标、自己的梦想。我希望生活在这种光中，这是觉知之光、理想之光、全然的活力之光，而不是正在烧尽一切的橙色的险恶之光。

我挂断悉尼朋友的电话，以便他能关闭火警警报器。我想，如果我们的注意力继续支离破碎，地球生态系统将不会有耐心等待我们重新获得关注力。它会堕落，会燃烧。第二次世界大战开始时，英国诗人 W.H. 奥登观察到，人类所创造的新技术具有破坏性，于是他警告说："我们必须彼此相爱，否则只能共赴死亡。"现在，我相信，我们必须一起集中注意力了，否则，每个人就只能独自面对一切灾难了。

致谢

得益于很多人的帮助和支持，我才完成了这本书。首先，也是最重要的，我要感谢才华横溢的莎拉·潘森（Sarah Punshon），她在补充研究材料和事实核查方面为我提供了帮助，不仅如此，她的见解和想法，对于你刚刚读到的内容至关重要。我对她深怀感激。

我非常感谢那些社会科学家，还有其他专家，他们花了很多时间专门向我解释他们所做的研究。虽然社会科学领域最近经历了一段艰难的时期，但它们依然是我们了解世界的重要工具，对此，我非常感谢这些科学家们。

经过我出色的编辑、皇冠出版社的凯文·道顿和布卢斯伯里出版社的阿里克斯·科施包姆二人的努力，这本书变得更好了；我的经纪人，伦敦的罗杰斯、柯尔律治和怀特文学社（RCW）的娜塔莎·范薇瑟，以及纽约英克维尔的理查德·派恩工作也同样努力。皇冠出版社的莉迪亚·摩根也就这本书的写作提出了很有助益的建议。还要感谢RCW的特里斯坦·肯德里克、马修·马兰德、斯蒂芬·爱德华兹和皇冠出版社的凯瑟琳娜·沃尔克莫。

与我的朋友内奥米·克莱因和V（以前被称为伊芙·恩斯勒）的对话，确实改变了这本书，为此，我不仅所欠良多，在其他方面也欠他们更多。我的朋友莉齐·戴维森利用她令人咂舌的可与美国国家安全局（NSA）媲美的侦查能力，帮助我找到了很多我与之交谈的人。

在普罗温斯敦的人们中，我非常感谢安德鲁·萨利文，詹姆斯·巴罗福德，戴夫·格罗斯曼，斯特凡·皮斯卡特勒，丹尼斯·格洛德，克里斯·博德纳，道格·贝尔福德，帕特·舒尔兹，杰夫·彼得斯和天堂咖啡店中的每个人。

在旅途中，我得到了很多人的帮助：华盛顿特区的杰克·赫斯，安东尼·班西，杰里米·海曼斯，卡莎·马林诺夫斯卡；纽约的莎拉·埃文斯；旧金山的科林·海克斯和克里斯托弗·罗杰斯；洛杉矶的伊丽莎白·弗朗德和马里奥·伯雷尔；俄亥俄州的斯蒂芬·霍利斯；印第安纳州的吉姆·盖茨；迈阿密的萨姆·洛彻和约翰·霍尔德；公关女王赫敏·戴维斯和澳大利亚的安迪·伦纳德；位于新西兰的新西兰反毒品基金会的所有人，包括亚历克斯·罗曼，本·伯克斯·昂；巴黎莎士比亚剧团的所有人，包括萨拉·凯，亚当·比尔斯，凯蒂·李；荷兰的罗珊娜·克罗普曼；柏林的克里斯蒂安·勒奇，凯特·麦克诺顿和贾辛达·南迪；哈尔多·阿纳森以及在冰岛斯耐诺丁的每个人；挪威的斯特拉·豪格斯德和奥达·伯格利；丹麦的吉姆·诺拉格；巴西的丽贝卡·莱勒；巴西的里卡多·泰博曼，朱丽塔·莱姆鲁伯，斯提凡诺·纽恩斯；哥斯达黎加的阿诺·拉达；哥伦比亚的乔·丹尼尔斯和比娅特丽兹·维拉哈诺。

感谢詹姆斯·布朗向我解释魔术。感谢尤克夫组织的艾西娅·琳·伯克斯以及循证精神病学委员会的所有人，特别是詹姆斯·戴维斯博士。感谢凯特·夸里编辑副本。

我此书的副本全部由CLKTranscriptions网站上的团队完成。谢谢凯洛尔·李和那里的每个人。

感谢多年来与我讨论此主题的人们：德卡·艾特肯赫德，斯蒂芬·格罗斯，多萝西·伯恩，亚里克斯·希金斯，露西·约翰斯通，杰斯·卢森堡，罗南 麦克雷，帕特里克·斯特鲁维克，杰奎·格莱斯，杰伊·约翰逊，芭芭拉·贝特曼，杰米玛·珂含，汤姆·科斯特洛，罗布·布莱克赫斯特，艾米·波拉德，哈里·伍德洛克，安德鲁·高，约瑟夫·雅各布森，娜塔莉·卡彭特，黛博拉·弗雷德尔，伊米亚兹·沙姆斯，布鲁诺·吉萨尼，艾米·艾·沃特，杰克和乔·威尔金森，马克西姆· 杰弗瑞，彼得·马歇尔，安娜·鲍威尔·史密斯，本·斯图尔特，乔斯·加曼，乔·费里斯，蒂姆·迪克森，本·拉姆，哈里·奎特尔·潘纳，杰米·詹森和伊丽莎·哈里。

在本书结尾处，我引用了W.H.奥登的诗，为此感谢我以前优秀的英语老师大卫·金德，通过他的教学，我爱上了奥登的诗歌。也感谢我另外两位优秀的英语老师：苏·洛奇和西德尼·麦克明。

真心很感谢我所有的赞助者团队的支持者们，特别是帕姆·罗伊，罗伯特·金，马丁·曼德尔，路易斯·布莱克，琳·麦克法兰，迪德拉·克里斯提杨森，菲奥娜·霍斯里普，帕姆·罗伊，罗比·阿比里斯，蕾切尔·鲍嘉，罗杰·考克斯和苏西·罗宾逊。要了解有关我的赞助团队的更多信息，并获得有关我下一步工作的定期更新，请访问 https://www.patreon.com/johannhari 网站。

在本书的网站上（www.stolenfocusbook.com），我上传了引用过的所有人的音频剪辑，你可以听到相关的对话内容。这个网站也可以查看我已经发布的所有更正。本书中如出现任何错误，我将承担全部责任。如果你发现了任何你认为可能出错的地方，请与我联系，以便我可以在网站和本书的后续版本中将其更正，联系方式是电子邮件：hasingthescream@gmail.com。

回到童年，回到玩耍的快乐！

2021 年 3 月，我接到了新华出版社陈君君女士的邀请，希望我翻译英国作家约翰·海利的第三本书 "Stolen Focus-Why You Can't Pay Attention and How to Think Deeply Again"，就是如今这本《注意力危机》。

此书内容涉及现代高科技、心理学、社会学、教育学等层面，在接下来的几个月时间里（还不包括今年所做的好几轮订正和校对工作），我每天在书房里静坐好几个小时，争取完成自己计划的翻译量，比如 2000-3000 字。当第一遍初稿完成时，我感觉自己就像打了一个大胜仗，由衷地感到高兴和自得。当译文一遍遍地修改成型，我内心的喜悦难以表达。在翻译此书的过程中，我一遍遍地读着作者约翰·海利的原作，所有的内容都引起了我内心深处的共鸣，而最让我印象深刻又与我在翻译过程中就个人经历所做的

回溯有链接的地方是：要让孩子有个开心玩耍的童年！（书中专门有一章讲到这部分）

我出生于20世纪60年代，在我的童年时光，全国人民的物质生活都极度贫瘠，加上我们生活在苏北农村，自然环境中并无大江大河、高山深湖，也看不到人工修筑的公园和娱乐设施，有的只是平原上的田亩阡陌，座座村庄。但我们那时没有学业的压力，可以自由自在地玩耍，父母为了全家的生计，大多数时候都在田野里劳作，故而也很少有时间陪伴我们。我和小伙伴们自己想出了各种玩乐的方式：捉迷藏、丢石块、爬树、在泥塘里泼水，等等。有时我们会玩到饭记不得吃，衣服被刮破，月光下逗乐到半夜忘了回家。我自己则最喜欢我家屋后面父亲栽种了果树、槐树、榆树和桑葚树的小树林。就在那里，我在春天欣赏过杏树和梨树上盛开的花朵；夏天的雨后一个人去采集过木耳，一个人爬到桑葚树上摘吃熟透了的白桑葚，那甜蜜的味道一直留在我的感官世界中；夏天的夜晚，我和姐妹们捉过树上的幼蝉；秋天，我们用铁针钎起梧桐树的落叶；到了冬天，脚下踩着棉花般松软的白雪，也会让我们稚嫩的童心充满欢乐。

要问童年的这些快乐给我带来了什么，无论你信不信我都想告诉你：一直到现在，我已过了知天命的年龄，我都还在大自然中一遍遍地去寻求那种轻松、愉悦、开心的感觉，我会去转山，访湖，尽情享受独处的惬意；在生活中，一旦我感觉到某些压力达到了我所能承受的临界点，我就会自然地去寻求放松，而非强迫性地把自己累到精疲力尽。

就在我翻译此书的过程中，我也一直是这么做的。尽管有一种压力感和紧迫感，我也从不强制自己在脑袋无法思考时一定要工作。这时，我会马上休息，马上进入修整和补充能量的状态。我依然隔几天就去山中、湖边，让思维飘逸（就是此书中说的思维漫游），让心神宁静。但一旦回到工作状态，我就会非常专心，专注，而且工作效率也能大大提高。翻译此书，也是对自己的一种检视：轻松随意的生活状态转换到工作状态的切换能力，压力承受能力。对我来说，在两种不同的生活状态之间做切换并非难事；最近这些年轻松随意的生活也并没削弱我工作的热情和毅力，而且，我感觉在定力和工作效率方面，与年轻时面临各种生活压力的时候相比，也得到了很好的改善和提高。

我觉得，玩耍、游戏、放松，甚至暂时躺平，都是一个人保持身心健康所必需的。就像海利在本书中的亲身经历，普罗温斯敦中的断网那段日子对于他很重要。其实这样的日子，对于你和我也一样重要。那对孩子呢？尤其重要，因为，一旦人们缺失了童年时代的这种亲身体会，长大后他们既无法了解活着即意味着品尝和体会这种快乐，也会想不起到哪里去寻找这种快乐。这就是心理学所说的"习得性无助"。其实恰恰相反，童年的快乐带给人们的，是一种可以持续一生的"习得性助益"。它就像你潜意识里掌管生命方向的那把舵，即使你有遇到激流暗礁的危险，它也会及时地告诉你：此路不通，该转个方向了！其实，它很有助于你避免人生倾覆的危险。

在此，我希望所有亲爱的读者们能深切地体会作家约翰·海利的用意，能以此书对照和检视自己与亲人的生活，从此为自己、为家人包括你的孩子创造一个美好的生活。要做到这个，那就得从让你自己和你的孩子开心地玩耍和游戏开始！

董亚丽

2022 年 4 月 3 日